自 然 文 库
N a t u r e
S e r i e s

RAISED BY ANIMALS

How Dolphins Bond, Why Meerkats Babysit,
and Other Lessons from Families in the Wild

野性与温情

动物父母的自我修养

〔美〕珍妮弗·L. 沃多琳 著

李玉珊 译

商务印书馆
The Commercial Press

致拉米（Ramie），
感谢你成为我的家人

目录

推荐序

现在我们知道，动物与人类之间并非有着天壤之别。它们会哀悼逝者，也会同情弱者，会怒火中烧，也会欢欣雀跃。同样，它们也会遵照公平公正、是非对错的原则做决定。动物的精神生活富含智慧才能、社交技能和情感深度，我立志毕生投身于探究这种复杂的内心世界，增进人们对这方面的了解，以期改变人类观察、欣赏、理解和对待动物的方式。随着比较认知和行为学研究不断揭示长久以来被人类低估的动物的方方面面，大家越来越觉得应该怀着同理心和同情心去对待动物，这是它们应得的待遇。

接下来，您将读到的深刻而富有启发性的科学篇章阐述了人类迄今对动物的了解程度，同时也论述了人类在对待其他物种时应该持有更多的同情心。毋庸置疑，这样做既利他又利己。无论是老鼠、小鸟、猎豹还是土拨鼠，我们都能从它们身上学到很多。

举个例子，动物父母如何教导孩子习得"分享"的价值。许多人类父母怀疑"分享"这件事是否能够教给孩子，他们认为也许应该顺其自然，让孩子自己去摸索与同龄人合作的方式。但是，如果我们试着了解一下自然界的育儿之道，就会发现"自然"的方式绝非放任不管。例如，加拉帕戈斯群岛的海狗妈妈们鼓励孩子积极合作，如果出现问题，它们会迅速干预。当哥哥姐姐欺负或攻击弟弟妹妹时，海狗妈妈会努力维护较为年幼的一方，并积极劝阻攻击行为。"自然"的育儿方式并不意味着保持冷酷。正相反，它是基于同理心与合作的原则，值得我们效仿。

加拉帕戈斯群岛海狗的例子只是冰山一角。这本书明确指出，如果人类愿意克服对动物的偏见，就能从它们身上学到许多经验。此外，通过增进对动物育儿方式的了解并采取接纳的态度，也有助于消除可怕的偏见。那些怀疑同性伴侣抚养孩子能力的人，真应该好好研究一下黑背信天翁，很多黑背信天翁都是在两只雌鸟的呵护下茁壮成长的。

通过对动物的行为进行深入研究，也能发现人类试图保持的优越感是毫无根据又傲慢自大的，而且这种努力往往事与愿违。具体来讲，人类学家和灵长类动物学家莎拉·布莱弗·赫尔迪（Sarah Blaffer Hrdy）博士曾证实，尽管几乎有一半灵长类动物——且不论人类历史上的大部分文明社会——都是以某种合作的方式共同育儿的，但是现代西方社会却仍执念于"传统家庭单元"的概念，推崇仅由一位母亲和一位父亲抚育孩子的方式。我想再次重申，聪明的做法是，从动物身上获得启发，学习如何互帮互助，而不是承受过多压力。

如果我们认识到动物的多面性，认识到它们是有想法、有情感、有原则的存在，那么这不仅对动物有好处，人类也将从中获益。是时候深入了解动物在复杂的育儿过程中摸索出的解决之道了——我保证，你会和我一样，很快就发现，那些神奇的个体值得我们喜爱、尊重和关注。

马克·贝可夫 *

2016 年 12 月

于科罗拉多州博尔德市

---

* 马克·贝可夫博士，科罗拉多大学博尔德分校生态学与进化生物学专业荣誉教授，与珍·古道尔（Jane Goodall）共同创建了动物行为学家善待动物组织。他在科研领域被授予诸多奖项，包括动物行为学会的杰出典范奖和古根海姆奖。马克曾发表过 1000 多篇论文，出版了 30 本专著，并编辑过 3 部百科全书。
——原书注

引言　万物皆有关联

　　每当提起养育（parenting）这个话题，我都不禁想起欧玛（Oma；德语，意为外婆）。当我快要放学回家时，欧玛总是在等着我。当我被橄榄球打到，或从树上掉下来，或伸出沾满泥巴的双手分享刚刚抓到的黏糊糊的小动物时，欧玛总是陪着我。不管我发生了什么状况，欧玛都无条件地爱我并给我温暖。她教我打金拉米纸牌，像烟囱一样吐烟圈儿，还有把咖啡当水喝。她像一条慈祥的龙，从鼻子里吐烟来逗我笑。我们形影不离，就像一个豆荚里的两颗豌豆。时至今日，散发着黄油和肉桂香气的德式松饼，依然能唤起我对她的思念。同样具有这种魔力的，还有盛在杯子里的 MM 豆（玛氏朱古力豆）。

　　为什么是 MM 豆呢？每天放学后她都会给我准备一小杯 MM 豆。当然，这么一小份永远是不够吃的。我知道她把它们藏在哪儿（就在她衣橱最上面的抽屉里），所以就偷偷溜进她的卧室，再装一杯。我笃信自己既聪明又狡猾，不过现在我敢打包票，欧玛肯定早就知道这件事了。有些人说，烤曲奇饼干的香味，或者其他"每日时光"，是童年的气味，能唤起对家的记忆。人们都说家在哪里，心就在哪里，而欧玛就是我的家。

虽然我也跟亲生父母住在一起，但是在九岁之前，欧玛才是我真正的家长。后来，她搬回了巴西，多年后我仍无法理解她为什么要离开。我从未想过她会离开，这让我受到了精神创伤。我和母亲，还有她的新丈夫之间谈不上有什么感情，更别提我那位缺席的父亲了。通过这些年的积累，加上攻读动物行为学博士期间的学习经历，我发现自己当时的反应与夏威夷僧海豹幼崽被迫与母亲分开后的行为是一样的：努力让自己被其他家庭收养。在讲僧海豹之前，我应该先说说自己的情况。我研究的是动物行为学，而且我认为人类与动物的行为存在相通之处，所以总是自然而然地看到两者之间的相似点，之后进行类推，再把人类与其他物种进行类比。我不会把动物拟人化，而是把人类动物化，包括我自己！

因此，现在我很容易联想到，自己儿时的行为就像一只走失的僧海豹幼崽在寻找一个新妈妈，这在夏威夷僧海豹中是很常见的。不幸的是，它们已经濒危，只剩下约一千只。这个物种是夏威夷唯一的本土海豹种类，与其他海豹一样，幼崽是在海滩上出生的。但是，与象海豹或海狗不同的是，僧海豹妈妈们不太擅长辨识自己的孩子。这可是个灾难，但好在雌海豹们愿意照顾任何一个可怜的幼崽。虽然不是自己的孩子，雌海豹们却也愿意抚育它们，这可能是受激素的影响。其实，许多动物辨认自己后代的能力都很发达，作为父母，它们是很挑剔的。但是，至少对僧海豹幼崽来说，情况则不同。在海滩上可能有数百只僧海豹幼崽，在这种混乱的情况下，如果跟妈妈走散了，也无需担心。只要哭喊的声音足够大，总是会被捡走的。

于是，当年我也大声哭喊，我的朋友斯蒂芬妮（Stephanie）的

野性与温情：动物父母的自我修养

妈妈 B 太太"捡走！"了我。她是一位典型的意大利母亲，身材娇小而富有爱心。B 太太的房子是所有邻居家小孩的聚集地。那里总是有好吃的，有游泳池、电视，还有貌似永不结束的通宵聚会。B 太太不只照顾自己的孩子，她会照顾每一个孩子。我把那里称为"B 太太的房子"，当然房子里也住着 B 先生。他是一位好父亲，有时候还怂恿我们跟他深爱的妻子玩恶作剧。在斯蒂芬妮家，我的名字叫朱尼珀（Juniper），而不是珍妮弗（Jennifer）。在那里，我享受到了关爱、照顾和对我个人价值的尊重。俗话说，养育一个孩子需要一个村庄。这样来看，B 太太的房子就曾经是养育我的那个村庄。

即便是在那么小的年纪，我也能意识到我家与斯蒂芬妮家的巨大差距，并且对此感到非常困惑。为什么我的家如此充满敌意？又如此缺乏爱心？

这些未解的问题一直困扰我到成年。随着研究生期间的学习不断深入，我才开始理解很多普通的家庭矛盾产生的原因，比如父母与孩子关系紧张、兄弟姐妹之间竞争激烈等，我的家庭也不例外。我的毕业论文主要研究古氏土拨鼠的社会行为。在一个六月的下午，我坐下来观察刚出生的土拨鼠宝宝们与父母互动。我看到一只土拨鼠妈妈靠着洞穴直立站着，前爪搭在其中一只幼崽的肩膀上。这看起来是多么温馨的时刻啊。但是，当幼崽想吃奶的时候，鼠妈妈就想要逃跑，而幼崽还黏着不放，于是鼠妈妈上蹿下跳，直到甩掉幼崽。我忍不住放声大笑，这位母亲真是太聪明了，居然用这样的策略与它的孩子沟通："宝宝，你要断奶啦！"这样的时刻不仅给我带来纯粹的喜悦和乐趣，还让我联想到人类与其他物种之间的关联。当然，人类的情况只适用于人类——毕竟，一位母亲可能对给孩子喂奶这件事感到非常厌烦，脱身的方式也与土拨鼠妈妈不同——但是二者在本质上仍然存在相似之处。

试图弄明白自己的家庭和成长过程的想法，促使我去思考动物家庭的情形。我发现，青腹绿猴妈妈有时会拒绝孩子的请求，尤其是在感到压力过大或身体不适时，而且子女之间的竞争比合作更为常见。我还发现，在很多鱼类、鸟类和哺乳动物中，父亲都担当积极的角色，有时候还会包揽养育工作中的所有重活儿。我还了解到领航鲸的家庭生活，子女们一生都会与母亲及其所在的大家庭一起生活，而大猩猩的子女们则会离开家去外面的世界闯荡。动物的这些行为着实令人大开眼界。

我承认，当得知在动物家庭和育儿过程中，亲子冲突和手足竞争与保护和奉献的作用同样重要时，从某种程度上讲，我舒了一口气。这种类比不仅有趣，还从很多方面为我进行深入思考提供了工具。新问题取代了旧问题。我不再纠结于为什么我的家庭与斯蒂芬妮的家庭如此不同，而是尝试去理解为什么人类在抚育孩子方面存在如此多的差异。我想探究不同方式的适用条件，以及人类抚育孩子的方式是否能为孩子成才创造最好的机会。其实，动物们一直都是这样做的，但我不确定人类是否一样。于是，我开始将研究聚焦在人类和动物分别是如何抚育孩子以及处理家庭关系的问题上，并且从进化生物学的角度思考我们的生活。

比如，提起要孩子，有多少人认真地想过，自身的需求与孩子的需求之间会不可避免地产生冲突？恐怕许多人都是直到有了孩子之后才深有感触。即便到那时，又有多少父母能够明白，实际上是潜在的生物学和演化起源在冥冥之中驱使着他们的行为呢？人类在自我反省和文化学习方面具有强大的能力，但很少有人能够理解这些行为背后的生物学基础，这足以改变我们为人父母的方式。当自身需求与孩子需求之间产生难以避免的冲突时，父母无需感到内疚，而是要认识到这种矛盾是普遍存在的。通过把焦点从我们应该有何感受（或者不应有什么感受）转移开来，可以发现很多解决冲突的办法。

就拿我的朋友朱莉（Julie）来说吧。几年前，我在一个作家野餐会上认识了她。因为都喜爱土拨鼠（鉴于她在科罗拉多州住了好多年，这并不稀奇）并且热衷于写作，我们很快就熟络起来。她本是苏格兰人，后来与一名交换生坠入爱河，随他来到了美国，再后来他们就结婚了。我见到朱莉那会儿，她正在努力要孩子，所以当萨姆（Sam）终于到来时，她简直欣喜若狂。自从萨姆出生后，我们就没再见过面。后来，我们终于找时间一起吃了一顿午饭，那时萨姆已经两个月大了。我们决定在她家附近的咖啡厅见面，共进她所说的"特快午餐"。

她跌跌撞撞地进门，挺费劲地拎着一个笨重的婴儿提篮，跟这么小的孩子相比，那看起来就像是一个超大的婴儿提包。她一边走，一边为迟到道歉。她看起来头发凌乱，开始还笑着向桌子走来，突然脸上就变成了惊恐的表情："哦，不！我肯定把钱包落在车上了！你能帮忙照看一下萨姆吗？"我还没来得及点头，她就已经冲了出去。如此戏剧性地进门和出门，只是因为一个钱包。

我低头看了看婴儿提篮里的这个小家伙。他看起来如天使般安静地睡着，身穿的婴儿连体服很肥大，像是要把他"吞没了"。这个看起来完全无害的小家伙怎么可能把我认识的精明利落、从不迟到的朱莉祸害成这样呢？这时候她回来了，面容憔悴，坐下说："真是太抱歉了！"虽然我说完全没关系，她还是赶紧解释道："他每次都在关键时刻拉便便，我也搞不清他是怎么做到的。我刚要把他放到婴儿提篮里，然后噗嗤一声，他就拉得哪儿都是了……"

我有些不自在地朝四周看了看。怎么能在餐厅里谈论便便呢？我有些疑惑。好吧，也许能，但是这么做好吗？就算是新生儿的便便也不合适吧。但是，她没有要停下来的意思。"珍妮弗，你猜怎么着，便便透过他的衣服都渗到毯子上了。这正常吗？"我想她并不是要我回答，而且说实话，我完全没概念，同时一点也不想知道答案。当时我满脑子都在想：为什么这么多新手父母如此"钟情"于便便呢？

她开始滔滔不绝地讲述初为人母的八周，简直令人发狂。"珍妮弗，你看看，我看起来像是和重量级拳王打了八场比赛——你都想象不到，没有人能想得到。我没有一次睡觉能超过45分钟，我的乳头一直疼，还有，自从怀孕八个月开始，我就再也没有时间和精力剪脚指甲了！"

这还只是前八个星期。为人父母带来的压力和成本可能会随时间而变化，但却始终居高不下。此外，父母们偶尔会对做出的所有牺牲产生怨恨，而每当这时他们又会感到内疚。如何解释这些冲突背后的心理呢？

西格蒙德·弗洛伊德（Sigmund Freud）曾用一种有些奇怪的性幻想理论解释亲子冲突，但是我认为，进化生物学家罗伯特·特里弗斯（Robert Trivers）的理论更为合理。从进化论的角度看，采取对自身有利的行为是有优势的，换句话说，就是这样做有助于把基因传递给下一代。这里自然就说到了生孩子的问题。特里弗斯指出，子女的基因是100%与他们自己相关的，而只有50%与父亲或母亲相关。这种差别是造成父母与子女之间冲突的根源。为什么呢？特里弗斯认为，这是由于父母在抚育任何一个子女时都要权衡投入，同时要考虑维持自身生存以及将来抚育其他子女的能力。但是，相较与父母或兄弟姐妹的关系，每个孩子与自身的关系更为密切，所以他们更加关注自身的生存和其他需求。因此，这个孩子的要求可能比父母愿意或能够给予的更多（比如食物、关爱等）。如果家庭中有多个子女，这类冲突就会更加明显。

如今，我们不是让孩子融入自己的生活，而是整个家庭都围着孩子转。这就导致父母与孩子的需求之间产生更大的冲突。这是我们自己制造的矛盾，但又源于帮助孩子茁壮成长的希望。很多家长过于迫切地希望孩子成才，而这种迫切感会导致焦虑，继而促使我们做出一些奇怪的举动，这远远超过了在孩子身上的合理投入。

在这个问题上，动物的行为具有启发性。它们在后代身上也投入很多，有时还会牺牲自己的健康，比如企鹅，但是它们也有底线。总的来说，许多物种在这个问题上设立了更加合理的边界，清楚地知道投入多少不算过分。

另一个极端是，有些父母在相反的方向走得太远。除了最基本的投入以外，对孩子给予得太少，他们更多关注自己作为成年人的需求。但是，人类对"成年人的需求"的定义与动物截然不同。一头雌性北极熊为了生产并确保幼崽活到春天，会禁食八个月，在这期间它会损失超过 40% 的体重。饥饿和糟糕的身体条件可能迫使它在产后抛弃幼崽，以满足自身的生存需求。

与此产生鲜明对比的是，人类忽视父母的职责去满足的一些需求并非出于真正的演化需求。比如，爸爸或妈妈出轨。虽然这很不幸，但从进化论的角度看却是"可以理解的过失"，因为这种行为增加了生育和丰富他们现有基因池的机会。还有，妈妈或爸爸沉迷于看电视或玩电脑，不与孩子互动，或者虽然有条件却不准备营养均衡的饭菜……我不知道这些是否也能从进化论的角度予以解释，但是相比婚姻不忠，这些现象很可能是造成子女被忽视的更加常见的原因。

在家庭中，亲子冲突还可能以另一种形式出现：偏爱其中一个孩子。好吧，我知道大家不愿谈论这个话题。如果其中一个孩子问："妈妈，请告诉我，你最喜欢谁？"标准答案应该是："你们每个人都有自己的独特之处。我对你们每个人的爱都一样多。"但是，有时候父母的确有所偏爱。

在这个问题上，仍然可以透过动物的视角来审视人类的行为：这是避开禁忌的一种方式。对于动物父母偏爱子女的现象已经有详尽的研究，虽然人类也会这样，却鲜有研究涉及。这里拿东蓝鸲举例。雄鸟会为雌鸟咏唱甜蜜谄媚的歌声，但它们对雌性的偏爱也仅限于此。一旦鸟蛋孵化，幼鸟长出羽毛，东蓝鸲爸爸们就会明显地表露出"重男轻女"。当幼鸟在鸟巢中遇到危险时，鸟爸爸会花更多的时间保护儿子们免受潜在捕食者的威胁，却把女儿们暴露在危险之中。此外，在东蓝鸲眼中，并不是所有的儿子都一样。如果有两个儿子，鸟爸爸总是更愿意保护羽色更鲜亮的那个。为什么？因为在质量更高的后代

野性与温情：动物父母的自我修养

身上增加投入是有利的，这些后代存活下来并继续繁衍的概率显然更高。

长期研究表明，人类父母的确会偏爱某一个子女，而且在三分之二的家庭中存在这种现象（在第五章中会详述）。心理学家、社会学家、育儿专家还有博主们都能说明为什么偏爱在道德上是错误的而且对心理损害极大，但是却没人回答为什么这种现象会如此普遍——更不要说采取何种策略才能在家庭中减少这种现象了。有种说法可能会让有些人感觉好一些：之所以有偏爱，是因为父母的父母就这样——把问题归因于上一代。但是，难道这意味着三分之二的父母都不称职或很糟糕吗？

在这个问题上，我认同特里弗斯的观点，也许这不是由于糟糕的育儿行为，而是另有原因。此外，除非找到在人类和动物行为中都如此普遍的现象的潜在生物学根源，否则我们还是无法在必要的时候采取有效的应对策略。更糟的是，我们否认自己的行为，又饱受内疚感的折磨，最后还不得不将烂摊子丢给下一代。

我认为，从生物学的视角审视家庭关系，能够为许多与我们的价值观相悖的现象提供生物学解释，比如家庭应该是什么样的，父母应该有什么感受，以及是什么驱使着父母和孩子采取各种行为和态度。通过戴上一副生物学的眼镜，从进化论的角度审视行为，并且从动物行为中分析得出一些基本原则，我们将发现在育儿这个问题上有很多合理的解决方法。有些动物采取的方法较为类似，也有一些动物采取积极的"土方法"去解决普遍的育儿难题。而且我发现，育儿方式不仅在不同物种之间存在很大差异，甚至在同一物种内也是如此。是的，有坏父母、好父母，甚至更好的父母，但是细节决定成败。这就是本书所关注的问题：无论是何物种，为人父母意味着什么？另外，父母如何与子女建立关系，共同打造属于自己的家庭？

每一对准父母或新手父母都知道，关于育儿应该做什么或不该做什么，这方面的信息鱼龙混杂：各种书籍、数不过来的准妈咪博客、潮爸博客，题目有"你必须知道的10件事""你永远不该做的12件事""你应该已经在做的7件事"，还有"你最可能忘记的100件事"……天哪，救救我吧！

本书并不是一本兜售最新"育儿秘笈"的书——正相反，我认为压根儿就不存在所谓的秘笈。本书剖析了人类作为父母及子女的意义所在。我们要回归自然的本性，人类的本性。在这个美丽的星球上，人类文化纷繁多样，与众多其他物种共存。通过分析人类自身存在的多样性，将其与科学家在动物界的所见所闻进行比较，也许能够拓宽我们对家庭的认知，发现将人类和动物联系在一起的诸多线索。

当然，我不是要将作为人类父母的复杂性与海龟父母作比较，海龟父母看起来并不关心子女的命运。毕竟，它只是挖个洞、产下蛋，把洞填上之后就离开了，从此不再过问孩子的命运如何。然而，看似简单的育儿方式实际上是具有欺骗性的，因为爬到海滩上产蛋的雌海龟在活到成年和生育之前就经历了巨大的风险。如果它足够幸运，能活那么久，那么在交配之后它必须从水中出来，拖着在水中能够轻松漂浮但在陆地上就变得十分笨重的身体爬到岸边。这样做会使它自己处于十分危险的境地。随后它必须决定在哪里产蛋。显然，产蛋地点不是随意选择的。它必须仔细甄选出自己认为的最佳地点，这样才能保护宝宝们，直到它们成功孵化、穿过沙层露出头来，摸索着朝大海奔去。

雌海龟笨拙地用鳍挖洞，深度要刚刚好——不能太深，也不能太浅。泪水一股股地从眼中流下，体内过多的盐分随之排出，它会产下80到120颗龟蛋。"卸货"成功后，它会将龟蛋盖住，再缓慢地回到海洋中。在繁殖季节，一只雌海龟可能会如此反复一两次，最多五次。所以说，直接的育儿照料不过是投入的形式之一，雌海龟是很好的证明。当然，总是有人做得比别人更好。

另一个极端的例子是，领航鲸一直与母亲生活在一起，最长可达50年！我们曾目睹过虎鲸被迫与家庭分离时的哀嚎，大象为解救其他小象疯狂地聚集在一起，大猩猩母亲固执地不愿放下孩子的尸体，帝企鹅绝望地悲鸣，希望能够唤醒躺在脚下已经冻死的幼鸟……所有这些都表明动物与人类的共同点要远远超过不同点。这也表明，人类在育儿中的情感经历源于与其他物种的深层次联系。

即便如此，有些人仍认为将动物行为与人类行为进行比较无异于拿苹果跟橙子相比。我对此的回答是：没错！虽然苹果和橙子的基因在八千多年前就已经分化了，但是它们都在树上结果，从一朵花开始，到吸引昆虫传粉，在水分和阳光的滋养下生长，而且大小、直径和重量都差不多。它们吃起来都很甜（好吧，也许澳洲青苹果除外），还能够榨汁。它们都通过种子进行繁殖。在热量方面，一颗苹果和橙子都是115卡路里左右。在合适的背景下，这种比较可以激发新的见解。所以说，我完全支持拿苹果和橙子相比这种思维——因为一切都是相互联系的。更重要的是，不断涌现的科学新发现使我们与其他物种之间的界限变得渐渐模糊，比如鸽子能认字，狗能感受情绪并听懂人说的话，马能和我们交流，鱼儿在黎明歌唱。这些只是在写作本书期间一个月内的部分科学发现。随着这些界限不断瓦解，从其他物种那里获得一些参考就更加说得通了。

从根本上讲，人类与每个物种都处在同一部演化史中，包括海龟和领航鲸。我们有相似的地方，也有不同之处。分析这些关系，有助于反思人类生活的方方面面。同时，我们还必须小心"存在即应该"的陷阱（"Is-Ought" Trap），即休谟法则（Hume's Law），因为某种现象存在，就推理认为这件事在道德上也应该是合理的。在生物学上，自然主义谬误通常就是这样得出的，理所当然地认为自然的事情在道德上也是可以接受的。这种严重错误的逻辑认为在自然界中的发现都是好的，这里的"好"意味着在人类社会中符合道德或伦理。这完全忽视了环境背景。

为了说明这一点，我们可以去白骨顶和黑水鸡那里找找答案。它们都是小型水鸟，每次孵化很多只雏鸟。鸟爸妈经常喂养距离最近的雏鸟，但是如果一只雏鸟太"贪吃"，它们就会给予惩戒，把它叼起来摇晃。有时候幼鸟可能因此死亡。从自然选择的角度来讲，动物父母杀死子女是非适应性的行为（因此这很少见），然而这种情况却时有发生。在这个例子中，根据自然主义谬误的逻辑，因为白骨顶使用这种方式惩罚幼鸟，所以能够证明体罚是好事，而且在道德上是正确的。

然而，有必要弄清楚人类的行为从何而来，以及与其他物种的相同或不同之处。在进化论的背景下研究行为，我们能够发现为什么有些方法在生物学上是讲不通的。这同时也为我们提供了不同的视角，从而在一些情况下做出能够产出更多成果的选择。

当我满怀热情地走进育儿这一领域时，我的研究不仅延伸了我对为人父母的理解，而且彻底改变了我对自己儿时经历的认识。关于人类与动物在为人父母、为人子女和家庭建设方面，我发现了一些意料之外的相似点和独特差异，还有其他物种在育儿方面的一些直截了当的做法和特别手段。不过，就像约会谈恋爱一样，在讨论非常敏感的育儿话题之前，聊聊雄性海马"怀孕"、鲨鱼的手足之争以及白骨顶父母惩罚贪婪雏鸟等话题，是很理想的过渡。因为坦率地讲，育儿问题恐怕是唯一一个比相亲注意事项和如何成功谈恋爱更加危险的敏感话题。

让我们一步一步来。首先，在育儿问题上，少不了一些怪异和神奇的现象——人类也包括在内！有些蛙妈妈在胃里孕育蛙宝宝，之后还要从嘴里把它们吐出来，还有一些没有腿的两栖动物在"哺乳"方面演化出不同寻常的解决办法。接下来，我们开始探讨这些例子如何解释部分动物的特殊育儿方式，这将给我们的行为带来怎样的启发，进而为我们抚育孩子提供不同的选项。

这本书的部分内容可能会让你感到惊奇，也有些内容会让你觉得好笑，还有些内容可能会挑战我们在养育孩子和家庭关系上的一些既有观念。在这场旅途中，我们会发现许多令人惊讶的生物学因素在无意识间驱动着人类作为子女或父母时的行为，并且学习运用这些知识，让自己变成更好的父母，减少内疚和怨恨。为了达成这个目标，我们将讨论育儿的各个方面，包括动物父母如何给孩子立规矩、动物子女们如何处理彼此之间的关系以及父亲的重要角色。这本书会令你捧腹，令你震惊，同时帮你制定和实施相应的行为策略，提高为人父母的能力。最后，我希望能够帮助父母们完成大多数人所追求的目标：抚养积极快乐、身体健康、适应性强的孩子，同时在这个过程中保持自身的健康和理智！

第一章　我们怀孕了！

我永远不会忘记第一次面对"疑似怀孕"时的纠结。我当时还太小，才 18 岁，还没有结婚。避孕失败可能带来的后果真是把我吓坏了。经过忐忑不安的几周之后，我的月经可以说是正式推迟了——对于一个从来不怎么关注自己月经周期的人来说都太迟了。当然，压力、焦虑、猜疑甚至兴奋，都可能导致月经推迟。不过后来在闺蜜的劝说下，我还是硬着头皮去了药店。

好消息是，怀孕不是模棱两可的，验孕棒会给出确切的答案。不过为了以防万一，我还是买了一盒三支装的，接着就是再熟悉不过的流程：尿尿，等一会儿，看结果，再来一次！不管是显示两道杠、加号还是其他标记，测试结果都很容易辨识。除了那一次，后来我又测过几次，结果都是阴性。说来也怪，就像变戏法一样，每次测完几小时后我就会来月经，仿佛它一直在那里等着，故意戏弄我一样。我怀疑其他物种在确定是否怀孕的过程中是不是也会痛苦纠结。它们会高兴吗？会怎么处理怀孕这件事？它们应该只是静静地期待吧。

当然，其他物种受孕、妊娠和生产下一代不会像想象的那么简单。受孕的方式神奇多样，有时甚至不可思议。人类受孕通常与性爱有关——希望是美好的性爱。对于其他物种来说却不一定，比如澳大利亚的胃育蛙就不是这样的。可惜的是，这种神奇的两栖动物在20世纪80年代就灭绝了。它们的外表呈橘棕色，看起来并不起眼。这种蛙的雌性居然会以反刍的方式将长成的蛙宝宝（即蝌蚪）从嘴里吐出来，你或许会因此认为它们的外表肯定有某种与众不同之处。但其实不然，它们看上去与普通的蛙类无异。显然，由雌蛙进行妊娠这一点就很普通。

雌性胃育蛙不通过性行为受孕。雌蛙可能在陆地或水中产出大约40颗蛙卵，雄蛙会将精子排放在卵子周围，随后形成受精卵。接下来，雌蛙会把受精卵一个一个地吞下去。是的，你没看错，蛙妈妈吞下了未来的蛙宝宝们！接下来才是最有意思的部分。按照常理来想，你可能担心胃酸会杀死蛙卵。但是，蛙卵会释放一种叫作前列腺素E2的激素，来抑制蛙妈妈消化系统中常见的盐酸分泌。8周后，蛙卵会发育成小蝌蚪，被黏液包裹着从蛙妈妈嘴里排出。伟大的蛙妈妈显然要经历一些不适，而且这个过程也意味着蛙妈妈在8周内无法进食。这样看来，"循规蹈矩"的人类妊娠和分娩算是相当舒服了。巧的是，前列腺素E2也被用于女性妊娠引产。

所以说，妊娠可能会对个体的生理机能提出极端要求，这里只是举了一个例子。这也表明子代与亲代之间的关系是一种在合作与寄生之间达到的微妙平衡。

虽然妊娠方式千奇百怪，但从某种程度来讲，人类妊娠却没有那么多变化。当然，这不是说人类妊娠都是相同或容易的。不信的话，随便找两个生过孩子的女人，你很快就会发现没有任何一次妊娠是一

　　　　　　　　野性与温情：动物父母的自我修养

样的。有的人热情洋溢，好像自带金色光环，而有的人却总是在散发一种完全不同的气息：青涩幼稚。人类与许多其他物种之间存在特殊联系，当然，恐怕胃育蛙除外。我觉得跟其他动物相比，人类的不同之处在于能够谈论妊娠和分娩的经历，比如交流观点、分享故事、发现异常等。那么问题来了：如何将人类的经历融入更为宏观的视野之中？其他物种是如何经历妊娠的？它们会晨吐吗？会食欲大增吗？对它们来说生产是件难事吗？最后，弄明白这些问题如何能够帮助我们更好地认识人类自身的经历？

怀孕趣闻概览

在理想状态下，你会找到完美的爱人，与这位最佳伴侣沐浴在幸福之中，一起孕育小宝宝。生孩子这件事是很简单的，对吗？做爱，然后就怀孕了！然而事实却是，许多因素必须在合适的条件下协同配合，怀孕才会发生。性行为的时间必须与动情周期相匹配，也就是女性在生理上能够受孕的神奇时刻。如果没有怀孕，女性就会来月经，而其他大多数物种只是将子宫内膜再吸收，进入下一个动情周期。周期的长短各有不同。有些物种必须受到诱惑才能排卵，但是人类女性通常每个月都会自动排卵。一枚珍贵的卵子被排出，一切准备就绪，就等那个对的精子找到它。但是，这枚卵子可不喜欢一直等待，它只会坚持大约24小时。受孕的"窗口期"非常短暂。

这种情况算不上稀奇。开普地松鼠也会自动排卵。虽然名字叫开普地松鼠，但它们的生活区域远不止南非的开普敦，还包括博茨瓦纳和纳米比亚的部分地区。它们喜欢干燥的环境，非常适应在沙漠中的生活，能从食物中获取大部分水分。与我钟爱的土拨鼠类似，它们也挖地洞，然后蹲坐下来观察是否有捕食者。这种动物的特别之处是，雌性的卵子等待精子的时间非常之短：只有 4 个小时。

不管是开普地松鼠还是人类的精子，就算是在可受精的时间内，这些小小的游泳健将所面临的挑战也才刚刚开始。竞赛全程相当于穿越英吉利海峡，每个精子的命运都有太多的变数。雌性生殖系统的结构、化学成分和免疫反应对精子来说都是噩梦，所以成功怀孕堪称奇迹。我看很有必要立个牌子，写上"若要进入，后果自负"，算是对精子们的风险警告。这就好比电影《夺宝奇兵 2》（*Indiana Jones and the Temple of Doom*），到处机关重重。精子们不得不穿过一片酸性环境才能游到子宫颈，也就是新生命的"守门人"。雄性一次射出的精液中包含数百万大军，而大部分精子都会在这段路上夭折。就算游到了子宫颈，情况也不会有所好转。它们会遇到宫颈黏液，白细胞和抗体会产生强大的"抗精子"免疫响应，将精子包围并当场消灭。

关于为何雌性的身体会做出如此强烈的反应并将精子拒之门外，学界有多种假设。一种较为广泛接受的观点认为，这是为了防止畸形精子进入子宫颈。雌性可以精挑细选，阻止不合格的精子进入卵子。不仅如此，卵子还会改变化学性质，以增加精子钻入的难度。在完成这段旅途的 100 到 150 个精子中，只有一个能够穿过卵膜，并成功地将自身的质膜与卵子融合，形成受精卵，也就是将来要发育成宝宝的那个细胞。想想看，数百万的精子大军中，最终能看一眼卵子的士兵仅占大约 0.002%。这个概率也太小了。所以说，怀孕本身就是一个奇迹。如此看来，如果你没有像预先所想的那样很快怀孕，大可放轻松、深呼吸，因为怀孕并不像中学性教育课上讲的那样容易。

对人类来说，毫无疑问怀孕与女性有关。想到要生下一个 9 磅重的婴儿，男人们可能会畏缩——坦白地讲，谁不会呢？但是，为了不让男性读者们感到被忽视，这里必须提到确实有许多雄性动物也承担了生孩子的重任，比如海龙和海马。大腹海马的名字着实贴切，最新研究发现，雄性大腹海马的"怀孕"过程与前面提到的人类女性的怀孕过程非常相似。它们是体型最大的海马，喜欢在澳大利亚的浅礁活动，在那里它们可以附着在藻类甚至海绵上。

从科学上讲，雄性大腹海马不算是严格意义上的怀孕。但它们具有特化的育儿袋，这一结构中分布着丰富的血管，受精过程也在这里完成。最神奇的地方在于，这个育儿袋由特殊组织组成，就像人类的子宫一样。而且随着受精卵在里面发育，它的形状和结构也会发生变化。雄性大腹海马通过控制 pH 值、温度和氧气水平创造适宜的环境，从而孵化受精卵。更奇妙的是，它以葡萄糖和氨基酸的形式为育儿袋中的小海马提供营养。除了表面上的相似之处，科学家们还发现，雄性大腹海马与人类女性在受孕到分娩的过程中涉及的部分基因是相同的。

人类男性还会产生一种出于同情的怀孕症状，术语叫作拟娩综合征（couvade syndrome），这种症状的存在引发了激烈讨论。有人说这完全是心理作用，当然，也许有些人是这样的，但奇怪的是，确实有男性会跟他们怀孕的妻子一样体重增加，体内激素也出现波动。我曾经有一个男朋友能预测我的月经时间。他这样说不是因为我的情绪变得起伏不定，而是因为他的体重涨了 5 磅。当他把这部分体重神奇地减掉之后，就意味着我在一两天内要来月经了。这种情况并非偶然，而是每个月都这样。他很幸运，没有让我怀孕——不然的话，他可能也会经历"同情式分娩"吧！

雄性普通狨猴是超棒的父亲，它们既帮忙生产，又会带孩子。普通狨猴是低调的新大陆灵长目动物，体重不到1磅。它们能够像松鼠那样在树梢间穿梭，不过那根长长的尾巴并不具有卷握能力，只是用来炫耀的。长长的耳毛（ear tufts）使它们的脑袋看起来比实际上更大。与其他狨属动物一样，普通狨猴通常都是双胞胎！虽然我在下一章会用更多篇幅讲述准爸妈们将要面临的变化，不过在这里先顺便提一下，在孕期体重增加不是雌性和人类父亲的专利。狨属动物的妊娠期大约持续5个月。在雌性怀孕初期，雄性的体重略低于1磅。在第一个月不会有什么变化，第二个月甚至第三个月也是如此。但是到了第四个月和第五个月，变化来了：准爸爸们会变得越来越胖，在雌性生产之前体重会翻倍。男性会因另一半怀孕受到很大的影响，明白了这一点，准爸爸们就更能从容应对了，他们可能会变得比平时更情绪化，或者虽然还像往常那样坚持健身，但体重依然会增加。显然，我们会倾向于更多地关注女性在怀孕期间经历的变化，但是要知道，男性也在经历巨变，这同样很重要。

无论这些变化是何时开始的，也不管是谁在担负重任，或者谁的体重增加了，有些妊娠可能短暂得让人惊讶，而有些则可能持续相当长的时间。在哺乳动物中，妊娠期最短的当属负鼠家族和澳大利亚的东袋鼬。这些有袋动物的妊娠期只会持续短暂的12天。蹼足负鼠也称水负鼠，这种动物极为罕见。它们生活在南美洲北部，能在水里活

野性与温情：动物父母的自我修养

动，是世界上唯一的半水生有袋动物。这个奇特的物种主要在夜间活动，以树木茂密的河岸边的鱼类和甲壳纲动物为食。有袋动物的妊娠期都比较短暂，就像东部灰袋鼠一样，水负鼠新生儿们必须要爬过所谓的"皮毛梯子"才能抵达育儿袋，两个月后它们方可出来，骑到妈妈的背上。

哺乳动物中妊娠期最长的是非洲象。它们的妊娠期接近两年，随后生下一个200多磅的"巨婴"。当然，与象妈妈的体型（最重可达9000磅）相比，200磅不算什么。但我忍不住想，在这两年里的某一刻，象妈妈是否曾经因为要怀孕时间过长而感到厌烦呢？

我的朋友阿德里安（Adrian）就曾有过这样的感受。鉴于我的职业，我的很多朋友也是科学家，阿德里安也不例外。她是一名人类学家，专注于灵长目动物的育儿行为研究。不过，尽管她在这方面已经受过很多专业训练，但还是会像很多妈妈一样到孕晚期时感到烦躁（这倒是让我们普通人找到些心理安慰）：我已经受够了！快让这个宝宝出来吧！在孕期8个月左右的时候，她就感觉自己像是已经怀孕了一个世纪。她对怀孕的描述很动人，最初像是肚子里有个外星人在生长，到了后期就好像衬衫底下困着一只小松鼠出不来。虽然松鼠既聪明又可爱，但是没人愿意在衬衫底下养一只啊。阿德里安对于这段经历的成果感到欣喜若狂（她生下了一个漂亮的女宝宝），但她并不享受怀孕的过程，尤其是难熬的孕晚期。作为"额外奖励"，这种煎熬还延长了——她的女儿比预产期晚到了一个星期。

人类的需求很奇怪，总是喜欢预测所有事情，包括宝宝的预产期。大多数准妈妈都知道这个日期只是推测，但是当她们变得不耐烦时可就不一样了。跟阿德里安一样，她们会把这个日期当作目标，如果宝宝不"准时"降生，就会感到焦虑、挫败和失落。医生通常把女性末次月经后第 280 天算作预产期。那让我们看看平均值是怎样的吧。

人类女性的平均妊娠时间是 267 天，大概 9 个月，可能提前或推迟 37 天。（这还不包括对着床时间的估算误差。）几乎在所有事情上，个体之间都存在差异，妊娠也不例外。但是，五周时间可是相当大的差异了！为什么会有如此大的差异呢？有些宝宝的着床时间较晚，通常需要更长的时间才能最终来到这个世界。年龄较大的准妈妈的分娩日期通常会推迟；如果准妈妈的年龄太小（自己还是个孩子），妊娠期也可能延长。所以，聪明的准妈妈们不必在预产期的问题上过于纠结。

如果大象那么漫长的妊娠期还不能让你感到些许安慰，下面这个例子也许能帮上忙：皱鳃鲨。这些鲨鱼显然不是最吸引人的生物，那张脸恐怕只有亲妈才不嫌弃。它们长着一排排的尖牙利齿，而且鼻子末端还有两个竖直的大裂缝。它们的眼睛超大，可能是由于在深海生活，周围没有太多光线的原因。说实话，这对于相貌丑陋的皱鳃鲨来说可能是件好事。它们的身形也好不到哪儿去，看上去就像一条长着圆形尾鳍的鳗鱼。皱鳃鲨的名字来源于它的 6 条鳃裂，鳃间隔具有褶皱且相互覆盖，就像维多利亚时期服饰中流行的褶皱花边。

仿佛这些还不够惊奇，雌性皱鳃鲨的孕期要持续 3 年多之久！哺乳动物的特征之一是胎生。这些原始的"活化石"物种确实直接分娩小鲨鱼，但是它们却不像人类那样有胎盘。相反，它们是卵胎生，也就是说，皱鳃鲨宝宝是在一枚卵中生长，就像小鸡一样，但是它们待在子宫里面，直到孵化。皱鳃鲨宝宝发育得相当慢，一个月也就长半英寸，但是它要长到 1.5 到 2 英尺才会被生出来——甚至赶不上油漆变干的速度！

虽然我不确定是否有人愿意怀孕 3 年，但是并非每位准妈妈都像阿德里安那样，有些人很享受怀孕的状态。阿曼达（Amanda）就是其中之一。我是在从罗利市（Raleigh）到丹佛市（Denver）的航班上认识她的。她有 4 个孩子，最小的只有 5 岁。她坦承特别怀念怀孕的日子，所以想再要一个宝宝，好从头再经历一遍。她的丈夫却不太情愿。有时候，我在跟别人说话时，会想象对方像哪种动物。好吧，其实我总是这样。阿曼达跟我谈起怀孕的喜悦时，她那渴望的眼神让我想到，她想变成一只东部灰袋鼠。

东部灰袋鼠是生活在澳大利亚和塔斯马尼亚的有袋动物。对于大多数人来说，跳跃需要花费很大的力气。不信的话，你现在试试就知道我的意思了。袋鼠腿部的肌腱很有特点，就像弹簧一样，能让它们仅用很少的力气就达到很快的速度。有多快？超过每小时 35 英里！

然而，它们刚出生时可没有这么厉害。袋鼠宝宝刚出生时的体重只有大约 0.03 盎司，比糖豆还小。然而这个尚未发育完全的小东西却有着惊人的力量，它会努力爬到妈妈的育儿袋里，就其身量而言相当于跨越了一个足球场的距离。

袋鼠宝宝需要花上一年多的时间才能完全独立，但这不会影响东部灰袋鼠妈妈的节奏，因为它们天生有 3 个阴道用于"未雨绸缪"。与袋熊和袋獾一样，雌袋鼠有 3 个阴道：其中两个专门用于接受雄袋鼠双叉阴茎释放出的精子。更加奇特的是，一个受精卵会被运送到两个子宫中的一个。这样的话，袋鼠妈妈就可以在上一个宝宝还未离开育儿袋时就生下第二个宝宝。但是，这也意味着两只幼崽需要共享有限的空间。

袋鼠妈妈不是唯一需要承担双重怀孕责任的物种。北象海豹有个小把戏，叫作推迟着床，相当于部分怀孕。它们可以在生下一只幼崽后再次交配，然后使胚胎维持在休眠状态而不在子宫壁着床。推迟妊娠的做法有几个好处。对于北象海豹和其他海豹来说，这种延迟能够保证下一只幼崽在最恰当的时候出生。对于人类是否存在这样的现象，科学界仍有争论，但这或许能解释为什么有些妊娠比正常情况耗时更久——很可惜我们不能像这样来安排妊娠。

如果人类子宫没有适宜的环境，可能会导致着床推迟。一项最近的研究表明，这种现象可能在哺乳动物中普遍存在。对现代人来说，心理压力可能是导致着床推迟的最常见原因。伴随体内的压力激素陡增，有利于子宫产生适宜胚胎发育环境的各类激素水平都会下降。人类着床推迟的情况很常见，但是不像其他物种因此而受益，这反而降低了怀孕的可能性。所以这里再说一下，如果你发现怀孕困难并且没有不孕不育问题，那不妨考虑一下你当前的压力程度——减小压力有助于受孕。

许多准妈妈关心的一个有趣问题是怀孕期间是否能运动，当然，有妊娠高血压或其他需要卧床的情况除外。有些准父母在怀孕期间不怎么活动。有一个经典的笑话，说的是孕妇整天都躺在床上吃酸黄瓜和冰激凌。这可能与孕期食欲大增有关，但必须澄清的是，即便在现代社会提倡女性返回职场之前，世界上的大多数孕妇也从来都不闲着。

　　　　　　　　　　　　　　野性与温情：动物父母的自我修养

不过蝰蛇的情况与此不同。大多数蝰蛇会在孕期停止进食并限制自身活动。科学家们认为，许多蛇类在孕期这样做有两个原因：一方面，蛇类必须调节体温才能消化食物，但是在孕期它们这方面的能力会减弱；另一方面，可能是因为雌蛇的身体无法同时容纳宝宝和食物。

不过，这点不适用于西部菱斑响尾蛇。它们在怀孕期间仍会继续觅食，是十足的"边怀孕边劳动型"妈妈。响尾蛇属于蝮蛇，因为它们的一对感温器位于两眼之间，鼻孔位于头部两侧。所有的蝮蛇都有毒。我有幸在 2015 年 6 月第一次见到了响尾蛇。当时我在科罗拉多州柯林斯堡市（Fort Collins），那是一个时尚的城市，我们去那里拍摄关于土拨鼠的纪录片。我知道那个地区有响尾蛇，但是一天下午，正当我和摄影师全神贯注地讨论时，有一条 5 英尺长的响尾蛇从我们面前经过，而我们居然差点没看到它！

与许多蛇类一样，响尾蛇也是胎生的，也就是说它们直接生下小蛇。与皱鳃鲨的情况相似，这些卵被保存在体腔中，响尾蛇宝宝在发育过程中依靠卵黄获取营养。那么，如何判断一条雌性响尾蛇是怀孕了，还是刚刚饱餐了一顿呢？很简单，通过无线电追踪。不难想象，响尾蛇经常到处游走。通过追踪，科学家们能够及时观察到它们，据此判断某条蛇是否表现出进食后的特征性隆起，并且观察它们是否会在预期的时间内产下蛇宝宝。

一项研究通过追踪蛇类发现，27 条雌蛇在 10 年间仅产下 48 批蛇宝宝。这是总数。也就是说，平均每条雌蛇每 5 年才生产一次！而且每次生产的数量也不是很多，平均 4 到 5 条蛇宝宝。这个数据应该让那些支持大规模捕杀响尾蛇的人看看。我们需要蛇类，它们对于维持健康的生态系统至关重要。鉴于蛇类繁殖的速度如此之慢，它们需要得到尽可能多的帮助才能避免成为濒危物种。

为了在 10 年间生产两次，每次产下 4 到 5 条蛇宝宝，怀孕的雌性响尾蛇会比其他蛇类需要更加频繁地进食，这表明怀孕会大幅加速代谢过程。所以，下次如果有孕妇说她是两个人在吃饭时，请相信她。但是，怀孕并不意味着要按照两个成年人的饭量吃饭！总的来说，作为一个物种，人类普遍存在肥胖问题。涉及怀孕时，肥胖问题就更加需要引起重视。因为肥胖会增加受孕的难度，而且超重的女性可能在孕期遭遇更多并发症。

让我们来看看长颈鹿的例子，也许会得到一些启发。长颈鹿既可爱又引人注目。它们是非洲大草原的象征，可是现在面临濒危的风险，很少能看到它们在空旷的草原和林地漫步了。雌性长颈鹿平均身高 11 英尺，体重 1800 磅，妊娠期大约 14 个月。长颈鹿宝宝必须在出生后很短的时间内做到"自力更生"，因为它们要站着吃奶，还要跟着妈妈到处走动。它们出生时大约有 6 英尺高，体重在 200 到 250 磅之间，大约是母亲体重的 11% 到 14%。怀孕的成年雌性长颈鹿体重不会增加太多。在动物园里，长颈鹿经常是临产的时候才被工作人员发现它们怀孕了。假设雌性长颈鹿怀孕时增长的体重为 300 磅，那么它增加的体重约占孕前体重的 17%。

目前，美国国家医学院（National Academy of Medicine, NAM）制定的准妈妈增重指南如下：

• 体重过低女性（体重指数 BMI 小于 19.8）可增长 35 至 45 磅；

- 标准体重女性（BMI 在 19.8 至 26 之间）可增长 25 至 35 磅；
- 超重女性（BMI 在 26.1 至 29 之间）可增长 15 至 25 磅；
- 肥胖女性（BMI 在 29.1 至 39 之间）增长小于 15 磅；
- 过于肥胖女性（BMI 高于 39）不应增加体重。

美国的新生儿平均体重稍有降低。2013 年的研究表明，在 2000 年新生儿的平均体重是 7.58 磅，而在 2008 年是 7.47 磅。美国女性的平均身高是 5 英尺 4 英寸，体重大概在 110 至 144 磅之间（根据 BMI 指数推算），简单计算一下就会发现，如果将孕前体重算作 144 磅，孕期增重达到建议值的上限，那么孕妇在妊娠期间增长的体重为孕前体重的 24%。这比长颈鹿稍多一些，但听起来也不算太多。问题是，实际情况当真如此吗？

答案是否定的。例如，有研究表明，标准体重的女性增长了 35 至 50 磅，用我们上述假设的数字计算，增重比例为 24%~35%。美国疾病防控中心（Center for Disease Control and Prevention, CDC）2015 年的报告指出，几乎一半的美国女性在孕期增重过多，甚至有其他研究报告认为这个数字高达 2/3。这个问题需要引起重视，因为体重增长过多会导致孕期并发症，还有证据显示，孕前超重和孕期体重增长过多会影响宝宝的健康，增加宝宝肥胖甚至成年肥胖的可能性。如果身体变差和生病的概率增加还不足为惧，那么有必要知道的是，孕期肥胖的女性生下的孩子在生理上被认为比实际年龄大 10 岁。如果不能意识到母体效应的严重性，相当于在孩子出生前就害了他们。

如果长颈鹿在孕期增重超过自身体重的 35%，那么这个世界上可能就不会再有长颈鹿了，因为那样会导致它们跑得太慢，无法逃避狮子的猎捕。

饮食上的怪癖

说起怀孕期间的饮食，有很多有意思的现象。最普遍的是"晨吐"——虽然实际上可能全天任何时间都会呕吐——医学上称之为孕期恶心和呕吐症状（nausea and vomiting during pregnancy, NVP）。大约 70% 的孕妇会有晨吐反应，主要发生在孕期的第一阶段——在这个阶段胎儿的主要器官将成形——但是有些孕妇在整个孕期都会晨吐。极少数人的情况可能会比较严重，有些孕妇会患有妊娠剧吐（严重的 NVP 反应）。至于一个人患妊娠剧吐的可能性有多大，症状将持续多长时间以及是否会变得更加严重，这些问题都在一定程度上受到遗传的影响。事实上，有研究指出，妊娠剧吐的严重程度、持续时间和遗传基因有着密切的联系，而以往的科学研究几乎从未发现过这种关联。如果你很不幸遭受了这种折磨，那么只能怪你的妈妈了。

鉴于很多问题都可以从进化论的角度去分析，我们有必要算算在孕初期感到恶心和呕吐的所得收益是否大于成本。如果收益大于成本，那么这种行为就是适应性的；如果相反，那么它可能曾经有益，但现在已经是非适应性的了。

人们可能倾向于认为这是不正常的：超过 2/3 的孕妇会晨吐，吃不下饭，并且在特别需要为胎儿提供营养的时候经常呕吐。对此能找到合理的解释吗？玛吉·普罗菲特（Margie Profet）是一位科班出身的物理学家，她认为这是合理的现象，并提出晨吐根本不是病，恰恰相反，这是保护胚胎远离疾病的一种适应性现象。这种假说的正式名称叫作"母体和胎儿保护"。

要想评估孕期恶心和呕吐是否存在特殊用意，可以分析一下引起这种不适的食物类型或特定食物是什么。最容易引起恶心的食物是肉类和口味较重的蔬菜。要弄明白为什么是这类食物，我们需要追溯到还没有冰箱和基因工程的时代。虽然我们不一定每次吃肉时都这样想，但是这些动物的肉的确很可能携带病菌和寄生虫，会引发疾病。以下这些只是其中一小部分：大肠杆菌、沙门氏菌、李斯特菌（对孕妇非常危险）、弯曲杆菌、志贺氏菌、金黄色葡萄球菌、蓝氏贾第鞭毛虫、隐孢子虫、弓形虫、旋毛虫、牛肉绦虫、猪肉绦虫。真是"大餐"啊！

很多人可能没有意识到，孕妇其实处于一种"免疫修正"状态。孕妇的免疫系统并非如人们所想会全面关闭，而是在适应不断发育的胎儿。那么，为什么在怀孕后女性的免疫系统会发生变化呢？科学家们最初提出的观点是，胎儿像是一个外来客，至少有一半是陌生的。所有以传统方式受孕而形成的胎儿都只继承了母亲 50% 的基因。对于母亲的免疫系统来说，另外 50% 来自"陌生人"。为了接受这个陌生的生物，女性的免疫系统会进行一些调整。

现在有证据表明，胎儿与母亲之间某些特别具体的交流是通过胎盘发生的。与先前的假设相反，现在普遍认为免疫系统没有被抑制，而是受到了严格的调控。因此，除了个别情况（如李斯特菌和疟疾）以外，孕妇不会比其他人更容易感染疾病。也就是说，如果孕妇生病了，不管是流感或其他病毒，还是因食物引起的疾病，后果都会更加严重。这是潜在的成本。母亲的免疫系统会进行权衡，确保身体不会拒绝正在发育的胎儿，但怀孕期间抵抗疾病的能力也会随之减弱。由于肉类曾经是（现在也可能是）引起疾病的重要原因，总体来看，不吃肉是有好处的，所以吃肉会引起恶心和呕吐的反应。

那么，为什么蔬菜也会引起反应呢？蔬菜看起来并不危险啊。我们现在食用的蔬菜已经在栽培过程中得到改造，通常不像野生植物那样含有较高的毒素水平。但是即便在今天，诸如木薯和竹笋这样的蔬菜仍然含有一种叫作氰苷的植物毒素。如果生吃这些蔬菜或者没有加工至熟透，咀嚼的过程就会使口腔里的酶与这类毒素发生反应，产生氢氰酸。这东西有剧毒！

恶心和呕吐能够有效帮助孕妇避免误食可能会对自身或胎儿造成的危险，因为这种剧烈的不适只要经历过一次便让人印象深刻。所以我们天生倾向于避开某些食物。

和很多人一样，我曾在 20 多岁时勤工俭学，在餐馆做服务员。有一次，我在德尔雷海滩（Delray Beach）的一家意大利小餐馆打工。虽然我已经记不起那家餐馆的名字了，但是有两件事至今仍记忆犹新。第一件事是我不小心碰到了滚烫的比萨烤炉，第二件事是关于一碗贻贝。我是意大利人，所以对贝类食物并不陌生。我吃过许多蛤蜊，但却从未吃过贻贝。于是我吃了一小碗看起来非常美味的贻贝，几小时后我感到特别难受。在那之前，我曾经有过一次食物中毒的经历——那是在一家加德满都的餐馆——但从未在尝试新的食物种类时中招。这次惨痛的教训让我铭记于心，从那以后，不管别人怎么诱惑或者再三保证，我再也不敢吃贻贝了。

这种反应的强大"后劲儿"在其他物种中也很普遍。也许最典型的例子就是丛鸦对君主斑蝶的反应。这种蝴蝶翅膀上有漂亮的橘黄色、黑色和白色条纹，在空中翩翩起舞。成年君主斑蝶喜食花蜜，因此在迁徙途中成为野花的重要传粉者。这一物种的数量正在锐减，因为美国中西部长期栽培单一作物，加上广泛使用农达牌（Roundup）杀虫剂，杀死了君主斑蝶幼虫赖以为生的食物——乳草。

乳草属植物有很多种，其共同点是都包含一种叫作强心苷的有毒类固醇。如前文所述，许多植物都含有毒成分，这是因为植物不像羚羊那样可以在被猎捕时逃跑。它们可以说是被困在固定的地点，扎根在那里。所以，自然选择为植物提供了另一种避免被吃掉的策略：自身合成有毒的化学物质。有些动物，比如君主斑蝶，对乳草的不良影响免疫，甚至能够将其转化为生存优势。君主斑蝶的幼虫只吃乳草，而自身不为毒素所伤，这样一来，捕食者就不敢吃它们了。简直是天才！顺便说一下，色彩明艳的动物往往是有毒的。

丛鸦与许多鸟类一样，经常食用多汁的毛毛虫。但是，如果丛鸦不小心咬了一口君主斑蝶，就只能追悔莫及了。丛鸦是一种鸦科鸟类，气质超群。但如果误食了君主斑蝶，它们的优雅气质就大打折扣了，就像一个人走路撞到电线杆那样滑稽。一旦知道它们并无大碍，你就可以肆无忌惮地放声大笑了。只需 10 分钟，丛鸦的消化系统就会彻底拒绝它原本以为的这顿美餐。在有过一次教训之后，大多数丛鸦都不会再吃君主斑蝶了。

一次经历就足够。这是为什么呢？因为第一次尝试可能就是生与死的较量。让动物难受的食物可能致命或让它们变得虚弱，在捕食者面前不堪一击。这同样是导致人类在孕期所发生的饮食变化可能持续数年甚至永久存在的原因。我的朋友阿尔玛（Alma）就遇到了这种情况。阿尔玛是那种"传说中的女人"，如果不幸流落荒岛，她可以在 24 小时内搭建起一处临时住所，生一堆火，并且准备一顿美味佳肴。但若提起怀孕时的饮食，她可就没那么强悍了。

在阿尔玛怀女儿的时候，是什么蔬菜让她超级难受呢？答案是玉米笋，一种看起来完全无害的蔬菜。这种蔬菜不含前面提到的任何有毒成分。但是，有一次阿尔玛在一家中餐馆吃了玉米笋之后病得不轻。在那以后六年多，她都不敢再吃玉米笋了。

如果晨吐是有好处的，那么这不应该是人类的专利。传统药理学的研究领域是不同动物和人类文化中对药物的使用情况，尤其是在生病时如何使用植物进行自我医治。你可能会惊讶于动物与人类一样会使用具有药效的植物治病。但是很难判断动物是否使用某种植物治病，因为这种植物有可能在为动物提供营养的同时也有助于治疗某些疾病，比如恶心，或者这种植物并没有任何营养价值，只是单纯地被动物作为药物使用。例如大猩猩会食用很多具有药效的植物，包括非洲黄荆（*Vitex doniana*）的叶子，这种植物可以缓解恶心。有些女性可能比较熟悉穗花牡荆（*Vitex agnus-castus*），数千年来这种植物一直被用于平衡激素水平。

恒河猴是仅次于狒狒之后被研究得最为透彻的旧世界灵长类动物之一。它们也是最成功的猴子之一。20 世纪 70 年代，关于其他物种在孕期食物摄取、选择和偏好的研究还很少，当时一项早期研究发现，雌性恒河猴在孕期前 3~4 周拒绝进食的比例都高于正常水平（样本量为 40）。遗憾的是，无法判断这些结果是否与雌性恒河猴感到恶心有关。它们激素水平的变化具有一定的规律，人类也会经历这种变化，并且引起恶心。

鉴于激素波动的相似性——不仅出现在孕期，还包括月经周期——而这种变化能影响很多哺乳动物的饮食和其他行为，所以我们有理由假设，其他动物怀孕早期的恶心症状和怀孕期间的食物偏好可能比我们想象的更加普遍。虽然现在还不足以得出结论，但这值得我的科研同行们继续研究。

提到食物偏好，自然要谈到对某种食物的渴求。有些女性的选择看起来很奇怪，毫无道理可言。我的朋友芭芭拉（Barbara）——碰巧也是一位人类学家——说她在怀两个孩子期间都特别喜欢吃土豆。任何形式的土豆，碾碎的、煎炸的、蒸烤的——不管怎么做都行。这种食物偏好一直持续到孕晚期才消失！这样的例子还有很多，各种奇特的情况都有。

许多人在孕期对泥土特别感兴趣，有些动物也是如此。这种偏好，连同对蛋壳、冰块、煤炭、灰烬、粉笔和生淀粉的食欲一起被称作"食土癖"。出于本能，你可能觉得这难以接受：居然会有人喜欢吃土。你甚至还会觉得这个人是不是有心理问题。那些被诊断为异食癖的人的确是这样，他们倾向于去吃不可食用的东西。但食土癖历来与精神状况有关，越来越多的科研成果证实了这一点。人类，尤其是孕妇，经常会缺乏某些营养，比如钠、锌、镁和钙。世界上约有 1/4 的孕妇通过食用玉米淀粉、生米粒和木薯等食物摄入泥土和（或）生淀粉。这些物质的摄入量与营养缺乏或过剩之间存在正相关，尤其是铁。

人类女性不是唯一患有食土癖的群体。与前面提到的恒河猴一样，关于狒狒的研究也非常多。狒狒有许多种，比如东非狒狒、阿拉伯狒狒、草原狒狒、山地狒狒、几内亚狒狒、豚尾狒狒，等等。

豚尾狒狒有时也被叫作开普敦狒狒，主要生活在非洲南部，包括德拉肯斯堡山脉，我曾经去过那个美丽的地方。豚尾狒狒（和其他狒狒）特别有趣的一点是，雌性狒狒在怀孕时会炫耀屁股附近的性皮

　　　　　　　　　野性与温情：动物父母的自我修养

（paracallosal），而不是鼓起的肚子。雄性狒狒也有这个部位，但是雌性在受孕两周左右以后，这个部位的皮肤颜色会从黑色变成深红色。这个标志不仅能让雄狒狒一眼便知谁怀孕了，也让科学家们一目了然。科研人员深入研究食土癖后发现，所有狒狒都会采食土壤，但是与成年雄性和青少年相比，怀孕的成年雌性会花更多时间实践"食土癖"。相比哺乳期，雌性在孕期的这种倾向更为明显。所有狒狒都偏爱土壤钠含量更高的活动地点。

从科学家的角度看，无论是跟我一样的动物行为学家还是其他领域的生物学家，都普遍认为人类与动物的食土癖是截然不同的。医学界历来将食土癖看成是心理失常，但是根据科学家们的观察，这种现象在不同物种中普遍存在，他们认为这是一种自我治疗的方法。所以说，科学家比医生先行一步，在解释这一看似奇怪的行为上取得了成果。除了提供营养以外，摄入土壤还有助于缓解胃部不适。正如我们已经讨论过的，怀孕会使身体对特定维生素和矿物质（比如铁）的需求增加，并且引起肠胃不适。仅需这两个理由就足以从生物学上解释食土行为，无需再牵扯精神上的原因。

另一个孕期反应是嗅觉和味觉变得高度灵敏，甚至产生扭曲。根据我所掌握的生物学知识，我敢肯定我的朋友夏洛特（Charlotte）就是这样。我在上一本书《野性的纽带》（Wild Connection）中提到过夏洛特，她是我最好的闺蜜，我们曾经在南海滩彻夜跳舞，度过了很多周末的夜晚，直到那里变成了"回忆中的那个地方"。在佛罗里达州南部的那段时光，如果我们没在跳舞，也没去日本餐馆打工，那肯定就在努力学习。我们经常通宵学习，目标是拿到学位，将来一起改变世界。可怜的夏洛特，她在孕期总是觉得法式咖啡的气味像一大坨狗屎。当时她住在法国，周围都是咖啡馆，所以她发现自己总是在嘀咕："嗯？谁又大便了？"她怀孕过三次，每次都是这样。

所有这些机制都是为了保护胎儿并促进他们的健康成长，因为宝宝在子宫内能通过母亲或父亲感受到周围环境的影响。所谓的"环境"不仅包括那些显性的因素，比如药物、酒精、有毒食物或其他已知的有害物质，也包括母亲（和父亲）的压力或疾病，科学家们发现这些可能会影响宝宝在发育过程甚至一生中的基因表达。而且我们现在知道父母的饮食选择会影响孩子的长期健康。如果你是一位父亲或母亲，这里所说的不是你给孩子吃什么，而是你吃什么。

自然小课堂：

- 恶心是怀孕的副作用，有些人的情况可能会很严重。尽管野外的大猩猩会自己治疗恶心，但是在吃草药或用其他方法治疗晨吐之前，记得要先问问你的医生。
- 要留意自己对哪些食物食欲大增，因为这意味着你可能缺少某些维生素和矿物质。想吃什么就吃什么——泥土或粉笔除外！如果你真的想吃那些东西，一定要去看医生。

那些意料之外的事

除了饮食习惯的变化，孕期还会出现其他症状：尿频、踝关节肿胀、腰痛、睡眠不佳、乳房变大，等等。那么，还有哪些更加料想不

野性与温情：动物父母的自我修养

到的事呢？下面列出了孕期可能发生但极少发生的一些情况：

- 阿尔玛的腿抽筋严重，她穿鞋的尺码变大了，足弓也变平了。
- 卡罗琳（Caroline）患上了产科胆汁淤积症，就是流到小肠的胆汁减少，胆汁和胆汁盐在血液中堆积。虽然在生产之后随即就会消失，但是这种疾病除了可能导致肝酶升高，还会带来持续性瘙痒。哪里都痒，一直痒。剩下的你自己想象吧。
- 莉拉（Leila）的髋关节由于松弛素的影响变得特别松弛，这让她走路的样子都变了。这种激素有助于软化韧带。一个意想不到的好处是，她脚疼的毛病好了。

这样的例子还有很多，不过想必你已经大概了解了。雌性动物在孕期可能也会经历一些怪异的变化。豹纹变色龙的情况就比较奇怪。雌性的皮肤一般是浅褐色，透着些许粉色、珊瑚色或青绿色。变色龙最出名的本事就是变色，但是与普遍的观点不同，它们变色并不只是为了伪装。变色的原因有很多，包括温度变化、情绪不佳或压力过大，雄性为了吸引雌性也会变色。

变色的原理在于变色龙皮肤复杂的多层结构。豹纹变色龙原产于马达加斯加，它们快速变换颜色的能力尤为出众，特别是在社交互动的时候。其原理是通过激活透明皮肤表层下组织层中的晶体网络，使它们能够向外界展示和传达自己的状态。雄性变色龙频繁变换颜色，是为了向潜在的雌性伴侣展示自己的勇猛；如果雌性不再单身，它们则会用另一种完全不同的色彩表明自己已经名花有主。在怀孕以后，雌性豹纹变色龙的颜色会从平时的浅褐色变成带橘色条纹的深棕色或黑色。这是它不再接受求爱的信号之一。看到这里——再想想胃育蛙——让人不禁松了一口气，至少人类怀孕时不会长橘色条纹啊！

我可以开始筑巢了吗？

自从知道怀孕，便要开始"筑巢"了。鸟类如此，蜜蜂如此，就连土拨鼠也会这样做，人类自然也不例外。一些受访的女性在孕早期就着手准备布置婴儿房了。而她们的伴侣——准爸爸们——则无法理解为什么这么着急，因为对他们来说，宝宝出生是好几个月以后才会发生的事。不过研究表明，平均来看，人类的"筑巢行为"主要集中在孕晚期，而且可能会很诡异地聚焦在某件小事上。

比如无法忍受咖啡气味的夏洛特，在孕期第一阶段快结束的时候，她不是忙着布置育儿室，而是纠结于整理一个"疯狂的"抽屉。接下来，她像有强迫症似的拿牙刷清理冰箱后面的地方。她的老公雅克（Jacques）下班回到家后感到匪夷所思：他看到怀孕的妻子跪在地上，嘴里还嘟囔着为什么从来没人清理过这台大家电的后面。

小熊猫也是相当挑剔的筑巢者。这是一种不同寻常的动物，生物学家们曾经竞相申请经费，只是为了确定它到底是什么动物。它与浣熊、熊和鼬都有一些相似之处。起初，它被归为鼬科。最终，生物学家们认为小熊猫太特别了，应该"自成一科"。那么，既然它与熊猫完全没有关系，为什么又被叫作小熊猫呢？这个问题我也不太清楚，也许是因为它主要以竹子为食？不过它并不像大熊猫那样只吃竹子，而是一种杂食动物。并且，小熊猫看起来跟大熊猫一点儿也不像。

野性与温情：动物父母的自我修养

在雌性小熊猫即将生产"又聋又瞎"的小宝宝时，它们会寻找空心圆木、树洞或其他缝隙筑巢。但是，直到生产前两天左右，小熊猫准妈妈才会将这件事提上议程。它会收集小树杈、树叶、树皮、杂草和苔藓等，来为宝宝搭建"育婴房"。它不是将这些东西都堆在一起，而是用嘴叼着这些材料，放在洞里，用爪子摆放好，再用鼻子压实，然后再出去寻找更多的材料。它会一直重复这个流程，直到满意为止，并且在宝宝居住期间还会不断维修这个巢穴。当然，不管对人类还是对小熊猫来说，这种筑巢行为都是为了即将到来的大事：分娩。

当分娩终于来临

2001 年，我去南非约翰内斯堡看望一位朋友兼同事。在到达的第一天晚上，我们一起吃晚饭，她和她的丈夫举杯祝酒，我也举起了酒杯，做好了用法语、意大利语或英语说"干杯"的准备。没想到他们说的居然是"在树上生产"。之后，他们告诉了我关于莫桑比克的索菲亚（Sofia）的故事。2000 年 2 月，飓风"埃琳"登陆，在那之前的几个月一直下暴雨，降雨量约在两周内就达到了莫桑比克全年的水平。飓风引发的洪水导致多人死亡，许多人被困在建筑里或树上。在一个名叫乔克威（Chockwe）的小村庄，一名即将分娩的妇女被困在了树上。

故事是这样的：这名妇女被困在树上三天了，即将生产。其他村民（当时也被困在树上）为了帮忙，将她从一棵树挪到另一棵树，一直挪到一名助产士被困的树上，当时她也在等待救援。当救援队伍到达时，女婴已经快要降生了，似乎不愿再等下去了。这位母亲抓住距离洪水水面几英尺的一个树杈，在树上生下了孩子。我的天呐！自从听过这个故事后，每次一有机会，我就举起酒杯，高喊道："在树上生产！"

有时候分娩来得很突然，有时候也让人绝望——等了好久都不发动。我的朋友希拉（Sheila）就是这样。这里必须强调一下，她是在喂奶间隙跟我讲述那些经历的，真的特别惊险！怀孕让她感到喜悦而幸福，但是她不愿意甚至害怕分娩，即将成为一名母亲的事实让她感到恐惧。以前从没有人和她谈论过这些。当这一切发生时确实很吓人，不只是分娩本身，还有分娩之后接踵而来的其他事情。

很多准妈妈眼看着预产期到来又悄无声息地过去。如果没有要生产的迹象，且医生判断羊水过多的话，就需要引产。在本章开头提到，对于怀孕的焦虑会使月经推迟。于分娩而言也一样。当希拉得到通知引产后，她便知道分娩就要来了。开始时反应比较温和，所以她的丈夫就先回家了。

随后希拉的宫缩开始加剧。我问那是什么感觉，希拉说："你有过痛经吗？""有啊。"我回答。她说："如果痛经是放鞭炮，那宫缩就是氢弹爆炸。"在希拉独处的一小时内，宫缩发起了全面猛攻。这种现象在动物界也很普遍：许多动物都是独自生产的，其中就包括桑给巴尔倭丛猴。

在年少时走遍非洲的梦想中，桑给巴尔（Zanzibar）最令我着迷。在抵达那里之前，我想象着这是一个充满异国情调的岛屿，岛上的森林中生活着各种神秘生物，人们身着五彩衣衫。丛猴是你能在桑给巴尔看到的珍奇物种之一。它们是夜间行动的原猴（prosimian），是

　　　　　　　　野性与温情：动物父母的自我修养

一种原始的灵长类动物。丛猴在灌木丛中快速移动，靠它们的大眼睛和大耳朵捕食昆虫。通常情况下，多只母猴会与一只公猴或另一只母猴在同一个地点睡觉，但在分娩前几天，怀孕母猴会独自离开。

与人类一样，雌性丛猴在孕后期会变得身形圆润，所以很容易判断一只母猴是否怀孕，至少近距离观察时能看出来。有一项研究讲述了三只母猴的故事，其中一只名叫 Mx.P。作为丛猴的习性，母猴 Mx.P 通常与一只雄性和另一只雌性共享一处睡觉的地点。但是，1981 年 2 月 21 日，Mx.P 不再与这些同伴一起睡觉了。它开始独自睡觉——这是即将分娩的典型征兆。除了与公猴短暂相聚一晚外，它要与幼崽独睡 24 天左右。

不过，也存在雌性不独自分娩的情况。有时，一群雌性会聚在一起，在同一个地方生产。角马是群居动物，在很多纪录片中都出现过。它们穿越坦桑尼亚塞伦盖蒂草原的大迁徙非常有名，200 多万头角马一起迁徙到肯尼亚苍翠繁茂的马赛马拉地区。但是，角马分娩的过程并不常见。从迁徙上看，你可能觉得角马以大规模群体行动，但事实并非如此。在一个特定的区域，它们会分散成不同的小群，这些小群或者由雌性组成，或者由雌性和幼崽组成，即以育儿功能为主，或者只包括"单身汉"（雄性）。

小群还有一种形式：怀孕的雌性角马。幼崽面临的最大危险来自斑鬣狗，所以怀孕的雌性角马会在分娩前聚在一起以降低危险。这些"幼崽阵地"也是分娩的地点。大多数分娩都在早上，也许是为了避开在黄昏和夜间行动的捕食者。分娩开始后，小角马明黄色的前蹄会先露出来。雌性角马分娩的最佳姿势是侧卧，在一小时内就会完成——

除非受到干扰。如果捕食者出现或雌性同伴临时离开，角马妈妈会停止分娩——即便幼崽还有一半身子晃晃悠悠地挂在外面。角马妈妈认为独处很危险，它得站起来去寻找同伴。

很多女性都不愿意独自分娩，或者说不可能独自分娩。虽然在独处后分娩的进程马上加快了，希拉还是希望另一半能陪在身边。她需要他在场——最终她需要整个手术团队。她在一家瑞士医院生产，等着丈夫急匆匆地赶回来，用她的原话是："接下来，非适应性的演化出现了。"（没错，这就是科学家生孩子时的情形。即便在那么恐怖的情况下，她们还是会用这种语言表述。）

希拉非常苗条，孕肚又高又圆，形状堪比你能想到的最完美的篮球。而肚子又高又圆，说明她儿子从没入盆。她曾提醒过医生，她的家族诞生过很多巨大儿，而且她老公那边也有大头婴儿的基因。

医生让希拉不用担心宝宝过大的问题，还再三强调她的子宫完全可以适应。医生声称女性的子宫自带这个功能，它们会调整适应宝宝……想必你已经猜到了，希拉的子宫并没有调整适应。在努力了 7 个小时后，医生终于确认她儿子的头太大，骨盆无法扩张。由于她自身骨架小，孩子又大，导致无法顺产。

对于许多物种来说，分娩并不像在公园里散步那样容易，许多准妈妈在生产过程中都要忍受巨大的压力和痛苦。骆驼这个特别的濒危物种就很好地诠释了这一点。既有仅有一个驼峰的单峰骆驼，也有长着两个驼峰的双峰骆驼。（也许你已经知道，驼峰里装的都是脂肪组织。）顺便说一下，当一头骆驼特别恼怒时，并不会像很多人说的那样吐口水。它们吐在你身上的东西其实是反刍的经过部分消化的食物。

所以应该说，它们是在往你身上呕吐——只是一点点而已。其实它们还有很多其他选择（比如踢你一脚），如果你太烦人，引得它往你身上吐东西，那我只能说这是你自找的。

这些优雅的动物早在公元前 2500 年就在人类文明中发挥了重要的作用，那时候双峰骆驼已经被驯化了。但是在大约一万年前，早期的撒哈拉牧民就经常在岩画上将它们与马匹画在一起。那些骆驼的画像非常精美，而且颇有动感，通常是"飞驰"的样子，可能是因为它们跑起来速度很快吧。

现在我们回到怀孕的话题。骆驼的孕期大概是一年，生下的幼崽重 80 磅左右。约 7% 的幼崽会因为蹄子或臀部先出来而死亡。对骆驼妈妈来说，分娩过程很难挨，它们会吼叫或哼哼，在受伤时也会这样，这表明它们很痛苦。不过，也许斑鬣狗的情况才是最糟糕的。希拉只是因为骨盆狭窄无法顺产，而雌性斑鬣狗必须通过假阴茎产下宝宝，那实际上是扩大的阴蒂。这会儿男人们应该有概念了，尤其是那些曾经从阴茎排出过肾结石的人。有件事我永远都忘不了，在硬摇滚咖啡屋（Hard Rock Café），我坐在洗手室的地板上扶着我的朋友奥斯卡（Oscar），因为他在排出肾结石的时候差点哭晕过去。最后一看，不过是一块特别小的带刺晶体。但是，斑鬣狗不得不这么做，一切为了种族延续的大业。直接后果就是初次分娩的斑鬣狗妈妈的死亡率特别高：将近 20%。

对希拉来说，现代医学和紧急剖宫产术救了她和儿子的命。圣地亚哥动物园一只 18 岁的大猩猩伊马尼（Imani）和它的女儿乔安妮（Joanne）也很幸运。当时伊马尼需要进行紧急剖宫产，来自加利福尼亚大学圣地亚哥分校医学中心的兽医和新生儿专家们一起救助了这对母女。其中一位新生儿专家说，因为人类和大猩猩之间有很多相似之处，所以进展很顺利。最大的不同是什么？大猩猩宝宝天生具备强大的抓握技巧，手和脚都是如此。显然，这是在处理4.6磅的乔安妮时遇到的最大挑战！一切都非常顺利，乔安妮在出生两周后就与母亲团聚了。

这表明，不仅人类会在分娩过程中遭遇困难和危险，其他动物也经常遇到麻烦。曾经有研究认为，为了能直立行走，人体的结构产生了变化，包括骨盆变小，产道缩窄。考虑到人类的头身比例相对较大，分娩过程可能尤其危险。但是这种观点禁不住仔细推敲。我们只要看看松鼠猴，就知道人类不是唯一产下大头婴儿的物种。

松鼠猴是神奇的小型灵长类动物，生活在中南美洲。得益于绝佳的视力，它们是捕捉昆虫的能手。与其他猴子相比，由于体型较小，它们的头算是相当大了。至于松鼠猴的头为何这么大，原因尚不清楚，我们只知道，在所有新大陆猴（生活在中南美洲）和大多数旧大陆灵长类动物（生活在非洲和亚洲）中，松鼠猴的孕期在最长之列。这么长的妊娠期可能是出于大脑发育的需要。松鼠猴宝宝出生时，大脑已经基本发育完全，因此它们不会像人类的新生儿那样完全没有自理能力，而且很快就能发育成熟。

当然，这也意味着雌性松鼠猴在分娩的时候会非常困难。在分娩时，松鼠猴宝宝的头部会转动方向，从而先通过骨盆。一般来说，松鼠猴宝宝的头部形状可以适应骨盆的长度，但是在宽度上无能为力，所以颅骨的形状要比正常情况长一些。即便如此，其头部宽度依然是产道的 2.2 倍。松鼠猴宝宝的眼间距足够狭窄，使自己刚好能通过产道——大多数时候是这样。不过，仍有很多松鼠猴妈妈和宝宝会在这个过程中死去。

普遍认为，人类在演化中进行了权衡：妊娠时长和能量要求需要适应不断发育的大脑；如果宝宝在出生时较为早熟，就会消耗母亲的大量能量，而且头部也会变得太大，难以通过骨盆。即便人类的骨盆没有为了直立行走而发生结构变化，也无法做到。但是，请等一下。哪个身体部位最麻烦呢？双肩是分娩的难题，由于肩宽无法改变，这里比头部更容易造成复杂的状况。

松鼠猴妈妈面临的挣扎推翻了只有人类才会经历分娩困难并面临死亡、痛苦和焦虑的观点。松鼠猴和斑鬣狗的高分娩死亡率，母马生产时的大汗淋漓，还有骆驼的焦躁与呻吟，都能为推翻这一观点提供足够的论据。而且，这些例子也推翻了只有人类婴儿才必须进行"胎儿旋转"（转向）以通过产道的说法。其他动物的宝宝也会调整姿势，只不过有时候是相反的方向！在其他灵长类动物中，胎儿头部的背面更加适合骨盆的背面，而人类胎儿的头部背面更适合骨盆的正面。

至于那种认为只有人类才会经历焦虑和紧张的错误观点，主要错在其前提，即这些感受在本质上是认知性的，仅限于人类。但可悲的是，这忽略了其他物种的复杂认知，现在我们对这方面的了解越来越多了。诚然，也许只有人类才会倾向于对几个月后（对有些人来说是几年后）可能发生的每件小事感到执念般的纠结。但很多科学研究能够证明，当动物预感到将有引起疼痛的事件发生时，也会感到恐惧和焦虑。

认为只有人类母亲才会紧张和恐惧的另一个理由是，大多数情况下，女性在分娩时都能得到帮助。前文提到，角马会抱团分娩，准妈妈甚至会在分娩过程中站起来去寻找同伴。虽然角马的同伴不会提供真正意义上的生产协助，但人类也不是唯一接受帮助的物种。这种情况在狨猴、绢毛猴和伶猴中也相当普遍，准爸爸会在整个分娩过程中帮助准妈妈。

加卡利亚仓鼠也是一样，有时候又被称为侏儒仓鼠。它们的体型娇小可爱，大概只有手掌那么大。在这个物种中，伴侣之间的关系非常紧密，雄性提供育儿照料。但是，它们不是在宝宝生下后才进入角色，而是会直接参与分娩，爪子也会弄脏。是真的脏。当准妈妈分娩时，雄性加卡利亚仓鼠会上前帮忙，主要是舔舐羊水，用门牙和爪子帮助幼崽娩出，清理宝宝的鼻孔和呼吸道，把宝宝完全清理干净，最后再把它们带到巢穴中。这时，雌性会留在原地娩出胎盘，把自己清理干净。好棒的爸爸！对于需要双亲抚育后代的物种来说，这种辅助有助于幼崽存活。

对罗岛狐蝠来说，帮助妈妈的不是准爸爸，而是类似于助产士的雌性狐蝠。这个物种只在印度洋的罗德里格斯岛（Island of Rodrigues）上生存，而且数量很不稳定。人类的捕杀、栖息地丧失和飓风是该物种生存的主要威胁。与许多蝙蝠一样，它们非常喜欢群居，大规模地栖居在一起。在大多数狐蝠种类中，宝宝出生时是头部先出来，而大多数回声定位型蝙蝠则是脚先出来。

研究人员发现，雌性蝙蝠在领地分娩的时候，有不相关的雌性在场，而且二者此前并无任何交集。也就是说，这些雌性蝙蝠是外来者。分娩从开始到结束大约需要 3 个小时，场面令人惊叹。这位雌性帮手不仅帮忙舔舐蝙蝠妈妈的肛殖区，而且还会用它的"手"（蝙蝠的翅膀其实是变形的手）引导准妈妈调整到合适的生产姿势！平时它们都是头朝下倒挂着的，但在生产时需要脚朝下。除了提供直接的帮助，这位蝙蝠助产士还会给准妈妈进行示范，教它如何分娩，并且翻过来变成脚朝下的姿势。

准妈妈只有在帮助下才能调整到正确的姿势。一旦姿势对了，助产士就会回到头朝下的姿势，并用双手抱住准妈妈。当蝙蝠宝宝的脚出来后，准妈妈会摆出摇篮一样的姿势，助产士会继续帮忙，直到蝙蝠宝宝的两只脚和一只翅膀都出来，之后它就可以用拇指抓住妈妈的脚了。

并非所有的蝙蝠、仓鼠、猴子或人类都需要帮助才能生产，但有时候这种帮助至关重要。如果没有剖宫产术，希拉和她的儿子可能已经死了。对于世界上的很多物种来说，雌性在生产时都需要帮忙才能将新生命带到这个美丽的星球上。人类和人工圈养环境下的其他物种，都能从必要的医疗干预中获益。先进的医疗技术大大降低了很多地方的母婴死亡率。然而，分娩过程中的死亡率却有上升趋势，美国在发达国家中的排名非常靠前，平均每 10 万名新生儿中约有 18 例死亡。原因有很多，有些医生认为，女性怀孕的平均年龄增加、非紧急剖宫产的比例升高、肥胖以及日益扩大的健康状况差异是主要原因。对人类和动物来说，这些是必须要承担的风险。不过，不要小看部分女性在生产时遭遇的真正危险，谢天谢地我们不是斑鬣狗！

自然小课堂：

- 在分娩和潜在并发症这些问题上，要关注你的直觉。

- 虽然分娩是一个"自然过程"，但这并不意味着它不会给人类和动物带来风险。担忧、焦虑和恐惧是人类和动物准妈妈们的普遍感受。

- 无论是加卡利亚仓鼠爸爸提供的帮助，还是罗岛狐蝠那样来自同性的帮助，很多女性在分娩时都欢迎并且需要这种帮助。就算你发现自己被困在一棵树上，要想顺利分娩，也一定要努力寻求必要的支持和帮助！

野性与温情：动物父母的自我修养

第二章　甜蜜的负担

　　新生儿与父母之间的纽带，无论是生理上的还是其他方面的，都对孩子的健康成长至关重要。我想没有人会质疑这一点。父母与新生儿之间的双向识别是这种纽带形成的显著特征。不管是非洲刺毛鼠、山羊、狨猴、海豹还是人类，生孩子和照顾孩子都是重要的投入，互动及照料的对象通常限于自己的后代。所以，人类和其他物种都具有复杂的机制，能够识别，而且通常是快速识别出哪个孩子是自己的，继而建立纽带。倘若任何一种机制失灵，可能还有后备机制，可以说是双保险，确保彼此形成双向识别和好感。

　　有时候，就如同我出生时的情形那样，所有后备机制都崩溃了。虽然到现在都不清楚具体细节，但可以确定的是，我的出生并非风平浪静。在我出生后，我的母亲必须马上进行紧急手术，在大约 3 分钟的时间里她是"临床死亡"的状态。她有很长时间都没有抱我，甚至没有看到我，我的父亲也一样。我是被外婆带回家的，当时母亲还在医院养病。母亲出院后的几个月内，仍然是外婆独自照料我。没错，这就是为什么我与外婆如此亲密的原因。很多物种的新生儿生来可爱，当亲生父母无法照料它们时，这样的长相有助于唤起其他看护者的反应，难道这不是救命的本领吗？

现在，你是不是能够理解为什么我如此喜爱大猩猩了？我喜欢那个关于大猩猩解救小男孩的故事。1986年，一个名叫勒范·梅里特（Levan Merritt）的5岁男孩永远改变了人类对大猩猩的印象。大猩猩在电影中是暴力的银背金刚形象，但其实它们可以算是最温和的猿类。加宝（Jambo）是一只雄性银背大猩猩，生活在泽西动物园（即现在的达雷尔野生动物园，由博物学家杰拉尔德·达雷尔〔Gerald Durrell〕创立）。加宝的表现使大猩猩的温和本性为世人所知。

勒范不小心掉进了大猩猩展区，闯入了加宝的领地，在场的还有加宝的几位太太和孩子们。勒范当时摔晕了，脸朝下倒在地上。随后，加宝慢慢地接近已经失去意识的勒范，游客们紧张起来，有的甚至开始哭喊。出乎意料的是，加宝靠近勒范后，就把他护在自己身后，挡住其他试图上前的大猩猩。之后，它坐在勒范身边，抚触他的背，就好像在安慰他一样。

加宝意识到勒范是一个人类小男孩，并因此保护、照料他。能够识别需要照顾的年幼无助的对象，在动物界可能是一种相当普遍的能力。"年幼"的标志性特征在人类和动物中是相通的。所以，正如你即将看到的，宝宝们生来就如此可爱绝不是意外。

此外，对人类和很多其他物种来说，一般是由双亲照料年幼的后代。父母与孩子之间的纽带很早就建立了，通常是在出生后几个小时内。在我的成长经历中，我总是和欧玛更加亲密。这种深刻的联系也许是因为我从小就熟悉她的声音、她的气味，在生命中那些最初的关键时刻，是她的触摸安抚了我。

你看我可爱吗？

我们总能听到人们在看到宝宝时发出这样的感叹："哦，他（她）太可爱啦！"好吧，也许蛇宝宝不在其中，虽然我个人觉得蛇宝宝也相当可爱。在西班牙语中，可爱的说法是"qué lindo"，在日语中是"kawaii"。无论哪种语言，形容可爱的词汇都是仅仅念出来就会让人面露笑容。人们通常不会对"可爱"无动于衷。

不过，人类宝宝的可爱可能要过一段时间才会表现出来。虽然我也见过一些非常漂亮的新生儿照片，但是，恐怕大家都知道，大多数婴儿出生时的样子都跟可爱完全不沾边。他们看起来黏糊糊的，像外星人一样，脑袋大大的，还有些被挤扁的样子，液体从鼻子和嘴里流出来，身上还满是……嗯，最好还是就此打住吧。

但是，一旦宝宝们面容舒展之后，他们就会可爱得让人无法抗拒，人类和其他物种都是如此。每当看到一个动物宝宝，我都忍不住想要抱抱它、抚摸它、闻闻它、喂养它、照料它并把它留下，最后，将它据为己有。我的理智在大部分时候都能遏制这种冲动——我说的是大部分时候。当时我家里已经养了三只动物，而两只非常可爱的野猫崽在我家门口台阶上诞生了，我对它们喜爱得不得了，所以忍不住收养了这对小猫和它们的妈妈。

哪怕是短吻鳄宝宝都非常可爱。我在南佛罗里达州的洛克瑟哈奇国家野生动物救助站（Loxahatchee National Wildlife Refuge）做过几个月的志愿者，在那里的大部分时间都被我们用来调研不同种类的生物。白天，我们数白鹭巢的数量，或者处理大沼泽地（Everglades）

中被愚蠢的人类主人抛弃的外来物种；晚上，我们捕捉短吻鳄宝宝并计算数量。它们的头比身子要大很多，眼睛大大的，发出甜蜜的叫声。也许这能解释为什么有些人想养短吻鳄作为宠物。与人类和其他动物一样，短吻鳄宝宝长大后就变得不那么可爱了。

无论是什么物种，几乎所有宝宝都会唤起类似的情感。这让我好奇这种"可爱"到底是怎么回事。是有什么目的吗？或者，这只是一种巧合——所有物种的宝宝，包括人类，都有相对较大的脑袋、眼睛和圆滚滚、柔软又笨拙的身体？康拉德·劳伦兹（Konrad Lorenz）是动物行为学的创立者之一。他钟情于灰雁，也是第一个早在二十世纪四五十年代就尝试回答这个问题的人。劳伦兹认为，"婴儿=可爱"，即婴儿夸张的身体特征是一个信号，会刺激包括人类在内的成年动物自动进入抚育模式，对婴儿非常温柔，同时会抑制攻击行为。

比如，当婴儿哭闹的时候，很多人会担心，甚至会说："啊，怎么啦？"除非是在凌晨三点钟，在飞机上，在餐馆里，或者看电影时。除了这些特殊情况外，你是否注意到，一旦宝宝经过了早期婴儿阶段，开始步入幼儿阶段，我们对这种烦人的哭闹就不再那么宽容了呢？这种关切的问候是为了保护处于生命最脆弱阶段的婴儿。虽然说实话，与两岁以上的幼儿相比，我对成年大熊猫的容忍度更高一些。也许是因为，即便是成年大熊猫，它们的大脑袋和黑眼圈也看起来很可爱吧。

如果婴儿看起来像是从科幻电影里出来的，恐怕不管他们怎样哭号或乞求都极有可能遭到成年人的攻击。所以，婴儿的身体特征就是为了保护他们不受攻击，这包括：大脑袋、大眼睛，还有晃晃悠悠的柔软的身体。这真的管用吗？我们真的会在看到与婴儿相似的事物时就想要呵护吗？

也许是真的。在一项研究中，研究者们不仅关注人们的情绪反应，也关注他们在看到幼年和成年动物的照片后——包括狗、猫和大猫（比如狮子和老虎）——行为举止会发生什么变化。研究结果表明，仅仅是看到动物宝宝的照片就足以让人们更加小心，在操作显示屏时动作更加温柔，男女都一样。而且在这个过程中得到增强的不只是同理心和细心程度。另一项实验表明，观看动物宝宝的图片能使人们的专注力大大增强。因为当看完哺乳动物幼崽的照片后，测试者能够更准确且快速地在一系列数字中找出一个特定的数字。所以说，我们在对待可爱的事物时总是会更加小心。

那么，如果宝宝不可爱怎么办？这种情况也是有的，我在前面提到过。有些宝宝要长大一点才会变得可爱，有些开始时可爱，后来就只是长大，还有一些就不说了，你懂的。关键在于这是否会影响看护者对待婴儿的方式，甚至是你如何对待自己的孩子。有证据显示，当一个婴儿被认为不具吸引力的时候，他（或她）会被认为已经是大孩子了（因此能力更强），但实际上并没有具备更多的技能。也就是说，当我们看到一个不太吸引人的宝宝时，会认为这个宝宝应该可以做得更好，但是他（或她）却做不到。这实在是个悖论。这一点适用于父母以及不相关的看护者。除了外界对其年龄和能力做出的预估，一个婴儿外表的吸引力可能直接影响他（或她）能从母亲和看护者那里获得多少关爱和互动机会。

在引言中已经提到过，东蓝鸲爸爸更加关注羽毛颜色更鲜艳的儿子，可见这种对可爱外形的偏好并不仅限于人类，其他物种也会基于后代的质量进行不同的育儿投入。父母总是会对他们认为将来更有可能取得成功的后代给予更多关注。不管你是否认同，于人类而言，吸引力也可算作成功的标志之一。科学研究不断证明，更具吸引力的人能获得更多的就业机会、更丰厚的收入，还有更多的约会机会。我在上一本书《野性的纽带》中也提到过，只需片刻，我们就能判断出一个潜在的约会对象是否具有吸引力和竞争力，是否善良和友爱。为什么这也会发生在人类的宝宝身上呢？可能只是因为父母在孩子身上倾注了太多的精力，而从生物学上讲，我们希望所有的努力都能换取回报，如此而已。

好消息是，这种偏见——也就是父母在吸引力较弱的婴儿身上花费的精力较少——从理论上讲会随着陪伴时间的增加而减弱。但是，在后面的第五章中我们也会看到，偏爱的现象仍然存在，父母在子女身上投入的时间、精力和资源可能是不一样的——很多时候的确如此。

现在，让我们还是先聊聊可爱的外形及其对成年人行为的影响。除了大脑袋和大眼睛以外，人类婴儿与动物幼崽有一系列能够激发柔情和宽容的特征，不论对父母还是其他个体，不管对象是雄性或雌性，都是一样的。你可曾仔细观察过黑猩猩幼崽的屁股？没有吗？那么有机会应该去看看。如果你曾经看过，那你肯定注意到了它们的屁股中间有一些白色毛发。这是对群体内每个成员的信号，告诉它们要比平时更加宽容。这个信号保护幼崽免受攻击，哪怕它犯了严重的社交错误。

自然小课堂:

- 因为被可爱的外形打动,人们在对待婴儿时动作会更加小心谨慎。
- 多花些时间陪伴婴儿,这可以帮你克服任何基于外貌产生的无意识偏见。
- 要意识到他人可能会由于你家宝宝的外貌而改变对待他(或她)的方式。
- 如果你请别人帮忙照看孩子,那最好先谈一下潜在的偏见问题。

宝宝独有的特征能够激发父母的反应,这种天然的内在机制也可能促使某些物种利用"他人"的养育本能(parenting instinct),比如杜鹃(布谷鸟)就是这样。有些杜鹃是巢寄生鸟类,它们不会费心费力地亲自照顾自己的孩子。正相反,它们靠激发其他鸟类强烈的养育本能使小杜鹃得到照料,而这样做通常会伤害这些鸟类自己的后代。

杜鹃可能在后代未来的养父母离开鸟巢时产下鸟蛋。而有些种类,如大斑凤头鹃,会直接把正在孵蛋的喜鹊挤出鸟巢,然后立刻在那里产下一枚鸟蛋。这些杜鹃父母轮番上阵干扰雌喜鹊,喜鹊爸妈不得不全力反击。一旦时机到来,雌杜鹃就会迅速产下一枚鸟蛋,随后离开。与其他被骗而抚养杜鹃幼鸟的鸟类一样,喜鹊随后会回到巢中继续孵化自己的蛋,包括杜鹃的蛋。鸟类能够发现陌生的蛋混迹其中吗?有些种类已经演化出应对巢寄生的能力,即产下花纹复杂而独特的鸟蛋,从而与杜鹃的蛋进行区分。可惜喜鹊还做不到。杜鹃幼鸟的体型更大,它们张开小嘴乞求食物时，口腔鲜艳的颜色如同灯塔，因此总能骗取养父母的青睐，得到更多食物。

你是我的孩子吗？

孩子长得可爱与长得像父母是两回事。当一名新生儿降生，几乎每个人在说完"可爱""漂亮""小乖乖"或其他类似的话之后，都会来一句："哦，他（她）的眼睛像你！"也可能是鼻子、下巴或其他身体部位。有时候的确如此，宝宝就像母亲或父亲的翻版。但也有些时候，甚至连孩子父母都会说："嗯……你确定吗？我怎么没看出来呢。"这种确定孩子长得像父母——尤其是父亲——的执念来自何处？

无论你的宝宝独处还是身在人群中，将他（她）与其他人的孩子区分开来都是有好处的。作为动物行为学家，我和我的同事们总是喜欢从成本和收益的角度思考问题，那么就让我们来看看无法认出自己孩子的代价吧。

有两个方面是显而易见的。首先，如果你不知道这个孩子是你的，你极有可能不愿意照顾他（她）。如果没有食物、居所和保护，哪怕不怎么需要照顾的新生儿都无法存活。更加糟糕的是，不仅你自己的孩子会死去，你还有可能将宝贵的资源贡献给别人的孩子，即便这一切是无意所为，就像喜鹊那样。

如此看来，喜鹊有时候无法意识到自己巢中的幼鸟并非亲生，真是件可悲的事。大多数筑巢的鸟类都默认：如果你在巢中，那你一定是我的孩子。假如不是被杜鹃强迫成为养父母，或者配偶没有出轨（在这些鸟类中通常是雌性出轨），这条经验法则没有任何问题。

显然，辨认鸟蛋的纹样或考虑鸟巢的"入住率"不适用于所有物种。因此，人类拥有另一套机制来判断在医院育儿室中哭闹的一群宝宝中哪个是自己的，其他物种辨认自己后代的方法在本质上也是类似的。要知道，从婴儿的角度来说，他（她）并不需要在父母身上投入成本，而只是为了得到必要的关爱。所以要靠父母来辨别谁是谁。最直观的方法是看孩子的长相，更重要的是，他（她）长得有多像你或其他家庭成员。这叫作表型匹配，表型是指任何可观察到的性状，比如鼻子、眼睛、下巴、发色等。

对于人类来说，很容易确认哪个是母亲，实际上对于所有胎盘类哺乳动物都是如此。但是，哪个是父亲呢？有时候这可能是个谜团。所以男人会把面部相似度当作一种暗示，以此激发自己的父爱，也就不足为奇了。许多母亲会本能地对丈夫说："看呐，他的眼睛很像你！"这样能使她的伴侣安心：这的确是他的孩子。实际上，男人认出自己孩子的概率远远高过随机概率。

长相相近除了用于确认生父外，还能增进任何两个人之间的信任关系。当我们认为某个人与我们长得相像时，那个人立刻就会变得熟悉起来，这种外貌上的相似性有利于引导双方关系向积极的方向发展。人们倾向于信任与自己长相相近的人，这比亲子识别具有更多的意义。但是，辨认亲生后代是成功繁衍的重要基础，因此这种现象的起源非常容易理解。而且这不仅限于人类。

与大多数群栖筑巢的海鸟一样，环嘴鸥与成千上万只鸟在同一片领地筑巢。每只鸟都努力争取自己的一片小天地，邻里纠纷在所难免。这意味着父母与幼鸟可能会分开，它们必须要学会找到和认出彼此。科学家推测，环嘴鸥父母的方法之一是依据幼鸟的长相进行判断。

为了验证这一假说，研究人员在一次实验中改变了部分幼鸟的羽色和面部特征。由于幼鸟（和人类）被父母拒绝后会产生悲痛的情绪，这项实验的结果也相当令人不安。当一对环嘴鸥父母认为某只幼鸟并非亲生时，它们就会很粗暴地对待它，啄它甚至将它"逐出家门"。在实验中，当环嘴鸥父母遇到已经"易容"的亲生幼鸟时，它们频繁攻击这些幼鸟并且拒绝它们的乞食，即便幼鸟不断走近它们并苦苦哀求也无济于事。基本上，当亲鸟不再认识这些幼鸟，对待它们的方式就会随之改变。令人欣慰的是，这项实验没有持续太久。幼鸟外貌的改变只是暂时的，几天后一切就都恢复如初了。

人类非常擅长仅凭新生儿出生后不久的照片和几小时内的接触就认出自己的宝宝。当新手妈妈接受测试时，24 人中有 22 人成功从一组长相相近的新生儿中认出了自己的孩子。目前尚不清楚妈妈们到底用了什么办法（比如宝宝的个人特征或家族长相的相似性）来识别自己的孩子。虽然爸爸们没有参加这项测试，但我猜他们应该也能取得相当不错的成绩。

让我们形成印记

然而，我们不得不面对的事实是，不是每个宝宝都长得像父母或看起来与众不同，不管是人类还是斑马。所以，如果光靠长相无法认出自己的宝宝，那该怎么办呢？这对于多胞胎父母来说是个大难题！

双胞胎、三胞胎或更多胞胎这样长相相同的宝宝们，给新手父母们带来了特别的挑战。可能在医院里还比较容易认出他们，但之后就会不断地混淆，直到他们慢慢长大，开始表现出更多明显的不同之处。为了避免这种混淆，有些父母通过衣服颜色区分多胞胎，有些甚至把宝宝的脚指甲涂上了不同的颜色！

虽然许多动物一次会产下多个后代，但它们不一定能够辨认每一个宝宝。不过，它们必须想办法区分自己的宝宝和别家的宝宝。当然，动物不能用"颜色区分"这个办法，那么仅次于此（而且非常普遍）的战略就是：让宝宝对父母形成印记，即新生宝宝将其看到的第一个或第一对适合的形象认定为自己的父母。许多物种都是这样的，比如鹅、鸭、天鹅、鹤、鸡等。我们都知道小鸡的特点：它们会义无反顾地跟随自己所认定的父母。

灰雁因其在迁徙季节中最晚行动而得名，即"落后"*于其他所有雁类。但是在长期记忆和理解社会动态这方面，灰雁可绝不拖后腿。大雁给人的第一印象可能不是复杂的社会体系，但是灰雁与伴侣的长期关系以及根深蒂固的家庭关系值得探究。成群的灰雁并不是随机个体的随意累积。它们通常是多个家庭单元的集合，这些家庭在种群成员中有一定的地位排序，家庭单元也会互相关照。虽然社会关系划分细致，但在亲子印记上，灰雁可以说是"毫无偏见"。

劳伦兹博士发现，一只刚刚孵化的灰雁会对任何移动的物体形成印记，哪怕这个物体并不是活物。仿佛这只灰雁宝宝涉世未深的大脑

---

* 此处"落后"的英文是"lag"，作者以此打趣灰雁的英文名"greylag goose"。——译注

在想："好像有什么东西在动——那一定是妈妈和爸爸！"这恐怕没什么好处。想想看，在出生后的 13 到 16 个小时内，如果宝宝没有跟你在一起，而是看到了家里的猫咪，那你的宝宝就会对小猫咪产生印记效应——这可不得了！

既然如此，为什么有些物种会把第一眼看到的物体当作自己的父母呢？其共同点在于它们都是早熟动物。简单来说，它们在出生或孵化后很快就能站起来，跟着妈妈或爸爸走来走去。它们的妈妈和（或）爸爸不怎么喂食，更多的是教它们觅食，保护它们免受其他成年鸟类和捕食者的攻击。

许多其他物种——包括人类在内——是晚成的，即在刚出生时不能独自生活。在这种情况下，即便视觉印记有时确有发生，也不能成为首要机制（primary mechanism）。人类婴儿或树麻雀宝宝无法跟随自己的母亲和父亲行走，所以需要用其他办法识别自己的父母；更重要的是，父母得能够认出自己的宝宝。声音识别可能是另一种方法。

你听起来很耳熟

现在，想象你是一只墨西哥游离尾蝠，带着宝宝与成千上万只甚至上百万只同类挤在同一家托儿所，而且你们长得基本上都一样！如果你去过得克萨斯州的奥斯汀市（Austin），你可能到过国会大街桥，那里是墨西哥游离尾蝠的最大聚居地之一，估计有 100 多万只。可能你会觉得蝙蝠古怪恶心而又危险可怖，但是先别急着嫌弃它们，这种特殊的蝙蝠以食用昆虫为生——成千上万磅的昆虫。如果你是一位农民，那可要花钱才能请来蝙蝠呢。它们比任何杀虫剂都好用，而且对得州的棉花产业有杰出贡献，是出了名的既经济又实用。

在照顾幼崽方面，墨西哥游离尾蝠妈妈们完成了不可估量的壮举：在数百万只幼崽中认出自己的孩子——每10平方英尺聚集着5000只幼崽，这个面积只比标准的美式客房略小一点。那么，蝙蝠妈妈如何准确地认出自己的孩子并喂养它们呢？它的首要任务是，记住自己安放幼崽的地点；回来的时候，要落在那个地点的一米范围以内；接下来，它必须要在成群幼崽的尖叫声中识别出自己孩子的哭声。

海狗幼崽非常可爱，但是也很吵闹。总体来说，海狗都很擅长"讲话"。与其他海狗种类一样，亚南极海狗每年都到繁殖地育崽，所有雌性海狗几乎在同时生产。雄性海狗则在周围晃悠，寻找下一个交配的机会，它们在繁衍季节很少离开海滩。而雌性海狗在诞下幼崽后，必须马上获取足够的食物，这不仅是为了喂饱宝宝，也是为自己再次怀孕做准备。这意味着在大约一周之后，海狗妈妈会把幼崽独自留在海滩上。跟墨西哥游离尾蝠一样，幼崽与其他海狗宝宝混在一起，很有可能不会一直待在妈妈留下它的地方。因此，海狗妈妈们务必要能认出并找到自己的宝宝，这十分关键，因为它们拒绝甚至会攻击那些试图取得关照的陌生幼崽。当然，所有这些幼崽在被独自留下几周后都变得十分饥饿，所以谁也不能怪它们试图从任何一位哺乳期妈妈那里获取一些奶来喝。

那么，海狗妈妈如何找到自己的宝宝呢？虽然海狗在水中视力超群，但是一到陆地上就变成近视了。所以，如果你是一名海狗妈妈，靠眼睛寻找自己的宝宝可不是个好主意，除非它就在你的脚下。在这一点上，亚南极海狗妈妈与墨西哥游离尾蝠一样，拥有识别幼崽叫声的能力——而且在生产后数小时内就可以做到！由于大约一周后海狗妈妈才离开，幼崽已经在几天内熟悉了妈妈的叫声。效果如何呢？海狗妈妈和宝宝通常能在 11 分钟之内找到彼此。

在最初几天，亚南极海狗宝宝的哭叫声尖锐而颤抖，但是随着它们不断长大，叫声也发生变化，所以妈妈们必须不断地熟悉并识别宝宝成熟后的叫声。在接下来的篇章中，我们还会谈到气味在辨认后代中的角色。海狗在陆地上的嗅觉堪称一流，但这在水中没有任何用处，因为它们在游泳的时候会关闭鼻孔。不过，海狗妈妈们似乎把识别气味当作最后的办法，而不是首选。

那么人类呢？这些方法能够帮助我们将自己的宝宝与其他婴儿区分开来吗？当然，我们可以使用上述提到的视觉分辨法和表型匹配法，但是如果这些方法非常精准，就不会有宝宝在出生后与父母"失联"了。早在 20 世纪 60 年代，科学家们就收到相关报告，说的是与其他母亲和婴儿待在同一个病房的新手妈妈们只有在听到自己孩子的哭声时才会醒来。科学家们对这类报告持有怀疑，因此决定进行验证。

他们从产科病房入手，将住单间与住四人间的产妇进行对比。出生后 14 小时至 6 天的新生儿的哭声被录音。每位住单间病房的母亲听取 5 名婴儿的啼哭声，随机依次播放。其中只有一个是这位母亲的孩子。之后，每位母亲需要从中选出哪个是自己的孩子。科学家们还记录了那些住四人间的母亲被自己孩子的哭声叫醒的次数。

虽然海狗在几小时内就可以认出新生幼崽的叫声，但是只有大约一半的人类母亲能在 48 小时内准确识别出自己孩子的哭声。不过，在 48 小时之后，准确度几乎能达到 100%。这在实验中也得到了验证，在生产 48 小时后，新手妈妈们几乎只会被病房内自己孩子的哭声叫醒。

正如前文已提到的，从进化论的角度讲，认出自己的后代能带来太多好处，反之则会付出巨大的代价，这是不言而喻的。如果你是一名新手妈妈，不断被其他婴儿的啼哭声叫醒会影响睡眠质量，更糟糕的是，这有可能意味着你将为他人的后代分泌珍贵的乳汁——有时候也被叫作"液体黄金"。当然，妈妈们现在已经不用担心自己喂错宝宝或错误地照顾了别人的孩子，但历史上可不是一直这样，由此才催生了一种辨认自己后代的安全保障机制。从某种层面上讲，人类像海狗和墨西哥游离尾蝠一样，会与宝宝产生声音印记，而宝宝们在出生后就拥有独特的"声音标识"。不管是亲生父母或是养父母都可以通过这个标识进行辨认。

到目前为止，我们谈论的只是母亲如何通过声音辨认自己的新生儿，却没有提到父亲。哺乳动物中只有 5% 到 10% 的幼崽需要双亲的照顾，而双亲抚育在鸟类中更加普遍。刀嘴海雀属于群栖繁育的海鸟，与海鹦相似，它们在海上活动，除了交配季节。海雀通常会结成终身伴侣，一旦配对，它们基本上每年育有一只幼鸟。它们的巢较为简单，由卵石和其他材料组成，位于离海很近的岩壁裂缝处。最初，幼鸟刚出生的时候，母亲和父亲会轮流到海上觅食，给幼鸟带回食物。这项任务的时间分配很平均，幼鸟从来不会独自在巢中留守。这样的话，刀嘴海雀在辨认亲生幼鸟的问题上不会有太大压力。基本上，只要找到鸟巢并认出自己的终身伴侣，巢中的幼鸟肯定就是自己的了。

但是，在 3 周以后一切都变了。因为这时候幼鸟和刀嘴海雀爸爸会一起去海上，刀嘴海雀爸爸成了唯一的监护人。不再有一个叫作"家"的巢之后，刀嘴海雀爸爸和幼鸟很容易分开。由于照料的难度较大，刀嘴海雀爸爸更擅长辨认自己幼鸟的叫声，甚至在它们还没有离巢时就已然如此。与刀嘴海雀妈妈相比，刀嘴海雀爸爸更擅长区分自己幼鸟的叫声与其他幼鸟的叫声，并且做出的回应也更多。

人类爸爸如何变得更加熟悉自己孩子的哭声呢？答案非常简单：多多参与。当爸爸与妈妈一样投入时，他们在区分自己孩子的哭声上就会变得和刀嘴海雀爸爸一样厉害。目前尚不清楚爸爸们是否能够像妈妈们一样快速地识别出自己孩子的哭声，但是在 1 岁以下儿童的父母中，父亲与母亲识别自己孩子声音的能力是没有区别的。这取决于父母与孩子相处的时间多少。对母亲和父亲来说，每天相处时间少于 4 小时都会将识别准确率降低 25%。

而且，不只父母在几小时内（人类父母需要两天）就能识别出宝宝的声音，宝宝也很快就学会了识别自己父母的声音。宽吻海豚宝宝在这个问题上遇到了一些挑战。一方面，它们必须立刻学会在游泳时呼吸才能发声；另一方面，由于出生后面对的是很多海豚组成的巨大的社会网络，它们与母亲分开的概率相当高。因此，宽吻海豚妈妈对小宝宝的"占有欲"相当强，并且总是试图让自己和宝宝与其他海豚保持一定距离，至少在最初几周内是这样。

海豚一出生就能够发出为人所熟知且喜爱的特有的"口哨声"。这就好比我们每个人的声音不同，但朋友和家人都熟悉这个声音，每只海豚也有自己专属的口哨声，这相当于它的名片。研究人员正是根据这点发现了海豚也喜欢"唠闲嗑儿"。当两只海豚的"聊天"中出现了另一只并不在场的海豚的口哨声时，就表明它们在说那只海豚的"闲话"。

对海豚妈妈来说，声音印记的问题在于，新生海豚宝宝要过几周才能"找到"自己的嗓音。也就是说，不像其他动物的母亲能很快记住宝宝的声音，海豚妈妈要花上几周时间才能做到，因为海豚宝宝直到那时才能发出独特的声音。所以，为了不走丢，海豚宝宝得记住妈妈的声音！为了帮助海豚宝宝快点记住妈妈的声音，海豚妈妈在宝宝出生后"吹口哨"的频率会增加 10 倍。可能这就是准妈妈们从本能上在生产前就开始对宝宝说话的原因吧。

20 世纪 80 年代，我们就已知道人类的婴儿更喜欢妈妈的声音。与许多其他物种一样，人类在刚出生时会感到无助，但婴儿在出生后几小时内能够完成的事情是非常了不起的。在一项研究中，科学家向 10 名新生儿播放瑟斯博士（Dr. Seuss）的《我想我在桑树街看到过它》（*And to Think That I Saw It on Mulberry Street*）的讲故事录音。他们可以通过更用力地吸吮人工乳头，选择播放自己妈妈的录音。宝宝吸吮得越用力，这段录音播放的时间就越长；由此他们能够控制录音的播放，让自己听到母亲的声音，而不是其他人的。在 20 分钟的训练时间里，出生还不满 1 天的婴儿就学会了如何更长时间地播放妈妈的声音。而且，所有这些婴儿从出生后到测试前与妈妈在子宫外的接触时间都不足 12 小时！这相当神奇，因为新手妈妈要花大约 48 小时才能记住宝宝的哭声。还有证据表明，在出生后 30 小时内，婴儿就能够区分母语与外语了。

自然小课堂:

- 仅仅通过出生后几个小时的身体接触,妈妈们(爸爸们可能也可以)就能够从照片上认出自己的宝宝。
- 人类婴儿的哭声具有"声音标识",新手妈妈们在48小时内就能够识别出来。
- 妈妈和爸爸要想不断识别出宝宝的声音,就必须每天陪伴宝宝4个小时以上。如果做不到的话,准确率就会降低约25%。
- 与海豚一样,人类婴儿也会对父母的声音产生印记。孕妇可以通过与子宫里的宝宝说话促进声音识别。
- 不建议把耳机放在胃部播放音乐或其他声音。因为宝宝在出生前约10周才开始熟悉妈妈的声音,而且这样做太吵啦!

那是什么味儿啊?

宝宝的气味如何?除了便便以外,宝宝闻起来好极了!好到哪种程度?甚至有人试图把这种气味装进瓶子里进行出售。这是一款洗手间芳香喷雾,名叫"宝宝头上的香味"。也许是因为名称,这款产品后来下架了,但却足以表明"宝宝香"的受欢迎程度。科学研究也提供了依据。当女性闻到两天大的婴儿的气味后,不管是否身为人母,大脑的奖赏区域都会瞬间兴奋起来。正如人类父母可以很熟练地识别出自己宝宝的哭声一样,他们对自己宝宝的气味也表现出强烈的反应。母亲和父亲都可以识别出自家宝宝的气味,而且这些嗅觉线索可能也在一定程度上激发了他们的养育行为。

这种喜人的气味不是人类宝宝所独有的。我真的非常享受以前照顾了许多年的黑猩猩宝宝的气味。另外，小狗宝宝的气味简直太美好了——当然，它们泛着奶香的呼吸除外。你见过人们抱宝宝吗？他们几乎都会本能地把头靠近宝宝的脖子吸气。这是为什么呢？为什么我们不由自主地想要闻自己的宝宝（和其他宝宝）呢？

人类与其他哺乳动物一样，一出生就拥有发达的嗅觉系统，可以闻到气味。其实，胎儿的嗅觉系统在妈妈的子宫里就开始发挥作用了。对于新生儿来说——不管是老鼠、兔子还是人类——闻闻自己的羊水总能起到安抚的效果。虽然人类新生儿从理论上讲可以看到东西，但是他们的视力还不够发达，做不到看清楚一切。从根本上讲，我们在出生时必须更多地依靠气味和声音，而不是视力。

现代人有一个奇怪的习惯，与其他动物不同，人类婴儿在出生后常常很快就会被清洗干净，其实这洗掉了能让婴儿平静的熟悉而美好的气味，这种气味能够帮助他们适应嘈杂、刺眼和陌生的新环境。正如每个人都有"声音标识"，我们同样也有"气味标识"。妈妈有一种气味，宝宝有另一种气味，从生物学上讲，双方基于这种气味互相关联，从而认出彼此。而且如前文所述，这种父母与新生儿之间的互相识别是至关重要的。当新生儿被清洗干净时，我们不仅去除了能让婴儿冷静下来的根本机制，而且还可能对我们渴望实现的亲子识别过程造成干扰。

值得注意的是，西方社会的做法正在改变，而且更加多样化，这具体取决于准妈妈是在家里生产，旁边有助产士接生，还是在医院生产。如今，随着新的研究不断开展，一些医院也开始改变对待新生儿的方式。对此，准父母的个人偏好也存在很大差异。少数准父母在宝宝被彻底清洗后才敢把宝宝抱起来，我想说他们的担忧用错了地方，因为他们很快就要处理许多令人不快的物质——那些对儿童的健康成长无关紧要的东西。

好吧，我们不得不回到宝宝排便的话题了。最近，我参加了朋友女儿的1周岁生日宴。现场至少有其他5名不满1岁的婴儿。没错，那种场面就是你能想到的：父母们聊宝宝的话题，宝宝们完全不知道自己其实在参加聚会，没有孩子的人在自娱自乐。所以，我很自然地进入了一名7岁男孩的视线。当闻到来自宝宝便便的那种毫无疑问的特殊气味时，我们建立了稳固的关系。

我们后来进一步交流了对父母们在闻到这种恶心的气味之后的所作所为的厌恶。当这件事发生后，所有聊天都停止了，而且无一例外地，每位母亲和父亲都抱起自己的宝宝并埋下头，这里所说的埋下头是指他们把鼻子凑近纸尿裤，然后……吸气。我知道他们这么做是想弄清楚自己的宝宝是不是需要换纸尿裤，但这个画面还是令我感到别扭。

后来，我的朋友莉萨（Lisa）告诉我不应如此惊恐。她提到两点。首先，作为宝宝的父母，每天都要跟粪便打交道，所以这是习惯使然。你必须快速克服自然的恶心反应，因为你的宝宝每天都要排便。其次，如果宝宝穿着连体衣——现在大多数宝宝都会穿——没有其他办法能够快速判断是否需要换纸尿裤。说得好！

虽然莉萨说得有道理，但我还是觉得臭臭的纸尿裤要比新生儿身上的羊水更加令人不适。这并不是说其他动物不清除胎盘或清理羊水。

事实上它们也会这样做。但是，这与人类的做法有本质的不同。其他动物的父母大多会将羊水舔干净，而且会吃掉胎盘，这被称作食胎盘行为（placentophagia）。

上一章中提到的加卡利亚仓鼠在亲代看护方面非常突出，它们还有很多其他名字：西伯利亚仓鼠、西伯利亚侏儒仓鼠、俄罗斯冬白侏儒仓鼠……随你喜欢哪一个。它们也非常惹人喜爱，看起来像是毛茸茸的小皮球，体重不足 2 盎司，颜色多种多样。它们是一夫一妻制，雄鼠协助生产，帮忙把宝宝舔干净，清除胎膜，并吃掉胎盘。通过舔舐和清洁也能使宝宝带上父母的气味。这种做法在许多动物中都很常见，而且似乎能促进亲代与子代彼此之间的气味识别。

最近确实有种趋势，即吃掉胎盘或将其弄干碾碎后撒在食物上。从历史上来讲，食用胎盘并不是人类的特征。其他动物一般会吃掉胞衣，以减少引起捕食者注意的可能性，这些捕食者可能会闻到刚刚生产的脆弱的母亲和幼崽的气味。虽然人类的胎盘与其他动物的一样包含相同的激素和挥发性化学物质，这些物质能够帮助其他动物的母亲减少疼痛并让它们做好照顾后代的准备，但是没有证据表明对人类有效。人类的历史文化中对胎盘的态度是敬畏的，而不是吃掉它！抛开现在这种风气和说法，并没有实证表明吃胎盘有助于健康。所以，请不要这样做。

蜥蜴的养育行为并不突出，但请让我隆重介绍蓝舌石龙子。这是一种与众不同的蜥蜴，从名字中就可以猜到，它们有蓝色的舌头。这些蜥蜴迷惑捕食者最好的办法就是拥有一条长得像头的尾巴。它们的尾巴相当肥大，形状有些不寻常。它们也是一夫一妻制的动物，一对蜥蜴夫妇在一起的时间可以长达 20 年。

蓝舌石龙子宝宝们在出生后会与爸爸妈妈在一起待上数月。它们是胎生，即生下来就是活的，而且会主动吃掉胞衣，无需父母代劳。蜥蜴父母们虽然不孵化或哺乳，但仍在抚养幼崽中发挥关键作用：它们减少食物摄入来保持警惕性，时刻观察是否有捕食者靠近——它们只会为自己的宝宝这样做。所以，即便是蜥蜴也必须能够区分出自己的宝宝。实验表明，蜥蜴妈妈们通过接触来做到这一点。它们轻轻推动宝宝并用舌头触碰，甚至有研究发现它们更喜欢与装着自己宝宝的袋子进行身体接触，而不是装着别家宝宝的袋子。当然，爬行动物伸出舌头触碰也是一种闻的方式，因为这会激活犁鼻器，即一种用于感应信息素的特殊器官。

这对人类父母来说意味着什么呢？我们现在开始明白，人类婴儿身上那些黏糊糊的东西——也就是羊水——包含很多与石龙子这类爬行动物以及其他动物相同的激素（比如催乳素）和化学物质，这些物质是促进婴儿和亲代之间通过互相识别建立紧密联系的催化剂。需要指出的是，这些物质与新生儿出生时父母体内释放的其他激素无关，如皮质醇、睾酮、催乳素、催产素和血管升压素。

我们每个人都有"气味指纹"（fragrant fingerprint），通常被称为信息素，这是由基因表达出的一种独特的化学标识。具体而言，是主要组织相容性复合体基因。信息素除了在择偶时发挥作用外，普遍认为这些基因赋予我们的独特气味还有助于确认亲戚关系。其表现之一是，一个人可以判断出哪个婴儿与自己有血缘关系，即使此前从未见过这名婴儿。

气味甚至可以决定婴儿吃奶的方式。在出生后 24 小时内接触到自己羊水气味的婴儿表现出更加强烈的吸吮反应。我们会在第四章讲到宝宝喂养的问题，简单来说，如果让新生儿感受到家的气味，可以有效缓解部分喂养困难。他们会更容易认出母亲的气味，表现得更加冷静，一旦消除了忧虑，哺乳的难题自然就迎刃而解了。倘若新生儿在出生后不久就与母亲分开，会破坏很多感知需求，气味也是其中之一。虽然有些情况是出于医疗需要，但是很有可能会破坏母婴联系，并且导致孩子在今后的生活中遇到困难。现在很多父母都要求在生产后马上抱起宝宝，而且要持续抱一段时间，这是正确的做法。

自然小课堂：
- 婴儿的羊水气味对其自身有安抚作用。
- 试着考虑一下，要求婴儿出生后不要马上清洁，在那之前先喂会儿奶。
- 吃胎盘并不适用于人类，但也许可以用一块带着羊水气味的布将新生儿包裹几小时，以起到安抚效果。

摸摸我，抱紧我

既然我们提到了识别子代，并且人类和其他动物用不同方式完成这个任务，如果不谈"触摸"可就太不专业了。前面提到过，许多其他物种的父母会将新生儿舔干净。通过舔舐或其他形式的触摸，父母也将自己的气味传递给新生儿。不过，这种身体接触也许还有其他功能：有助于父母判断哪个宝宝是自己的。

这能够解释为什么许多人类妈妈在生产后的触觉更加敏锐吗？之前我们提到过，仅仅通过看人类和动物宝宝的照片就可以提高成年人的肢体协调性，并且会促使他们对脆弱的新生儿产生更多关爱。然而，触摸还有其他目的。在仅通过触摸来识别新生儿的实验中，只要与新生儿接触一个小时以上，65% 到 86% 的母亲就能够做出正确判断。如果时间少于一个小时，大多数母亲就无法做到了。这个时间限制对父亲来说同样适用。此外，爸爸们通过肢体感觉，如婴儿手掌的大小、胖瘦和顺滑度来识别他们。

令人意外的是，关于其他物种的亲代是否能够仅通过触摸来识别子代的信息很少，也许是因为在研究中排除其他感官较为困难。我们所知道的是，皮肤接触对于亲子关系的建立非常重要，而且这比襁褓更能让婴儿感到温暖。话虽如此，即便在最好的情况下，很多西方国家的医院都不允许父母和婴儿进行较长时间的皮肤接触。

这对进行了剖宫产手术的女性来说尤其如此，就算母亲醒着，孩子与母亲的身体接触也非常有限。但是，这个时候爸爸们可以帮得上忙——不管是在最好的还是最坏的情况下。宝宝们通常被放在爸爸旁边的婴儿床上，而不是与爸爸有直接的皮肤接触。但事实证明，那些挨着爸爸的宝宝们较少哭闹，而且在出生后 60 分钟内更容易入睡和安静下来，而在旁边婴儿床里躺着的宝宝则需要两倍的时间。

皮肤接触还有利于促进新生儿的吸吮和觅食行为，这些都是从对母亲的研究中得知的。所以不管是与爸爸还是妈妈进行身体接触都会减少婴儿的忧虑。在几乎所有其他哺乳动物中，宝宝在出生后都会与双亲进行相当长时间的身体接触。

为什么哭闹？

一旦新生儿来到这个世界，就意味着他们要被迫与父母分开，出现焦虑情绪是很正常的，而表达方式就是哭闹。所以很有必要详细谈谈哭闹的问题。我要先把安全帽戴上再开启这个富有争议的话题。我决定挑战一个问题：任由宝宝哭闹而置之不理，这在生物学或演化（生存）层面有哪些意义？

相关争论已是老生常谈。查尔斯·达尔文（Charles Darwin）在《人类与动物的感情表达》（*The Expression of the Emotions in Man and Animals*）一书中对此着墨颇多，而且开篇就抛出论点："只要婴儿感到疼痛、饥饿或不适，就会长时间声嘶力竭地尖叫，哪怕这种感觉很轻微。"

20 世纪 40 年代，知名的儿科医生和畅销书作家本杰明·斯波克（Benjamin Spock）博士对此提出了不同看法。他不认为婴儿是因不适而哭闹，因此主张对其置之不理，避免由于在婴儿时期受到父母太多的爱抚而导致在成年后无法面对现实世界的残忍和艰难。这一观点后来被理查德·费伯（Richard Ferber）博士进一步论证，这位儿科医生在婴儿的睡眠训练中也倡导过类似的做法，也就是常说的费伯法（Ferber method）。

在发表我对这一问题的看法之前，先让我们快速了解一下其他物种如何回应子代的哭闹，以及人类新生儿在哭闹时大脑的活动是怎样的。有大量证据显示，无论是人类还是动物宝宝的哭闹行为，都主要受到脑干和边缘系统的控制。神经学家认为脑干是爬行脑，不是因为这部分的形状像爬行动物，而是因为从演化的角度讲，这部分被认为是最初的大脑。这是具有调节睡眠、呼吸、血压等功能的生命支持系统。所以，婴儿在一定年龄内的哭闹行为绝对不会涉及太多复杂的精神活动。

与哭闹有关的大脑的另一部分是边缘系统。你可以把边缘系统当成大脑的情绪管理中心。它包括扣带回，也叫作边缘皮质，能够帮助管理情绪和疼痛。边缘皮质就像是大脑的情绪发电站，它与恐惧有关，还会尝试进行预测，从而避免疼痛。

边缘系统还包括杏仁核、丘脑和海马体。这些结构共同管理情绪，产生深层的社会依附和信任感，并且发送信号，启动身体的"攻击—逃跑"系统（fight-or-flight system）。当婴儿对环境产生反应时，这些大脑结构就会被激活，于是婴儿开始哭闹，以期得到帮助并且阻止引发痛苦的事由。婴儿与儿童和成年人在运作这套机制上的唯一区别在于，随着年龄增长，通过激活这些大脑中心，我们的推理能力会逐渐增强。

婴儿的大脑发出指令，提醒我们他们正遭受痛苦，不管是身体上还是精神上的。如果本应负责安抚和保护他们的人拒绝给予安慰或做出回应，他们就会更加痛苦。这种拒绝会对婴儿大脑的生长和发育留下不可磨灭的印记，尤其是对负责情感记忆、建立深层信任和情绪管理的那些结构。

鉴于大脑最古老和最原始的部分同时与哭闹和恐惧感有关，如达尔文所言，哭闹似乎是适应性的表现。从行为学的角度讲，我们可以通过成本和收益来检验这种观点是否成立。我们马上就可以看到，哭闹带来的收益大于成本这一点至关重要。因为哭闹不仅会吸引父母的注意，而且会吸引每个人的注意！如今人类的哭闹不再吸引饥饿的捕食者的注意，但对白眉丝刺莺来说却不是这样，这种鸟表现出哭闹在演化方面的缺陷。

这种体型很小的雀鸟来自澳大利亚的海滨地区，因其白色的"眉毛"而得名。它名字中的"刺"是因为这种鸟几乎只生活在低矮多刺的灌木丛中。

所以，白眉丝刺莺的巢穴不是在地上就是接近地面。对大多数鸟类来说，鸟蛋和小鸟都有被吃掉的风险。许多鸟类的幼鸟在父母回到巢穴时都会吱喳地叫，摆出一副嗷嗷待哺的样子。但也不是所有鸟类都这样。白眉丝刺莺的幼鸟不管父母在不在巢穴都会大喊大叫。这种乞食的声音会吸引偷听的捕食者注意。

白眉丝刺莺的捕食者是一种叫作噪钟鹊的鸟,它们长得像渡鸦,但体型更小。白眉丝刺莺父母在为幼鸟寻找多汁的昆虫时,还要时刻观察周围是否有这些捕食者。有时候,幼鸟在父母还没有找到食物前就饥饿难耐,开始哭闹。哭声很快就会引来噪钟鹊的注意,这可不妙。所以说,哭闹的声音也可能让弱小的宝宝陷入险境。如果父母不能迅速回到巢穴,那么它们最好的做法就是:发出警告。幼鸟们明白这个声音意味着:"危险!"它们听到后就会马上安静下来。由于哭闹行为的成本和风险极高,科学研究认为哭闹是一种诚实的需求信号。这一发现非常重要,因为它与认为婴儿为了控制他人而哭闹的观点截然不同,后者意味着哭闹是不诚实的信号。

与父母(或其中一方)分离会给宝宝带来痛苦。对于某些动物,这种对于分离的厌恶不会随着个体的长大而消失。比如,海象妈妈就是符合"依恋理论"(attachment theory)的母亲。它们在海象幼崽出生后便与其保持亲密的身体接触,并且在此后的两年内也会一直这样做。如果海象幼崽成了孤儿或者被遗弃,人类饲养员必须保证24小时与它们相伴,而且要经常拥抱它们。

依恋理论是由英国心理学家、精神病学家和精神分析师约翰·鲍比(John Bowlby)博士提出的。鲍比博士认为斯波克博士的观点是完全错误的。他坚信将人类心理与动物行为学相结合(如前文提到的康拉德·劳伦兹的研究)能够为理解婴幼儿的需求提供进化论的理论框架。

依恋理论基本上体现了达尔文的思想。当受到警告或处于痛苦时,

　　　　　　　　　　　　　　野性与温情:动物父母的自我修养

婴儿会本能地接近他们信任的人，以寻求保护和精神安慰。前提是，这样做有助于获得精神和社会层面的安全感。结果是，随着婴儿长大，他们会更愿意探索新事物，因为他们知道自己拥有一个充满爱意的安全港湾。

这种行为在其他物种中也有所体现。土拨鼠的宝宝非常可爱，我在研究中经常和它们打交道。它们是很多动物的盘中餐，从郊狼到渡鸦，甚至有一次还被大蓝鹭盯上了。我还清楚地记得，那是在亚利桑那州弗拉格斯塔夫市（Flagstaff），当看到一只大蓝鹭的行为很明显是在 8000 英尺的高空猎捕一片向日葵地里的土拨鼠宝宝时，我感到十分困惑。我想土拨鼠们可能也很困惑；它们时不时地盯着大蓝鹭看，并且在这只奇怪的鸟盘旋于此的 4 个小时里不断发出警告声。

对土拨鼠宝宝来说，危险无处不在。所以，当宝宝们第一次从地洞里出来时，不会走得太远。土拨鼠妈妈也时刻紧随。如果妈妈不在身边，通常有另一只成年土拨鼠在旁边守护。数周过后，宝宝们的活动范围稍微扩大一些，但始终都在地洞周围，并且处于一只可靠的成年土拨鼠的保护之中。看着它们自信地成长是一件非常美妙的事情：受到惊吓时有充满爱意的拥抱，时不时在确保安全后得到亲吻，黑暗的夜色里依偎在妈妈身边……几个月后，这些幼崽就开始自己探索新世界了。

依恋型抚育在许多灵长类动物中也很普遍。与人类的婴儿一样，当与父母（或其中一方）分离或受到惊吓时，许多灵长类幼崽也会哭闹。它们无法跟随父母，所以哭闹是得以恢复身体亲密接触的唯一机制。哭闹的形式被很好地保留下来，在很多物种中都存在。哭闹有很深的演化根源，几乎在所有照料幼崽的哺乳动物中都存在。此外，我们不仅会对其他哺乳动物的哭闹做出回应，而且人类婴儿哭声的声音结构与其他灵长类动物幼崽的哭声也非常相似。当然，我们能分辨出自家宝宝的独特哭声。

松鼠猴就是这样一种灵长类动物，第一章中讲到了它们的超长孕期和艰难的生产过程，这种体型娇小的灵长类动物生活在拉丁美洲，在波多黎各也有一些。松鼠猴妈妈也能够辨认出自己宝宝的叫声，当松鼠猴宝宝与妈妈分开时，它们会哭闹。作为回应，妈妈会把它们抱起来，于是松鼠猴宝宝就会停止哭闹。我们知道，与其他物种一样，人类婴儿在与母亲或其他主要看护者分开时会哭闹。我们还知道，当再次有身体接触时，婴儿会停止哭闹。在人类社会中，跨文化证据表明，当新生儿和婴儿哭闹时就把他们抱起的"宠溺型"抚育风格有助于减少宝宝的坏脾气，而且哭闹会减少。

有一次，刚刚成为新手妈妈的一个朋友打电话向我求助。她的婆婆霸道专横，所以她想了解一些动物行为学方面的依据。她告诉我，她认为应该在宝宝哭闹时马上就抱起来。她的婆婆震惊不已，斥责她过于溺爱孩子了，还直截了当地指出，我的朋友那样做无疑将毁了自己的第一个孩子。

这位婆婆的观念比较陈旧，但是她坚持认为这是对的，而且声称这在她的两个孩子身上都奏效了，他们并没有因此变得更糟。她在婴儿时期放任他们哭闹不管，直到他们知道哭也不会有人来，就学会了安慰自己。她毫不怀疑地认为，如果不这样做就可能会导致宝宝被宠坏：幼儿时专横，青少年时变坏，成年后也会需求过多。

我的朋友可一点都没被说服。她要用科学证据与婆婆理论，所以她问我是否有任何一种哺乳动物不会回应自己宝宝的哭闹行为。我不得不说，还真没有。宝宝的哭声可以说是通用的语言。就算是一只鹿都会对人类婴儿的哭声有所回应。

然而，却有很多人——不止我朋友的婆婆——特别是在西方文化中，在哭闹的问题上将恶毒的意图注入新生儿和婴儿的意识中。我们谴责企图控制他人的行为。但是，一名新生儿或6个月以下的婴儿是不可能有这样的意识的。相反，当一个新生命——不管是人类还是其他动物——来到这个世界时，面临的是不确定的环境，也不确定自己是否能得到亲代的抚育。它必须要确保这种抚育是值得信任并且安全的。

虽然达尔文所处的时代还没有现代神经生物学，但这并不妨碍他得出正确的结论，且比斯波克博士和费伯博士早了100年。这两名儿科医生显然缺乏进化生物学方面的基本训练，这是关于人类和动物行为的重要学科；他们还缺乏关于大脑构造的知识，所以才会告诉父母们要故意忽视婴儿的啼哭。而且他们的做法非常阴险——简直跟我朋友的婆婆如出一辙：如果新手父母胆敢回应新生儿的哭闹，就会被贴上"坏父母"的标签，还会培养出心理不健康且需求过高的孩子。

如果他们从科学的角度给出建议，那应该近似于下面的表述：为了成为合格的父母，你必须忽视宝宝的难过、痛苦和忧虑。只有这样做，才能在宝宝的情感脑（emotional brain）发育过程中留下这样的印记，即他（或她）亲爱的父母完全无视他（或她）的需求。也就是说，你的宝宝知道自己不会在需要的时候得到父母的安慰或帮助。

事实是，与其他许多灵长类动物一样，人类历来就随处带着自己的孩子，现在很多地方的妈妈也这样做。我们不是猎豹，也不是羚羊，不会在捕猎或吃草时把孩子藏起来。对于这些动物来说，宝宝必须保持安静，否则就会成为狮子的盘中餐。只有在听到妈妈的呼唤时用哭闹回应才是安全的。

但这不适用于人类。我们小时候不会被藏在山洞、兽穴或茂盛的草丛里——如果父母希望我们活着就不会这样做。我们天生就被父母抱在怀里，随时带在身边。而且说实话，虽然已经是成年人，我在哭的时候还是希望能有个在乎的人拥抱一下。

第三章 初为父母

　　我的老朋友史蒂文（Steven），也是我在餐厅做服务生期间的另一个好朋友，最近当爸爸了。我们不像以前那样经常聊天了，但是只要我们聊起来，就总有一个永恒的话题。最常说的是，他看着现在已经6个月大的儿子马修（Matthew）每天的成长与变化时的喜悦与惊奇。其次，他还要跟我唠叨生活中的一切是如何发生改变的。时间总是不够用。独处的时间不够，二人世界的时间不够，工作的时间不够，睡觉的时间还是不够。他儿子降生的过程很顺利，但是在最初4个月患有严重的胃酸倒流。这意味着宝宝每次进食都很痛苦，每次躺下睡觉也很痛苦。对小马修来说，这简直是太受罪了，他不停地高声哭喊。这对他的新手父母来说同样遭罪。大概在小马修两个月大的时候，史蒂文跟我聊天时坦言："我觉得他想要杀了我。"我回答道："我保证他不打算这么做，他只是差点要把你杀掉了。"

　　欢迎来到育儿的世界。无休止的需求可能会同时挑战你的生理和心理极限。幸运的是，一系列变化会帮助我们向父母的角色过渡，包括能量储备、激素水平变化、大脑结构改变以及社会行为的变化等。为人父母，是我们与其他物种共同面对的艰巨任务。

一切都变了

新手父母常说："一旦有了孩子，一切就都变了！"也许他们指的是时间、睡眠或资源，但还有一些看不到的变化，它们甚至在孩子出生之前就已经发生了。没错，这一章将从激素谈起。这些麻烦的化学物质出问题时会给我们的生活带来灾难，但实际上我们也离不开它们。

在第一章中提到过，大多数动物的雌性是受孕的一方。作为女性，我们每个人都在生理周期经历明显的激素水平变化。对大多数人来说，包括我自己，这些正常的波动会导致一些奇怪的想法、感受和行为。我自认为是一个理性的人。但是每个月总有那么几天，我连看到一只小狗都会抽泣，跟朋友说再见时会不安地抓着她不放（哪怕我们会在24小时内再次见面），还会在凌晨3点左右因为对整个人生规划的犹豫不定而苦恼万分。

怀孕后体内的激素水平升高，种类也会增加，这毫不奇怪。激素水平的升高和降低并非杂乱无章，而是为我们做好成为父母的准备而发生的精准及时的改变。但是，这种现象仅限于人类吗？还是仅限于雌性动物？人类是在成为父母时激素发生变化的唯一物种吗？

为了弄清楚这些问题，让我们先了解一下三种特殊的激素：皮质醇、催乳素和催产素。还有一些因较少提及而不被人熟知的激素，但是它们在亲代行为的发生和保持中都发挥着重要作用。

皮质醇看起来不像是在激发亲代行为这一过程中的活跃分子。有些人可能知道，这是在压力下产生的激素，过度分泌会导致腰腹肥胖。

皮质醇是糖皮质激素（也称类固醇）之一，这种激素能够对抗炎症，调节体内的葡萄糖水平。不只是每种哺乳动物，几乎所有脊椎动物体内都存在皮质醇这种激素。它由肾上腺皮质产生，在我们感到压力时会释放。很多情况都可以促使皮质醇释放，比如被狮子追赶、缺少食物、受伤，或者要赶在截止日期前完成大量工作。在长期的压力下，皮质醇会慢性释放，这个问题同时困扰着人类和动物。

这一点在灰颊冠白睑猴身上得到了验证，它们生活在面积相当于纽约市大小的丛林中。灰颊冠白睑猴是大型灵长类动物，可爱的脸部周围长着几撮长毛。它们生活在非洲各地，包括乌干达的茂密丛林。它们通常更喜欢未被涉猎的安静丛林，但是由于人类不断侵占偏远地区，部分白睑猴不得不生活在人类频繁出现的区域。这些白睑猴尿液中的皮质醇长期处于较高水平，已经影响到了身体健康。

我们知道，皮质醇水平慢性升高会影响生殖系统、免疫系统、身体成长甚至神经功能，那么，这东西为什么恰巧会在生宝宝之前升高呢？没错，怀孕本身就是一种压力，而且在妊娠初期皮质醇的水平会显著升高。皮质醇的释放还会刺激母体产生其他必要的激素，整个孕期持续的时间也就此确定，生产时间也进入倒计时。但是，就像在吃豆人游戏中小人吃掉一颗能量小球后的效果一样，怀孕的女性也会产生一种蛋白质，附着在全部皮质醇之上，将其从循环系统中移除并消除负面影响。这个过程会一直持续到宝宝出生之前。这是一种微妙的平衡，因为这种激素分泌过多会造成相当严重的后果。压力过大的准妈妈会分泌过高水平的皮质醇，这可能会引发连锁反应，增加流产、妊娠高血压、早产和儿童发育异常等风险。

这也许就是第一章中提到的卡罗琳（那位肝脏有问题的女性）所遭遇的事情。她通过剖宫产生下了早产的女儿。卡罗琳深受焦虑和强迫症的困扰，她担心所有事情。这些焦虑使卡罗琳成为一名高度紧张的准妈妈，而且潜在地导致了她在孕期经历的那些健康困扰。虽然在她可爱的女儿身上没有看到明显的发育或认知问题，但有时候在妊娠期间过多接触应激激素（stress hormone）的后果直到很久之后才会显现。即便身体上没有问题，过度的压力也可能导致母子关系出现问题，比如非适应性的养育和忽视。虽然在第七章中会详细讨论关于亲代非适应性行为和虐待的问题，但在这里值得一提的是，总体来讲，人类作为一个物种，已为自己创建了造成压力水平长期不正常的环境，这正在影响我们的孩子和我们为人父母的能力。这些后果会导致严重的社会和经济影响，有必要引起关注。

考虑到上述风险，为什么这种堪称"红色警报"的激素会恰好在生产之前水平激增并将在一段时间内维持高水平呢？部分原因来自于即将出生的宝宝。在婴儿出生之前，他（或她）会促使胎盘释放大量皮质醇，作为自己身体成长、情绪的神经调节、认知发育和肺成熟的最后助力。

除此之外，还有其他原因。有趣的是，即使在宝宝出生后，皮质醇水平依然居高不下，这意味着母亲体内的皮质醇水平也在同步上升。这会影响性类固醇雌激素和黄体酮的比例，继而与母性行为（maternal behavior）密切相关。对一些灵长类动物的研究已经开始揭示这些关联。

阿拉伯狒狒生活在非洲之角（Horn of Africa），在古埃及神话中这种动物常与智慧之神托特（Thoth）联系在一起。这些狒狒生活在由雄性统治的等级分明的社会中，但是雌性承担了大部分养育责任。关于皮质醇水平对狒狒新妈妈和幼崽之间互动的影响，有研究表明，在幼崽出生之前皮质醇水平较高的母亲表现出更强的母性行为。如果皮质醇水平在幼崽出生后相当长的时间内仍居高不下，情况就会完全不同，表现为母亲的压力水平升高，导致它们与幼崽的互动减少。这说明高水平皮质醇带来的好处与幼崽出生后母体内皮质醇维持高水平的时间长短密切相关。

那么，人类新手妈妈的情况又是怎样的呢？基本上与之相同。如前文所述，在即将生产时，孕妇体内的皮质醇水平会变得非常高。在宝宝出生约一周后，皮质醇水平较高的新手妈妈会与婴儿有更多互动，表现为更多地抱孩子。她们还会觉得宝宝的气味相当迷人，单凭气味就能识别出自己的宝宝，当宝宝哭闹时会表现出更强烈的同理心，最后，她们通常会感觉更加适应自己的新角色。这种生理上的反应很可能是一名母亲保持警觉和活跃所有感官所必需的。而且与阿拉伯狒狒相同，这种效果只是暂时的。

人类男性不会怀孕，但这并不意味着他们不会经历促使其做好为人父准备的激素变化。他们的皮质醇水平直到另一半生产前的那一刻才会升高。而且人们认为，男性的皮质醇在短期内达到峰值是为了同样的目的：促进亲子互动和积极的父性行为（paternal behavior）。

另一项神奇的激素变化与催乳素有关。这种激素因其在哺乳动物的母性行为和泌乳中的作用而被周知。催乳素与300多项生物学功能有关，但你可能不知道的是，它通常被称为激发"父爱"的激素。

我非常喜欢哀鸽。我喜欢它们咕咕叫的方式。它们能在呆头呆脑的同时保持优雅。哀鸽是一种候鸟，它们和鸽子一样是鸠鸽科鸟类。它们是终身一夫一妻制——践行"直到死亡将彼此分开"的承诺——虽然在迁徙途中一对伴侣会分头行事，但是在繁衍季节它们总会想办法再次回到对方身边。父母双方都会孵蛋，并喂养幼鸟。这种鸟非比寻常的一点在于它们会为幼鸟分泌鸽乳。这与哺乳动物分泌的"液体黄金"不同，但是在蛋白质和脂肪含量上胜过哺乳动物的乳汁。这相当神奇，因为鸽乳隐藏在哀鸽的嗉囊里，即喉咙附近一处类似食管的肌肉袋，这一构造用于储存多余的食物。

鸽乳非常重要，尤其是在孵化后的最初四五天。催乳素对生产这种丰富而有营养的食物来源至关重要，正如它在哺乳动物的哺乳期所发挥的作用那样。令人惊讶的是，它对雄性与雌性同样重要。我不得不承认，虽然三年来在我的露台上一直住着同一对哀鸽，但我从来都没注意过它们曾为小鸽子分泌鸽乳！

那么，对于其他不产鸽乳的物种，催乳素还重要吗？是的，当然。一名称职的父亲与不称职的父亲相比有本质的区别。蓝头莺雀是一种生活在中北美洲的鸣鸟。它们的歌声旋律简单而重复，就像是鸣鸟中的贾斯汀·比伯（Justin Bieber）。它们主要以虫类为食，包括从甲虫到蜜蜂的所有虫类。雄性从一开始就会展示它们的"养家"能力，以此说明自己能成为伟大的父亲。雄性会先造一个爱巢，向雌性展示自己的筑巢技艺，如果雌性满意，就会与之交配。之后，它们会为将来的家庭共同打造真正的巢。

这种小鸟每次产蛋3到5枚，而且雄鸟的责任非常重，包括孵蛋、维修鸟巢、喂养幼鸟——前提是催乳素要保持在合理的水平。只要催乳素水平稍有降低，鸟爸爸就会承担较少的孵化责任，这点在它的近亲红眼莺雀中也有所体现。雄性红眼莺雀履行亲代责任的方式有很多，包括喂养幼鸟，但是它们通常不怎么孵蛋。

现在你可能在想，催乳素的作用是不是仅体现在激发鸟类的父爱呢？当然不是！伶猴是模范爸爸。由于夜行的生活方式，这种小猴子长着大大的眼睛。一名雄性和一名雌性组成一个家庭单元，其中可能还会有大一些的猴崽。伶猴爸爸非常重视育儿责任，它们大部分时间都带着新生宝宝，只有在哺乳时才把宝宝交给伶猴妈妈。伶猴爸爸是如此投入，以至于猴宝宝与它的关系比与猴妈妈更亲密，当与猴爸爸分离的时候，猴宝宝的悲伤情绪会更强烈。研究表明，这些超级奶爸体内的催乳素水平会高于那些还未当爹的成年雄猴。

显然，与鸟类和猴子一样，人类男性并不会经历妊娠直接引起的催乳素升高，尽管第一章提到男性会经历拟娩综合征，而且他们的催乳素水平会高于那些没有妊娠相关症状或症状较少的男性。但是对于那些父亲来说，和婴儿的接触与催乳素水平之间存在正反馈，这与其他动物的情况类似。当爸爸们与婴儿玩耍互动时，他们的基准催乳素水平会相应升高，在新生儿哭闹时也会表现出更多的关切。不过爸爸们没必要担心，你们不会因此分泌乳汁，除非你总是让宝宝吸吮自己的乳头——或者你是一只棕榈果蝠。

这里需要解释一下。人类男性中有一些泌乳的例子，但是非常罕见。重复刺激未孕女性或男性的乳头会导致催乳素水平升高，从而刺激泌乳。但是在棕榈果蝠的例子中，雄性貌似是主动且自然地泌乳的。

1992 年，在马来西亚的克劳野生动物保护区（Krau Game

Reserve），一对科学家夫妇观察到了一些奇怪的现象。在用迷网（这种网是科学家们专门用来捕捉鸟类和蝙蝠的）捕捉蝙蝠时，他们抓到了 10 只成年雄性棕榈果蝠。棕榈果蝠非常少见，我们对它们也知之甚少，但是让科研人员惊讶的是，他们发现这 10 只果蝠具有功能完整的可泌乳的乳腺。它们是唯一已知的雌性和雄性都泌乳的哺乳动物。

另一种经常在新闻上听到的激素是催产素。它被称为"联络感情激素"或"感觉良好激素"，但其实这有些误解。准确地说，应该称之为"感觉激素"（the feel hormone），因为催产素有助于增强所有类型的社交互动，包括积极的和消极的。例如，当你正在与不信任的人互动时，催产素可能会释放，从而放大你对那个人的消极情绪。

然而，催产素与伴侣之间以及父母与新生儿之间的积极关系密切相关。很久以前人们就清楚地知道，催产素能够在产程中加强宫缩，并激发准妈妈们表现出抚育和关爱的行为。如果给一只没有幼崽的雌鼠增加足够的催产素，它会筑一个巢，然后去把别人的孩子抱到自己的巢里！对于人类，催产素水平关系着新手妈妈们触摸和注视宝宝的频率，甚至会影响她们对宝宝的感觉。这会延续到婴儿时期之后，而且会影响妈妈们对孩子的包容度。

人类为自己制造了一种紧张、拥挤、忙碌的生活，这对我们来说意味着什么呢？有些人正在错过加强与孩子之间的纽带和巩固彼此良好关系的机会。研究发现，频繁的身体接触和积极互动会提升催产素水平，而且这不仅限于妈妈们。催产素同样可以促使爸爸们产生喜爱、关注和照料后代的行为，普通猕猴的亲代行为能够提供一些启发。在

　　　　　　　　野性与温情：动物父母的自我修养

前面的章节中提到过，这些小型灵长类动物的头部两侧长着蓬松的白色绒毛，这让它们看起来像是摸了电门一样。它们在树枝上跳来跳去，主要吃昆虫、水果、花蜜、树汁，偶尔也许还有一两只青蛙。在大快朵颐之后，它们通常会打个小盹。因为狨猴的体型实在是太小了，有些人认为它们很适合作为宠物。但事实并非如此。我的一个老朋友特雷弗（Trevor）有亲身体会。他曾经养过一只狨猴，那时他还是一名男模。有一天，这只不足1磅的小毛猴儿咬了他的鼻子。现在他已经转到时尚行业的幕后工作了。

狨猴生活在一个关系紧密的家庭中，由母亲、父亲和孩子组成。它们有个很厉害的特点：总是生产异卵双胞胎。虽然雄性普通狨猴不能给幼崽哺乳，但是它们可以做其他所有事情，包括为幼崽提供保护、梳理毛发、陪伴玩耍，当小猴长大一些、可以吃成年狨猴的食物后，雄猴还会将食物带给它们。狨猴爸爸们的这种行为可能会持续数月，随后逐渐减少喂养频率，对孩子的包容度也逐渐降低。但是，当狨猴爸爸们被给予更多的催产素时，它们就会变得愿意喂给小猴食物，即便幼崽已经到了爸爸们通常停止喂食的年龄。

有些爸爸在抱着自己刚出生的宝宝时会感到恐惧。克雷格（Craig）就是这样。我在南非向他管理的一家野生动物农场申请工作时认识了他。虽然我没得到那份工作，但是后来我们在网上成为了很好的朋友，几个月以后还见了面，现在依然关系很好。他是个强壮魁梧的野外生物学家，但是他抱着自己女儿的时候却会变得非常紧张。他担心自己抱女儿的姿势错误而导致闺女受伤。不过他的妻子非常信任他，鼓励他经常抱抱女儿。结果没过多久，他就变得像一只占有欲极强的狨猴爸爸，总是想抱着女儿，四处带着她，与她玩耍。他应该感谢催产素让他实现了从焦虑到自信、从不情愿到热情的转变。当然，也要感谢他的妻子。我们知道人类爸爸在与婴儿互动的时候——包括注视、说话和玩耍——催产素的水平会上升，这会促使他们进行更多的互动。

由此可见，提高催产素水平的方式之一是与婴幼儿进行身体接触互动——即便孩子渐渐长大也要一直这样做。二者之间存在正反馈机制。互动得越多，催产素的水平就越高，继而促使你去完成更多的互动。所谓的互动意味着放下电子产品，走出门去一起玩耍，意味着与孩子拥抱、亲吻，保持亲密无间。就算只是帮他们梳梳头发（这是梳理［grooming］的一种形式）也行，这是一种可以促进亲密关系的简单行为。此外，也可以一起读书、玩棋盘游戏、手拉着手。

鉴于激素波动对父母双亲在孕期和产后的重要影响，以及对新生儿最初生活的影响，看起来是时候谈谈产后抑郁这个问题了。很多女性（和男性）都是怀着喜悦、渴望和期待的心情，将新生命带到这个世界和自己的家庭中来的。但有些时候，这些激素会出错，致使产后抑郁出现。虽然严重程度有所不同，但大约15%至20%的女性经历过某种程度的急性产后抑郁，40%至80%的女性有轻度的产后心情忧郁。两组数字的差异主要取决于如何对病症进行定义，而不是女性的经历和感受。不过大多数时候，女性在产后不久就会出现这种情况。虽然尚无定论，但怀孕使得相关激素水平急剧变化，生产后一周又迅速降低，这可能是导致部分女性患上产后抑郁的催化剂。

社会对女性的产后抑郁正在逐渐表现出更多的理解和关爱。但我认为，总体来说很多新手妈妈都这样默认：作为母亲应该只有欣喜若狂的感受，如果有其他的情绪或痛苦，就是不合格的母亲。作为一名生物学家，我很容易理解激素水平的不平衡和快速变化可能对新手妈妈（可能还有他人）产生巨大的影响。还有一个问题是，很多妈妈会感到疲倦、易怒、失眠，而患有产后抑郁的女性也会有这些症状，所以对妈妈们、家庭成员和医生来说，要判断症状是否超过了正常的产后表现是很有挑战性的。有一个关键区别在于，产后表现正常的妈妈们即使疲倦易怒，也仍会照看宝宝，并且从中感到欢乐和喜悦。

我的朋友杰姬（Jackie）在生下儿子后就经历了产后抑郁。她生孩子时，我们刚刚认识没多久。起初，她依旧精明能干，而且愉悦开心。但是，在产后不到两周，每当与儿子独处时她就开始感到极度焦虑和担忧。她非常害怕自己会做错什么或伤到他。对此她的丈夫不但没有表现出支持，还非常不理解她，并指责她这个新手妈妈不称职。她几乎要崩溃了——缺少帮助和理解加深了她的痛苦。

除了受到激素的影响，生孩子还会破坏某些基因的表达，这些基因通过神经递质、激素受体、影响焦虑相关行为的基因而改变关键区域的大脑活动。也就是说，对于这种情况有非常明确的生物学解释。鉴于此，如前文所提到的，我们并不是唯一在孕期、产程和产后经历巨大激素变化的物种。那么，是否有证据表明动物也会经受产后抑郁呢？

确定人类母亲是否患上了产后抑郁颇具挑战，而要确定野生动物妈妈是否因产后抑郁才忽视育儿，机会同样渺茫。但是，我们知道有些动物妈妈会令人费解地拒绝后代的请求，或者没有表现出应有的关心和喜爱。有研究在老鼠身上模拟妊娠和生产导致的激素快速上升和下降情况，结果显示，当激素干预停止时，它们出现了抑郁的症状。

评价雌鼠抑郁的方法是判断其在不同任务中的活动是否减少。

　　不管是狨猴还是人类，父母的激素水平都不尽相同，这会影响父母对宝宝的关注、喜爱和照顾程度。这些早期的互动和经历，为父母与子女之间长期关系的建立和子女的身体健康奠定了基础。所以说，激素的重要性不应被忽略或轻视。我们同样不应该忽略或轻视许多新手父母普遍面临的困难，包括这些激素水平失衡的状况。

自然小课堂：

- 皮质醇水平升高在妊娠及其之后的各个阶段都是必要且有利的，也有其局限性。太大的压力对母亲和新生儿都会产生很多消极影响。

- 催乳素不只存在于女性、雌性动物和某些雄性鸟类体内。人类男性不会像棕榈果蝠那样哺乳，当然也不会分泌鸽乳，催产素对他们的作用在于加强爸爸与宝宝之间的联系。

- 催产素对母亲和父亲的情绪具有重要影响。

- 永远不要低估激素对人们的想法、感受和行为的影响。当你觉得自己对宝宝缺少关心、喜爱和愉悦时，体内的激素很可能发生了失衡。你要马上寻求帮助，如果你的医生不以为然，那就换个医生！

- 我们的社会需要为妈妈们提供更多的支持，尤其是在她们刚刚生产后激素变化最大的时候。在斯堪的纳维亚国家，护士会在女性生产后几周内做多次家访。这是免费提供给所有人的福利。

　　　　　　　　　　　野性与温情：动物父母的自我修养

我这是疯了吗？

可以肯定的是，上述激素的变化也会影响准父母的大脑。但仅仅成为父母这件事就已经可以改变大脑不同的结构和连接，这样才能满足抚养孩子的生理和情感需求。无论是亲生的还是收养的孩子，这些变化都会发生。这些神经回路的变化对人类和其他动物亲代行为的实现不可或缺。从根本上讲，要成为父母，大脑必须重新进行"排列组合"。

对于所有哺乳动物而言，大脑的一个关键区域是下丘脑的内侧视前区。下丘脑大约是一颗杏仁的大小，位于丘脑和脑垂体之间，并且与脑垂体释放的激素密切相关，包括前文讨论过的所有激素。

内侧视前区提供感觉反馈（包括视觉、嗅觉、温度等），它们与妊娠相关的激素一起改变大脑的结构和神经元的活动。这些神经元之后与大脑其他部位互动，共同确保新手妈妈能够接纳自己的宝宝。你也许以为那是自然而然的——没错，生物学研究的正是这些"自然而然"的事！

还记得引言中提到的朱莉吗？就是那个带着可爱的小萨姆和我一起吃午饭，然后对来之前的事讲个不停的那个朱莉。她可不是例外。新手爸妈们似乎都会对孩子有种痴迷，不停地讲关于孩子的事情，特别关注他们的方方面面，从吃饭的次数到看起来永远聊不完的排便问题。形容这种痴迷有个术语，叫作"母体先占"（maternal preoccupation），也称"母体格局"（maternal constellation）。现代神经学正在试图揭示这种行为背后的原因，包括大脑的哪些部分在发挥作用，是什么驱使父母如此关注婴儿的方方面面，并认为他们"完美至极"。对于妈妈而言，这些侵入式想法集中体现在担忧婴儿的安全和卫生问题上。从进化论的角度讲，这种表现完全符合物竞天择的法则。如果你的宝宝不安全或不干净，就可能意味着其生存受到了威胁。几乎所有哺乳动物的妈妈们——有时候也包括爸爸们——会将刚出生的宝宝舐干净或帮它们理毛，而且近乎痴迷。

　　我的朋友保罗（Paul）经历了各式各样的焦虑。我和保罗是在研究生期间认识的，相识大约一年后他有了第一个孩子，是个女儿。他是一个沉稳、冷静和思虑周全的人，所以当他表现出对女儿的过度焦虑时，我感到非常惊讶。他不太担心孩子的卫生问题，但是却特别有危险意识。对他来说，危险无处不在。那时候他妻子还在上学，所以在克服了起初对抱孩子的恐惧后，他很高兴地接管了大部分照料宝宝的职责。他妻子上课的那栋楼的楼梯特别陡，结构像方塔一样。每层有三段台阶和一个平台，所以整个楼梯看起来像是围绕着一个巨大的开放式镂空结构的方形螺旋。他妻子读的是艺术类专业，教室在最顶层。每次他抱着女儿走这些台阶的时候——他不得不走楼梯，因为没有电梯——他的脑子里都会充斥着女儿从他怀中掉下来，砰的一声摔到最底层的恐怖场景。

　　他的想象力太丰富了，而且无法控制，所以他发现最好的解决办法是让噩梦自由发挥，直至结束。这个过程让人不安，但是后来，也许是因为他没有阻止这些想法，他发现自己在其他危险的地方也开始出现类似的想象。最终，这些烦人的想法给他带来了安慰，他这样对我解释道："她对我来说太重要了，而且我作为她的保护人的角色至关重要，所以我的意识不断提醒我，如果我不够用心就可能会发生恐怖的事情。我每次抱着她爬那些台阶时都几乎要和墙贴在一起，正是脑子里那些灾难的场景促使我这样做的。"

跟保罗一样，许多父母会在脑海里想象灾难降临到他们的孩子身上，而这恰恰是为了让灾难不会发生。这种想象很正常，也是大脑结构重组的结果之一，因为大脑已经演化到能够生动地判别和模拟后代可能面临的危险。

除了内侧视前区以外，当男人和女人成为父母时，腹侧被盖区（这部分也与恋爱有关）也变得异常活跃。这个区域属于中脑边缘路径（也叫作"奖赏通道"）的一部分。腹侧被盖区分布着高密度的多巴胺神经元，这是将多巴胺输送到大脑其他部位的通道之一。多巴胺是能带来愉悦的激素，这种神经递质瞬间的大量增加会使人感到欢快。这种变化会催生一种非常强烈的动力，并在父母与孩子之间形成奖赏反馈系统，促使父母们积极地照顾婴儿，并且在与婴儿互动时感到欢乐。这简直可以说是一种天然的兴奋剂！

在保护这个问题上，可要小心了！大多数妈妈（和爸爸）都会在面临威胁时极力保护自己的孩子，哪怕是在正常情况下他们自己不会害怕的威胁。我们经常说，一位母亲像"熊妈妈"那样捍卫和保护自己的孩子。也许是因为，若想被一头熊攻击，最为快捷的方式是站在它和它的孩子中间——不管那是不是意外。棕熊、黑熊和北极熊都会保护幼崽免受危险，但是瑞典的欧洲棕熊做法有些特别之处。在那里，棕熊妈妈不会避开人类活动的区域，反而会频繁地接近人类社区。这听起来是件相当冒险的事——对熊来说，而不是对人类。

那么，是什么原因促使这些棕熊妈妈将幼崽带到与敌人如此接近的地方呢？答案是雄性棕熊。是的，这些成年雄性对幼崽的威胁如此之大，以至于棕熊妈妈宁愿克服接近人类领地的恐惧来保护熊宝宝——"敌人的敌人就是朋友"。对这些棕熊妈妈来说，相比与其他棕熊的距离，它们与人类的距离要近1500英尺左右，这1500英尺的差距决定了幼崽的生与死。

为了保护自己的孩子，克服恐惧和应对迎面而来的威胁是很多动物普遍具备的能力，包括人类。尽管大脑中许多相互关联的不同部位会转变或生长，以促进父母勇敢保护孩子的行为，但我想重点谈谈大脑中两个杏仁形状的部分，一边一个，叫作杏仁核。（有意思的是，大脑的许多部位常被拿来与坚果做比较，尤其是杏仁。）杏仁核被认为是边缘系统的一部分，与快速决策、记忆和情绪有关。它在"攻击—逃走—停在原地"决策系统发挥着重要的作用。

验证这个系统的效用的方法之一是让一位人类母亲与一头美洲狮对峙，而这位母亲5岁的儿子站在中间——说得再具体些，他就在美洲狮的口中！我曾在野外见过一头美洲狮，我可以向你保证，靠近它或从它口中夺取任何东西都不是人类在正常情况下想要做的事，而且我确信这位母亲也从没这么想过。据她所述，有一天晚上，她的孩子们正在外面玩耍，突然她听到一声尖叫。她出去后发现，一头美洲狮正压着她的儿子。她连眼都没眨一下——这说明在杏仁核中发生的决策过程真的很快——就跑到这头野兽面前，发现儿子的头已在它的口中。我们听说过有人力气大到能将汽车从一个人身上搬起来，而这名母亲是徒手撬开了美洲狮的爪子，把她儿子的头从这头野兽嘴里拽了出来。

关于育儿引起的脑部化学变化不止这一个例子。大脑（和身体其

　野性与温情：动物父母的自我修养

他部位）发生的另一个惊人改变可能有些出乎意料，那就是婴儿的细胞会进入其母亲的血液中，而且将会一直在其体内循环。也就是说，"孩子永远是你的一部分"这句话即使从字面上看也是真的。在神话中，"客迈拉"（chimera）指的是具有不同动物部位的神秘生物。《伊利亚特》（The Iliad）里的客迈拉是一头会喷火的怪物，狮身狮头，背上长着羊头，还具有羊的乳房和蛇的尾部。不过这跟做一名母亲有什么关系呢？科学家们发现母亲体内含有其后代的遗传物质后，就用客迈拉为这种物质命名，称之为"微嵌合体"（microchimera）。

情况是这样的。怀孕期间，胚胎中的干细胞穿过胎盘进入准妈妈的血液循环。在一部科幻电影中，这些干细胞可以变成任何组织的细胞在母亲体内游荡，在哪里安顿下来就长成哪种组织。母亲的免疫系统出动，碰到这些细胞就消灭它们，除非有些细胞已经嵌入组织。并且，一位母亲生下的每个孩子都会发生这种情况。随着时间推移，母亲体内便积累了她所有孩子的细胞。与许多有趣的科学发现一样，这种现象是偶然发现的，当时科学家在一名女性体内检测到了男性的 DNA。

这种现象背后的原因还有待研究，不过据推测，这些来自胚胎的细胞会在对胎儿自身（现在已是婴儿）最有利的区域安顿下来，比如在乳房组织中有利于泌乳，在甲状腺中有利于新陈代谢，在大脑中有利于影响参与母性行为的神经回路。这种现象也发生在其他物种身上，比如老鼠。老鼠是研究这类现象的模式物种，不过我猜这在所有的胎盘类哺乳动物中都很普遍。

最后，要谈一下新手父母经历的认知和记忆方面的变化。关于"孕傻"的笑话简直多到数不清。就连那个怀孕后因髋关节松弛而难受的莉拉，在我问她记忆力是否有变化时也哈哈大笑起来——因为她正想着要跟我聊聊有什么变化时忘记了自己要说的话。所以，这说明什么呢？难道成为爸妈后就会变得健忘吗？还是说，由于他们在认知的某些方面有进步，所以需要放弃一些短期记忆作为弥补呢？

草原田鼠是"理想的"家庭单元。雄鼠和雌鼠的关系非常亲密，而且自觉遵守一夫一妻制，除非它们喝醉了。虽然许多动物都喜欢喝点天然的发酵果汁，甚至喝得烂醉如泥，但是草原田鼠只在一种情况下才会喝酒，那就是科学家喂它们的时候——曾有科学家想要测试草原田鼠在酒精的作用下是否还会对伴侣忠诚。在育儿的问题上，草原田鼠是超级称职的父母。

这些可爱却寿命短暂的小型啮齿动物生活在北美洲的大草原。最近有研究表明，它们对自己伴侣的悲痛具有同理心或同情心。当一只草原田鼠的伴侣感到紧张时，另一半会为它"做按摩"，帮它平静下来。育儿对母亲和父亲来说都可能带来很大压力，当你的另一半快要崩溃时，向前一步并伸出援手（哪怕只是按摩）会带来神奇的效果。

关于育儿行为的研究发现，哪怕只是与幼崽有过最简单的接触，也能促进雄性草原田鼠的齿状回（这是海马体的一部分，与记忆和定向功能有关）的细胞生长。这是大脑中少数能够长出新的神经元的部位，这个过程叫作"神经发生"。我们通常每天都会长出新的神经元，但是某些事件和经历能够刺激它们快速生长。神经发生对制造新的记忆很重要。还没有成为父母的人在接触到新的情形或环境时，海马体会变得充盈起来，而在成为父母之后情况却相反。这是怎么回事呢？

归根结底是由于那些麻烦的激素。这种现象在妈妈们的身上表现得更为极端。雌激素的降低和应激激素皮质醇的升高，使得孕妇无法产生新的神经元。事实上，她们的海马体还会缩小。总体来说，怀孕确实会影响女性的短期工作记忆，而且在宝宝刚出生后还会持续变坏一些。回忆信息的能力也会减弱。最终，母亲处理信息的速度会下降。这些都归因于海马体发生的变化，也许正是因为这些变化，才让阿尔玛（因为孕期反应而一辈子都反感玉米笋的那位）想不起来她在22年前生女儿时记不住什么事，而莉拉想不起来要告诉我哪些她的记忆力不如原来好的表现！

虽然男性不会经历女性那样剧烈的激素波动，但如前文所述，他们的皮质醇水平的确会升高。因此，他们的神经元生长也暂停了。幸运的是，对男性和女性来说，这都只是暂时的。

健忘可能会导致可怕的后果，尤其是涉及那些你不经常做或不是每天都做的活动时。就拿带宝宝去日托中心这件事来说吧。假设一位父亲或母亲很少带宝宝去日托中心，下车时有可能会把宝宝落在车上，这其实是新手父母记忆力和认知力减弱的结果。可能人们默认爱意满满的父母永远都不会忘记孩子在哪里，但是我们知道这不是事实。许多父母都曾经忘记去学校接已经长大一点的孩子。事实是，日复一日，多达100万件事情可能而且真的会被遗忘：鞋子好像放错了地方？把孩子送到了学校却忘记帮他们带午餐？还有什么约会来着？

对此常见的建议是："只需要规划得更合理一些即可。"说起来容易，但如何才能做到？如果你有一个伴侣，方法之一是分工合作。把要做的事情写在家里的一块大黑板上，用手机发送消息提醒（可重复发送），尤其是在日常流程发生变化的时候与伴侣互相提醒，这样做基本上可以确保不会忘事。

但是，为人父母对你的大脑也有好的一面。大脑中的前额皮质就像一个大型认知处理中心，在规划、性格、社交、情绪管理和决策技巧方面发挥着重要作用，它在你变成父母后也会重新组合。与海马体的变化不同，前额皮质中的神经元密度会增加。而且，母亲和父亲都如此。还记得之前提到的那些可爱的狨猴吗？研究表明，每次当爸爸后，雄性狨猴大脑的这部分区域活动都会增强。可惜的是，这种效果也是暂时的，随着孩子长大会逐渐减退。

自然小课堂：

- 妈妈们——至少对人类妈妈来说——脑袋后面没长眼睛，但是大脑中发生的许多变化会使她们更加专注和留心自己孩子的一切。
- 你会发现自己总是不由自主地想象孩子可能会发生的灾难。也许唯一不受其折磨的办法是坦然接受，然后重新理解你所想到的糟糕画面，并且感激大脑能够演化出这些神经回路，来帮助你保护你的孩子。
- 在母亲保护孩子的问题上，不要成为一位母亲和她的孩子之间的阻碍——不管这位母亲是熊还是人。
- 也许你曾经觉得孩子是你的一部分，实际上他们真的是。
- 你的大脑正发生有趣的变化。一方面，新的神经元会改善某些认知功能，但同时你的记忆力会减弱！
- 把每天的育儿任务做成图表。设置备忘和信息提醒，尤其是与你的伴侣交接工作的时候。

野性与温情：动物父母的自我修养

"育儿俱乐部"

还记得本书开头时提到的朱莉吗？她哭诉自从有了萨姆以后就再也没有时间好好吃饭、洗澡或剪脚指甲了。这里让人不由得想起慈鲷鱼，与第一章中提到的胃育蛙一样，它们也用嘴巴育儿。但是慈鲷鱼父母带回来的任何食物都会立刻被宝宝吞掉，妈妈或爸爸——有一种慈鲷鱼是爸爸独自承担育儿任务——不得不忍饥挨饿，直到孩子们长大后能自主进食为止。我明白饥饿是极端情况，而且人类父母是有时间吃饭的。但许多父母为了满足自身的基本需求都要拼命地挤时间。

这不仅是不能好好吃饭的问题。对父母来说，再也别想要什么"个人时间"，尤其是当孩子还小、完全需要依靠大人的时候。部分"个人时间"用于穿衣打扮——至少对朱莉来说是这样。她对我倾诉，在生下萨姆几个月后的一天，她打开自己的衣橱，纳闷到底是谁穿过那些衣服。当戴帽乌叶猴生下猴宝宝后，就无法再像原来那样在自己身上花很多时间了。可惜的是，我在尼泊尔的时候没能看一眼这些旧大陆的猴子。它们的生活范围还包括孟加拉国、中国、印度和一个我一直都想去的地方：不丹。它们是群居生活，包括一只雄猴和数名友好相处的雌猴。除了失去"个人时间"外，新手乌叶猴妈妈在产下猴宝宝后大约会失去 32% 吃饭的时间。

对人类妈妈来说，除了没时间梳洗打扮和处理其他个人事务外，还要应对很多人际关系的变化。如果你是和配偶或其他重要的人一起育儿，你们之间的关系将经历新的严峻考验。如果在宝宝出生之前，你们没有想好应该如何作为一个整体或团队合作行事，鉴于我们已经谈到的那些，你们在宝宝出生之后能够做到的可能性也很渺茫。

很多夫妇在家务分配上都有矛盾，再加上宝宝的诞生，压力就更大了。我们知道，由于遗传、环境和社会因素的影响，世界各地的人们（以及文化）遵守一夫一妻制的程度不同，父母双方对后代看护任务的分配也不完全一样。但是，当新生儿到来后，母亲和父亲都要经历的所有身体变化表明共同育儿是人类与生俱来的任务。所以，不要理会那些既成观念，比如妈妈是最重要的家长，父亲对孩子的成长不重要，或者男性的角色只是去工作以赚钱养家。

在所有物种中，总有一些父母比其他父母表现得更好。那么，我们如何实现共同育儿，在让父母双方适度参与的前提下确保孩子健康成长呢？同时要确保父母双方的关系不会疏远，也不会在这个过程中崩溃发疯。也许银喉长尾山雀的成功策略能给予我们一些启发。这种小型雀鸟看起来随时可能从树枝上掉下来，因为它们滚圆娇小的身体与后面的长尾巴非常不成比例。这种鸟常见于欧洲和亚洲各地，在非繁殖季节，它们以中等规模群居。到了繁殖季节，成年山雀就会各自分开，结成伴侣。与其他鸟类一样，银喉长尾山雀夫妇共同养育子女。

银喉长尾山雀与人类面临着同样的难题。每一方都希望另一方承担大部分养育工作。解决这个窘境的方法之一就是与你的另一半做得一样多。这也可以叫作"针锋相对"策略，在人际关系中称之为"统计得分"。当然，如果没有人付出，后代将无法生存。如果付出得不够多，部分后代可能会死亡。那么在银喉长尾山雀中是什么情况呢？

　　　　　　野性与温情：动物父母的自我修养

父母双方同时到达鸟巢，以监督另一方，确保在自己提供食物前另一方也在提供食物。可即便是双方轮流，也得有一方先开始啊！我不禁好奇，它们是否在谁先喂食这个问题上也轮流呢？不过，这种互相监督和"统计得分"意味着它们可以有组织地同时喂养幼鸟。如果双方配合得很好，幼鸟进食的机会就会增多，成活率自然就更高。这样做还有额外的好处，由于要监督另一方，父母双方就必须要同时待在巢里，或者同时离去，这样巢中的活动就不容易引起注意，从而降低幼鸟被捕食者吃掉的风险。

不足为奇的是，人类父母也能达到某种类似的和谐，分担喂养新生儿的责任。新手父母都有缺少睡眠的难题，那些轮流照看婴儿的父母可以确保不会有一方过于劳累。这样双方也有更多的精力去关注彼此之间的关系，很多新手父母认为有了孩子之后必然无法顾及这个方面。虽然在育儿和其他责任上进行分工合作是维护稳固的伴侣关系的一部分，但是忽视这种关系和缺少二人相处的时间可能会带来恶果。

在许多人类伴侣关系中，一个普遍的问题是没时间过性生活。动物进行性行为只是为了繁衍下一代的看法是一种谬见。即便在生下宝宝后，许多物种还是会有仪式化的求偶行为。对鸡尾鹦鹉来说，如果一方不再喜爱对方了，那可能就要"离婚"了。夫妻关系的终结同样是人类准爸爸们担心的主要问题之一。

为女方和男方都提供更长的产假，有助于新手父母们找时间进行调整。美国在这方面落后于所有发达国家，其他国家会提供非常重要的早期过渡支持，并为女性提供长达 5 个月的全薪产假。在美国，我们总是说自己多么注重家庭关系，但是这与我们的实际做法大相径庭。

缺少对新手父母的支持会给全社会带来不良影响，其他国家可能已经认识到了这一点，并且已经开始采取分步措施帮助新手父母们实现过渡。

但是，即使将合作育儿的关系处理得很好，其他关系也会发生变化，主要是社会关系。除了终生友谊，其他大多数友谊可能都得让路。虽然新手父母会疏远原来的朋友，但是他们会增加与其他家庭的联系。如果原来的朋友有了孩子，那可能会是例外。因为那些朋友现在也成了"育儿俱乐部"的会员，被邀请加入了内部的小圈子。我与朱莉（她的儿子已经快两岁了）的友谊已经随着时间变淡了，现在我只是在脸书（Facebook）上偶尔看看她现在的生活，我也了解到她现在的大多数朋友是其他妈妈。

这与角马的"产犊领地"现象没有太大区别。我们在第一章中提到过，角马妈妈只喜欢与其他角马妈妈一起活动。这群角马妈妈会一直待在一起，直到它们的孩子开始自己出去闯荡。它们这样做的原因之一是群体活动有利于保证安全。当很多幼崽聚在一起，在恩戈罗恩戈罗火山口（Ngorongoro Crater）地区奔驰而过时，它们被捕食者吃掉的风险会降低很多。现代人身后没有狮子追捕，但是莉拉说得很对："一旦成为父母，就好像突然变成了这个专属俱乐部的一员，身处其中的父母们明白你正在经历什么，而且愿意帮忙。"

不过，值得一提的是，有时候虽然你的朋友不是父母，但他们也可以帮忙，而且愿意成为你生活的一部分。前文提到的戴帽乌叶猴中，拟母照料（allomaternal care）——由猴妈妈以外的雌猴看护——非常普遍，而且经常是没有经验的雌性，它们喜欢宝宝并乐于帮忙。与许多妈妈一样，野生戴帽乌叶猴不愿意把自己的宝宝交给其他雌性，尤其是那些自己没有孩子的雌性，但是接受帮助的妈妈们可以享受更多美好的"个人时间"，比如进食时间。

对人类而言，理想配置是一个关系紧密的部落，其中包括很多没有血缘关系的成员。城市生活为父母们制造了一系列新的阻碍，这就需要创建你自己的部落并寻求帮助。因为新手父母们经常要边工作边看孩子，连完成像做饭打扫这样基本的事情都有困难。如果你不愿意让朋友帮忙看孩子，还可以通过其他切实可行的方式来获得帮助，比如可以请朋友帮忙修剪草坪、购买生活用品或者做饭。黑脸厚嘴雀就是这么做的。

这些美丽的新热带鸟类和主红雀同属一科，它们生活在中美洲各地，包括哥斯达黎加，我在那里见过它们。我热爱哥斯达黎加，那是我最喜欢的地方之一，我喜欢那里的食物、野生动物，还有那里的人。黑脸厚嘴雀是聒噪的群居鸟类，它们使这个国家变得更加神奇。它们的群居规模相当大，以食用昆虫、种子、水果和花蜜为生。对于黑脸厚嘴雀而言，抚育幼鸟不仅仅是父母的事儿。不少成鸟都会带着食物到巢中喂养幼鸟。

许多父母觉得他们好像迷失了自我，失去了成为父母之前的个性；人们现在好像只把他们当成父母，而不是单独的个体。这对部分父母来说可能是具有挑战性的转变。我认为，通过借鉴黑脸厚嘴雀的策略建立一个稳固的网络，请求并接受（来自亲戚、非亲戚、其他父母或非父母的）多种形式的帮助，父母之间能够保持亲密关系并且更成功地养育子女。

自然小课堂：

- 如果为新手父母们提供更好的过渡支持，那么疲惫、洗澡次数减少、衣橱凌乱等问题说不定就都可以避免了。

- 那些学会像银喉长尾山雀一样分工合作的父母可以休息得更好，不至于过度疲倦，这样他们的孩子们也可以得到更多所需。

- 忽视与另一半的关系和缺少亲密相处的时间可能会给你和伴侣的关系带来恶果。不要忘记像鸡尾鹦鹉一样留一些拥抱时间！

- 对于那些没有孩子的朋友来说，一切也都发生了变化。有时候他们会想要帮忙，积累一些当妈妈的经验，那就让他们来吧！

- 不妨像黑脸厚嘴雀一样建立一个群组，请群组成员帮忙，从而更好地抚育后代。

第四章　父母之道

　　我自己没有孩子，这使我能够以"超脱的姿态"观察我的朋友和周围的人，看看他们是如何养育孩子的。这着实是一项精彩的行为学研究，其中包括各种不同的态度、行为和手段。有些新手父母对于养育孩子非常有信心，而有些则似乎对最小的事情都拿不定主意。而且，在如何育儿的问题上，每一对父母与其他父母、朋友和家庭成员之间常常存在分歧和冲突。这些争论相当激烈，有时候甚至超越了最具争议的政治或宗教问题讨论。

　　作为"育儿俱乐部"的局外人，我是在与我的朋友莉拉共进那顿难忘的午餐时开始意识到这些博弈的。莉拉是一个非常优秀的知识女性。那次我们在共同工作的大学附近吃午饭，当时她正腹部高隆，怀着第二个孩子。坐下后没多久，我就注意到她的脸色似乎比平时紧张，而且她还总是看手机，这太不像她的风格了。出于关心，我问她这是怎么了。也许是终于有机会吐露心声，她言辞激烈地开始了对婆婆的指责，情绪相当激动。

　　这本质上是一场权利的争夺。莉拉和她的丈夫在育儿方面都认为应该支持和鼓励他们的女儿逐渐变得自立。他们的第一个孩子埃琳

（Erin）在大约18个月大的时候就可以独立活动了，尽管走起路来晃晃悠悠的，就像不倒翁，但只需一点点帮助就能够爬楼梯。与其他同龄人一样，她能在一定程度上自己喝水吃饭。在埃琳的弟弟出生后不久，莉拉和她的丈夫准备回归工作，所以他们决定请家里的老人来帮忙，并认为这是比日托更好的选择。

那么问题出在哪里呢？遗憾的是，爷爷奶奶过于溺爱埃琳，在照看她的过程中逐渐瓦解了此前埃琳所积累的独立生活技能。他们去哪儿都抱着她，阻止她独立做任何事情。莉拉很生气。通过家庭会议以及平和的谈话，她和丈夫多次表达了他们认为正确合理的育儿方式，但爷爷奶奶有自己的主张，依然坚持用自己的方式（即他们所认为的正确的方式）照顾孩子。情况变得越来越糟，莉拉正琢磨着下最后通牒：要么用我们希望的方式带埃琳，要么离开。

后来我慢慢明白，让一个18个月大的孩子自己做力所能及的事情，只是造成家庭矛盾甚至离间友谊的诸多育儿争议问题之一。单单在母乳喂养这个话题上就有一箩筐的问题：是否要母乳喂养？在公共场所还是私人空间喂？每次要喂多久？相反，有的父母可能与莉拉和她的丈夫不同，总是纠结自己在育儿方面做得对不对。这场战争的对手不是其他父母或家庭成员，而是自己头脑中的声音，因为他们在质疑自己的选择，而且对一切都感到内疚。随着更多的朋友变成父母，我开始熟悉育儿战场上的各种"战争"，也开始思考我的研究是否可以提供一些借鉴。显然，这些争斗不会有赢家，所以我想最好还是不要把自己卷入其中。也就是说，我决定不明确地提倡哪种做法，而是把这些问题置于自己的研究中，看看动物们是如何应对的。

母乳喂养那些事

不妨从喂养我们的孩子讲起,因为这是我们所做的最自然的事情。作为哺乳动物,人类的后代通常吸吮来自母亲的乳汁。然而这么简单的事情却充满争议:母乳是最好的吗?随时随地都可以喂奶还是只能在私人空间哺乳?喂多久最好?3个月、6个月还是8年?……在解决如何喂养孩子的问题之前,让我们先开阔一下眼界。养育能够增加后代的存活概率,在喂养新生儿这个基本问题上,自然界的动物们有各式各样的做法。

其中一种堪称非常规的方式是让后代把自己吃掉,专业术语叫"食母"(matrophagy)。沙漠蜘蛛的妈妈为了让它的孩子们有一个良好的开端而选择了这种极端方式。正如它们的名字所暗示的那样,这些长相奇怪的蜘蛛生活在沙漠地带。你可能觉得在沙漠中找个地方织网会有些挑战,但是沙漠中也有植物,那些植物就是这些蜘蛛的栖身之所。

在自己的网上与雄蜘蛛交欢后,沙漠蜘蛛的准妈妈将受精卵囊包在一个丝球中,放在嘴巴附近。蜘蛛妈妈一边保护将要到来的蜘蛛宝宝们,一边捕食各种营养丰富的昆虫。当小蜘蛛们将要孵化时,蜘蛛妈妈会帮助它们摆脱丝球的包裹,并开始反刍之前吃掉的食物。这会促使大量消化酶进入蜘蛛妈妈体内,慢慢地从内部将其溶解。整个过程大约持续两周,在这期间它会一直保护和喂养自己的孩子,直至死亡。最终,蜘蛛宝宝们会把它的遗体吃掉,然后独自出去闯荡世界。

诚然,这是一种极端的育儿方式,但也有其优势所在。存在"食母"现象的物种,其后代的存活率更高,因为它们在离开家之前可以长得更大。更何况母亲还会保护它们大约两个星期——虽然坦白地讲，随着一天天被孩子们吃掉，它的防御能力也在逐渐下降。实验表明，那些被从母亲身边带走且无法得到额外营养的后代，其存活率会大幅下降。

生活在肯尼亚的泰塔山蚓螈喂养后代的方式也相当另类。这是一类长得像蛇一样的无足目两栖动物。蚓螈宝宝们刚孵化时就长有锋利的牙齿。别担心，它们不会吃掉自己的母亲——至少不会完全吃掉。当蚓螈宝宝们还在蛋壳中发育时，蚓螈妈妈就已经开始做准备了。它的表层皮肤会变厚，充满脂肪和蛋白质，就像人类的乳汁。当小蚓螈破壳而出，它们会用自己的牙齿啃食妈妈的皮肤。你可以想象一下，人类的婴儿有多么贪吃，这些小蚓螈也不例外。它们会吃掉妈妈每一寸富含营养的皮肤。到它们做好准备可以离开巢穴的时候，蚓螈妈妈会失去大约 14% 的体重，看起来苍白憔悴。

不管用哪种方式，喂养孩子都需要花费很多精力。但是，出现真正的泌乳是哺乳动物演化中的关键时刻，乳汁保证了妊娠期结束后营养物质的输送，也使亲代得以直接向子代传递免疫能力，因而提高了后代的存活率。而且，不是只有与人类一样有乳腺的胎盘类哺乳动物才为后代分泌乳汁。针鼹鼠（也叫针食蚁兽，但并非食蚁兽的近缘物种）就是一种没有胎盘的哺乳动物。我的研究生导师曾经讲过，针鼹鼠可能是一种真正的随机捕食者（random foragers）。大多数动物在寻找食物时都会制订计划，哪怕这个计划只是为了避免成为其他动物的猎物。所以我经常想象针鼹鼠笨拙地四处走动，小脚支撑着身体左摇右晃地穿越森林，期待着碰到点吃的。每当这时，它们看起来就像喝醉的酒鬼。研究发现，它们长长的鼻子里有特殊的细胞，能够探测

野性与温情：动物父母的自我修养

昆虫发出的电信号，所以它们主要靠鼻子寻找食物。

回到哺乳这个话题上。蚓螈来自一个不寻常的类群，叫作单孔目。虽然它们产蛋，但属于哺乳动物，因为它们用母乳喂养幼崽（puggles），而且像人类一样通过乳腺泌乳。它们的乳汁中含有酪蛋白、脂肪、灰分、岩藻糖基乳糖和二岩藻糖基乳糖。二岩藻糖基乳糖也存在于人奶中，具有预防感染和疾病的能力。它还能促进重要益生菌的生长。所以，纵使人类与蚓螈存在巨大的差异，但我们为宝宝准备的食物却惊人地相似。

尽管各物种分泌的乳汁中脂肪、蛋白质和其他物质的含量不同，带来的好处却基本相同：提供丰富的营养、增进亲子关系和增强免疫力，最后一点应该是最重要的。有趣的是，要想充分发挥"增强免疫力"这一功能，需要宝宝的唾液与妈妈的奶水混合。我第一次得知这点是在一个名为"哺乳动物趣闻"的精彩博客上。这让我想到了最近的一些研究，这些研究表明母乳和宝宝的口水中包含一种相同的酶，且含量很高，当二者混合到一起时，会产生足够多的过氧化氢，从而阻止葡萄球菌和沙门氏菌生长，同时促进婴儿肠道益生菌的生长。所以说，乳汁和宝宝的口水结合后能够给潜在的细菌感染带来一记重拳，而配方奶在这方面是无法匹敌的。我对流口水的宝宝的看法也从此改变了。

宝宝口水中这种高含量的酶现在被认为有助于预防因乳腺导管阻塞而引发的乳腺炎。有些专家曾错误地告诉妈妈们，宝宝口腔里的细菌会导致这种痛苦的炎症。显然，这些专家没有跟上最新的科研成果。虽然宝宝和妈妈体内酶的水平肯定有所不同，但我不认为在分娩过程中使用抗生素与患上乳腺炎甚至鹅口疮的可能性存在关联。乳腺导管阻塞的原因有很多，但绝对不是宝宝的错！

其中一个原因是乳汁淤积。如果乳汁流通不畅，就会发生阻塞，继而导致乳腺炎。芭芭拉，那个孕期对土豆情有独钟的人类学家，偶然测出 B 族链球菌阳性并在分娩过程中使用了抗生素。据她所说，疏通乳头简直比生孩子还要痛。但是，为什么乳汁会流不出来呢？在有些情况下，妈妈无法帮助新生儿吸吮乳汁。那个生下大头宝宝的希拉在第一次试着给儿子喂奶时遇到了另一个演化方面的问题："既然所有哺乳动物都用母乳喂养，而母乳喂养对孩子又是如此有益，那为什么有些人还会遇到这么多问题呢？"

人类以及所有类人猿、短尾矮袋鼠（一种有袋类动物）和其他许多物种的宝宝，在出生之后都可以在没有帮助的情况下马上自主靠近乳头。没错，如果你把一个人类婴儿放在妈妈的胸口，对婴儿而言乳头就像闪光的灯塔，象征着食物和其他好东西，小宝宝无需外界帮忙就可以条件反射似的靠近它。希拉得到了哺乳咨询师的帮助。她很幸运地住在瑞士，这个国家为妈妈们提供很多支持服务，专业人士甚至会到家里帮忙。

当然，困难也是有的。有时候是位置的原因。因为人类婴儿吸吮乳汁的方式与其他物种不同，所以乳头只能长在这样的位置。尽管吸吮本能很强，但若乳头位置不好会让所有人沮丧。在这场斗争中我们并不孤单。我们与那些灵长类远亲——如黑猩猩、狒狒、猕猴和绢毛猴——都需要学习如何哺乳。它们是如何学习的呢？方法是观察同伴的做法。所有的类人猿（如黑猩猩、大猩猩、红毛猩猩）都是这样做的。

人类乳房的形状和婴儿不同的吸吮动作说明，与其他灵长类动物相比，人类在给婴儿哺乳时面临着最大的困难。很多事情都需要技巧，哺乳这件事也一样。妈妈们需要去学习这些技巧。宝宝张开嘴后，妈妈要把乳头塞到宝宝的口腔深处。如果做不到的话，乳汁流动就会减少，乳头会发生皲裂、流血和堵塞——想想就好痛！我不知道我们从何时何地接收到了这样的信息：给宝宝哺乳是自然而然的且毫不费力的神奇过程。对有些人来说，可能的确如此，但很多妈妈都会遇到困难。这种"哺乳应该很容易"的错误观念可能会导致自卑和焦虑情绪，引起不必要的心理创伤，使新手妈妈们无法完成最重要的任务之一：给宝宝喂奶！

像我这样的进化生物学家普遍认为，人类与其他灵长类动物一样，需要向同伴学习如何喂养我们的孩子。同时，即便在接受引导之后成功开始哺乳的妈妈们也必须面对如下问题：人类社会反对无限制的哺乳。我们是唯一面临这类"问题"的动物。选择之一是：像我的朋友芭芭拉那样做。芭芭拉是一名老师，她带着孩子去教室，当女儿有些躁动时，她会先试着"按兵不动"，但往往最后还是要请出乳房这个法宝，塞进女儿的嘴里，然后继续讲课。此时所有学生都会为她鼓掌，而原因并不在于小埃米莉（Emily）终于不再吵闹。

对有些人来说，哺乳遇到的困难无法克服，幸运的是我们还有其他选择。如果一位黑猩猩妈妈无法顺利哺乳，它的宝宝就会死亡。在配方奶被发明之前，人类的情况也是一样，除非找到其他帮手（即来自父母以外的照顾，第八章中会详述）。配方奶在很多国家都不普及，超过98%的母亲会母乳喂养宝宝到6个月至2岁，甚至更久。在美国和其他西方国家，母乳喂养的比例要低一些，仅仅6个星期后母乳喂养的比例就会降至55%。这与所有公共卫生部门和世界卫生组织的建议背道而驰（同样也违反了演化的需求），建议哺乳时间要长得多，至少需6个月才能确保宝宝的健康。这种现象背后的原因是多方面的，如商家大力推广配方奶、缺乏关于如何哺乳的培训、社会和工作环境对哺乳的限制以及许多妈妈内心的恐惧和羞愧感。一方面，我们坚信母乳是最佳的选择（事实的确如此），要求女性独自完成这件事；另一方面，却又折磨、限制、反对或羞辱母乳喂养的妈妈们。这当中存在着严重的认知失调。

退一步讲，如果你能够像芭芭拉那样做到忽略这些，坚持母乳喂养，那么需要喂多久呢？这很难回答。其他动物在母乳喂养时间长短的问题上有很多不同的"回答"。至少可以肯定的是，母乳喂养时间的长短很大程度上取决于后代的发育类型。

比如，冠海豹妈妈们就完全不用担心母乳喂养时间太长的问题。冠海豹属于无耳海豹（被认为是真海豹）的一种，有些不同寻常。它们可以深潜，将血液输送到皮下的脂肪层，流线型身体使其能够高效地长距离游泳。雄性冠海豹还有另一个特点：一个可以充气和放气的可伸缩鼻腔。这也是它们名字的来源。由此产生的声响也相当大。

冠海豹妈妈们的泌乳只持续4天而已，是哺乳动物中时间最短的。但在这4天时间里，它们的乳汁简直称得上"超级乳汁"——幼崽们平均每天增重10到12磅！这闪电般的生长速度归功于乳汁中的脂肪含量——约60%到70%——而且幼崽们是躺着吸收了所有摄入的脂肪。与其他大多数海豹种类的雌性经常往返忙碌不同，冠海豹妈妈在这4天里什么都不干，专心喂养幼崽。

　　　　　　　　　　野性与温情：动物父母的自我修养

为什么冠海豹的哺乳时间如此之短呢？因为它们在北大西洋和北冰洋的冰天雪地中生产，加上幼崽身上包裹着一层厚厚的脂肪以抵御极端环境，天生体型较大，约为冠海豹妈妈自身大小的 15%（相当于一名体重 140 磅的女性生下一个大约 21 磅的宝宝），所以产崽过程会消耗巨大的能量。冠海豹宝宝天生有这么多脂肪，这能够使哺乳时间缩短，但是必须"高强度"：幼崽平均每天要吃掉 15 到 17 磅乳汁，而且几乎将其全部转化成身体组织。这样一来，与其他海豹相比，冠海豹妈妈就可以在生产后用最短的时间哺乳。

与冠海豹产生鲜明对比的是红毛猩猩。我遇到的第一只红毛猩猩名叫鲁比（Ruby），当时它只有 3 岁，而我在佛罗里达州类人猿中心做志愿者。那时，保护区设在鹦鹉丛林（现在的丛林岛）。鲁比是由鹦鹉丛林当时的主人喂养的，经常在丛林体育馆驯兽员的引导下表演。它曾不止一次地越过围栏从一个不知所措的人类婴儿或幼儿手里抢走奶瓶。这个抢奶瓶的嗜好一点也不足为奇，因为相比其他陆生哺乳动物，红毛猩猩的哺乳期要长 7 年。3 岁大的鲁比无法控制自己不吃奶。

为什么红毛猩猩的哺乳时间如此之长呢？因为它们的生长速度是所有类人猿中最慢的，雌性红毛猩猩在大约 15 岁时才会有第一个宝宝。而且它们的脑部非常大。大多数拥有较大脑部的动物，包括人类，都需要更长的时间成熟。这就要求多年的哺乳期，因为后代的生长速度不够快，无法从食物中吸收足够的营养。红毛猩猩就是如此，它们的大部分食物是水果。虽然它们在 1 岁半的时候就开始过渡到固体食物，而且随着年岁增长，固体食物的摄取量也越来越大，但是如果它们被迫完全依赖不可预测的水果供应而生存，就会挨饿。对红毛猩猩和其他动物来说，断奶是一个循序渐进的过程。最终，相对于供应营养，哺乳更多的是起到安慰幼崽和加强亲子纽带的作用。

鉴于我们的头部很大，发育又慢，那么我们应该像其他大脑袋的哺乳动物一样母乳喂养好几年吗？世界上大多数人的母乳喂养时长都在 2 到 3 年。现在有些人想跟红毛猩猩一样母乳喂养 7 年时间，对此我只想提出一个问题：有没有一种客观的方法可以解释，在生物学基础上人类需要的是什么，以及人类如何与其他动物进行比较？

就科学家而言，我心中的英雄是蒂姆·克拉顿 – 布罗克（Tim Clutton-Brock）。他的研究和论文是我在社会行为学研究方面的支柱。他关于一系列物种和主题的精彩研究对我非常有启发，因为我不愿意在整个科研生涯中只研究一个问题或一个物种，而他就是那个让我知道的确不必这样做的科学家。早在 1985 年，他和一位同事就提出了一个很有趣的问题：我们可以仅仅根据体型大小来预测诸如妊娠和哺乳这类事情的持续时长吗？这是一个很难回答的问题，因为体型大小涉及很多因素。

比如，我们知道身体越大，脑部就越大，妊娠期就越长，生的孩子也越大，宝宝发育的速度就越慢。但是，克拉顿 – 布罗克和他的科研团队发现了一些非常有趣的现象：在许多灵长类动物中（包括人类），妈妈的体型越大，后代的平均断奶年龄越大。这是一种异速生长关系，即动物的一些生物学特征会随着体型大小而发生改变。在母乳喂养的问题上，这种关系是如此紧密，用一个公式就可以预测 100 多种灵长类动物（包括人类）的平均断奶年龄，只要知道母亲的体重即可。公式如下：

$$\log（断奶年龄）=\log（2.71）+0.56\times\log（母亲的体重）$$

其中，母亲的体重以克计算

值得注意的是，根据这个公式算出的断奶年龄不会有太大差别，最多也就是 1 年左右。即便是超重很多的妈妈，哺乳时间也不会因此增加好多年。那么，这个公式的计算结果与我们在人类文化中所看到的相符吗？体重在 110 到 150 磅之间（计算时需要换算成克）的成年女性，依公式算出的后代断奶年龄在 1.95 到 1.97 岁之间。从全球范围来看，这个结果与妈妈们大约哺乳到 2 岁的事实非常相符。属于例外的是像美国这样的西方社会，哺乳时间少于 4 个月是常态。这对孩子是有害的，并将影响孩子未来长期的健康成长。同时，几乎也没有实证支持我们把孩子当成红毛猩猩宝宝来对待。

自然小课堂：

- 人类是哺乳动物。哺乳动物会泌乳，婴儿吸吮妈妈（或者爸爸——不要忘了那些棕榈果蝠）的乳汁。
- 母乳喂养能够提供配方奶所不具备的重要营养，有利于宝宝健康。
- 我们需要学习如何母乳喂养。这不是天生就会的——不光人类如此，许多其他灵长目动物也是如此。要向那些有经验的人学习！
- 在哺乳时长这个问题上，有一个合适的区间，但是差别不大。根据我们自身的生理特点，2 至 3 岁是合理的断奶年龄。如果你的孩子已经可以用完整且语法复杂的句子要奶吃，那便是超龄太多了。

传统的育儿方式

作为人类，我们热衷于做、被迫去做而且一直在做的事是把生活中的一切事情都打上标签，进行分类后再执行。在做完这些之后还不够，我们还要对结果进行评价，分为好的、坏的、更好的和更坏的。所以不用说也猜得到，"更好的"育儿方式也有对应的标签，例如"烤麦片式育儿"和"嬉皮士育儿"*。我们已经看到，育儿方式多种多样。在喂养后代这个问题上，我们讲了泌乳、母亲将自身"液化"和用皮肤喂养宝宝，而这些只是冰山一角。显然，对人类来说，泌乳比用皮肤喂养更加妥当，但那是基于我们的演化史而言，而不是因为这种育儿方式比其他方式在道德上或生物学方面更加优越。我的意思是说，人类父母用皮肤喂养婴儿显然有悖于道德，但这就不是本书要讨论的范畴了。

人们可以观察自然界的现象，并将观察结果作为参考依据，比如应当母乳喂养孩子到 6 岁、7 岁、8 岁甚至更大才好，因为红毛猩猩就是这样做的。这里无法面面俱到，所以我重点选择了两个问题：使用婴儿背带和陪睡。

我第一次见到婴儿背带（以下简称背带）是在 1999 年，当时我在北亚利桑那大学攻读生物学硕士学位，这种产品还没有流行起来。学校里一位工作人员休完产假回来上班时，把孩子包在一个奇特的装置里，它很快就引起了我的好奇心。我觉得这样做很聪明，可以

---

* 原文为 "crunchy granola, or hippie, parenting"，直译是脆烤麦片式育儿或嬉皮士育儿，意为使用老一辈的传统方式育儿，比如只吃有机食品、不打疫苗、使用尿布而非纸尿裤，等等。——译注

解放双手。现在的背带其实无异于生活在卡拉哈里沙漠（Kalahari Desert）的非洲原住民宫族人（!Kung）多年以来的做法：他们用带子把婴孩绑在身体一侧，这样就不会耽误狩猎和采集。

如今，背带的使用非常流行，关于这个工具的作用有许多说法。比如，如果使用背带，宝宝就会长得更聪明、更健康。为什么呢？因为这样宝宝就会较少哭闹，于是他（或她）就有更多的时间学习……很抱歉，我不得不打破这个传言：没有科学依据能证明这种关联。不过，背带是真的非常实用。人们需要背带，因为大多数母亲（和父亲）并非无事可做。而且把宝宝带在身边是有必要的。这就是为什么数千年来，世界各地的父母无论去哪儿都用背带把孩子带在身上的原因，不管采用什么方式。

除非我们谈论的是海獭。海獭看起来很可爱，但我们不要把它们表面上的嬉闹错当成友好。海獭妈妈非常具有奉献精神，以至于它们经常在幼崽死后还继续照顾它们，不愿意抛下它们不管。海獭宝宝大约在一个月后才会游泳。这给海獭妈妈的生活带来很多挑战，因为海獭是在水中生活的。所以在第一个月，海獭妈妈们大部分时间是把宝宝放在自己的肚子上，边浮在水中，边休息、喂奶或给幼崽梳毛。一岁以下的幼崽在第一个月除了吃和睡基本上什么都不做。但是，海獭妈妈也需要进食。有些海獭妈妈会在潜水捕食时把幼崽用海藻包裹起来，从而让它们保持漂浮的状态。而且海獭幼崽有一身特殊的厚实皮毛，可以存住一层空气，能让它们在短暂的时间内保持漂浮。但有时候被单独留下后，它们也会溺死。

很明显，人类不是唯一需要想办法解决如何才能随处带着宝宝这一难题的物种。提到狼蛛时，你首先想到的可能不是母性的伟大。在野外狼蛛会毫无防备地冲向你，这相当恐怖，而且它们常常毛茸茸的，个头不小。

狼蛛在夜晚的大多数时间里都很活跃，因此要观察它们的育儿行为颇具挑战。但是，通过观察斑点狼蛛，人们发现狼蛛妈妈甚至会在宝宝们出生前就随处带着它们：装有珍贵的狼蛛小宝贝们的卵囊与它的腹部相连。狼蛛妈妈对正在发育的后代非常上心。在一项非常残忍的实验中，一名科研人员曾将狼蛛的卵囊切开查看，后来狼蛛妈妈试图将那些散落的卵重新收集起来做成一个新的卵囊。当发现这是徒劳后，它就干脆用自己的身体将卵盖住，直到宝宝孵化。

但是，真正有趣的事发生在狼蛛宝宝们孵化之后。一旦它们从卵囊中出来，就爬上妈妈的"背"——其实是妈妈腹部的背面。每只蜘蛛宝宝找到安全的地方后就会趴在那里抓牢。大概有50到300只小蜘蛛将一起待在母亲的背上长达数周。蜘蛛妈妈不进食，但是宝宝们会和它一起喝水，并且把它的足当成梯子爬上爬下。

在日本，妈妈们也有把宝宝背在背上的传统，用的是叫作"onbuhimo"的背带。这种背带轻便而结实，很像一个双肩包。我在上大学时见过这个东西，不过不是在课堂上，而是在日本餐馆。那时寿司在美国还很少见，售价高昂，因此在日本餐馆打工报酬最丰厚。我在紫藤花餐馆打工时，遇到了诺布罗（Noburo）。他来自日本冲绳的一个小岛，家里有种植郁金香的苗圃，为荷兰供货。他当时是——现在仍然是——南佛罗里达州的顶级寿司师傅之一。我们是很好的朋友，曾在一起合住了6年。

认识诺布罗不久，我就注意到他的后脑勺形状有些奇怪：看起来像木板一样平。于是便直接问他原因——我可从来不是一个顾虑提问"时宜"的人。他告诉我，他的妈妈没有使用能让婴儿头部自由活动的 onbuhimo 背带，而是用木板和布条自己做了一个。妈妈在郁金香地里忙活的时候，他的头是靠在木板上的。在那之前，我一直都不知道原来头骨还可以用这种方式塑形，当然这是有道理的。婴儿的颅骨需要一段时间才会闭合。头颅的六块骨头开始是分开的，仅在缝隙处相连，这样可以在婴儿出生后的头一两年适应大脑的快速生长。对后脑勺持续施压会让这些柔软的骨头变平。其他原因也可能造成这个结果，通常是由于宝宝被长时间平放在婴儿床、游戏围栏或地板上。如果早点注意到这个问题，宝宝的头形是可以得到矫正的，但是宝宝必须得长时间佩戴一个特制的医用头盔。

当然，有些妈妈喜欢或需要把宝宝放在身前，而不是背后。虽然大多数灵长类动物的宝宝一出生就有能力紧紧抓住母亲或父亲的毛发，不管父母是穿梭于树梢之间还是在地上奔跑都能抓牢，但直到它们长大一些才能安稳地骑在父母背上。这就是为什么大多数灵长类动物把宝宝放在身前的原因，而且经常用一只手护住宝宝，至少在最初是这样的。

作为演化的"残余"，人类的新生儿也具有这种抓握能力。人们常常会惊讶于婴儿在弯曲手指或脚趾抓东西时所表现出的看似超人的力气。不管是男孩还是女孩，体重是轻还是重，用左手还是右手，这种叫作"抓握反射"的本能反应在他们出生后 72 小时内会显著增强。当然，如果人类不是由于其他更好的原因而失去了大部分身体毛发，我们很可能还在使用这种"抓握策略"，这样的话，宝宝几乎不用借助外力就可以挂在父母身上。不幸的是，事实并非如此，所以我们不得不依靠其他机制和工具。

动物没有能力制作背带或提篮来装运自己的孩子，但是人类与青腹绿猴采用的一个共同方法是请"别人"帮忙抱宝宝——简直是天才！我在想这也许就是妈妈们常说"来，你想抱着他（她）吗"的原因。诚然，在所有物种中，大多数妈妈都不愿意让别人——尤其是非亲属——靠近自己的宝宝，更别提抱着它们了，至少在开始时是这样。黑猩猩妈妈们在宝宝长到 4 个月之前是不愿意把它们交给"他人"的。但是在宝宝出生大约 1 个月后，青腹绿猴妈妈就会让比较年轻的没有经验的雌猴来帮忙了。

青腹绿猴是小型旧大陆猴，生活在非洲各地。它们对我们理解社会行为的演化研究做出了重要贡献。然而，我与青腹绿猴打交道却并非因为科研工作。在南非旅游时，我有幸参观了克鲁格国家公园（Kruger National Park）。那一直是我的梦想。在进入公园后，我就被告知必须严格遵守以下规定：不要开车窗，不要下车（说真的，永远都不要这样做），黄昏前要回到营地，在任何情况下都不要投喂动物。这些规定相当直白，一点都不复杂。我看到了狮子、猎豹、鬣狗、狒狒、大象和一头犀牛，还有青腹绿猴。人们似乎忘记了那些注意事项，尤其是投喂食物那条，这对他们自身和动物都不利——更别说其他人了，比如我自己。

我当时刚刚拿到硕士学位，对研究野外动物特别有信心。但是，在公园里一处可以安全下车的休息站，当我正要坐下吃三明治时，一只青腹绿猴尖叫着出现在桌子的另一边，这把我吓坏了。它一把夺走了我的食物，还不无挑衅地盯着我，仿佛在说："现在你准备怎么办？"我想我的做法是明智的：让猴子吃掉了我的三明治。

青腹绿猴妈妈可以带着宝宝自由活动，因为在它四脚朝地时，宝宝紧紧抓着它的腹部，当宝宝长大一些就可以骑在它的背上。当然，额外负重终归是个体力活儿。也许这就是为什么当另一只母猴想要帮猴妈妈抱孩子时，大约在一半的情况下猴妈妈是允许的。但不是随便哪只母猴都可以。接近成年，即青少年的母猴，比年幼的母猴更经常被允许抱宝宝，也许是因为它们做得更好。帮忙带宝宝的母猴也会有所收获，因为它们积累了实践经验，这样当它们有了自己的孩子后就能成为更好的母亲。

这样看来，青腹绿猴和传统的狩猎采集民族非常相像：宝宝一直都被人带在身边。社区中的每个人都在活动，所以新生儿经常并不是被亲生母亲带着。不管用何种方法，这种行为最终都会停止。黑猩猩会在宝宝 3 岁或 4 岁之前把它们带在身边。这是因为黑猩猩宝宝们不仅要学会如何辨别方向，还要积累攀爬移动的信心和力气，有时候需要在树木间快速移动。能够走路与快速奔跑而不跌倒之间是有区别的。这对我们来说意味着什么呢？虽然让父母们随处带着宝宝这个"重物"是不现实的（对人类和动物来说都一样），但是大多数时候宝宝们还是被抱着或带在身边。对人类和其他灵长目动物来说，在幼年时期一直如此。父母们是如何做到的呢？答案是向朋友和家人寻求帮助。

有一次我去一个做了腹部手术的朋友家里帮忙。当时她 7 岁的儿子在沙发上睡着了，她期待地看着我。我说："你想让我叫醒他吗？"她大笑道："不是，我想请你把他抱到床上去。"之后，我抱起这个小孩——其实也不是太小——步履蹒跚地挪向他的卧室。为了安慰自己，我一直在想，他看起来睡得真香——多么可爱啊。但同时我也在想，这孩子完全可以自己走，真想现在就把他叫醒，因为他太重了！所以说，这是有年龄限制的。一旦宝宝学会好好走路，他们被抱着的时间就开始减少了。而且抱与带之间是有区别的。你可以随便摸，随便抱，但是在6岁以后就不要去哪儿都把宝宝带在身上了！

说起搂抱就自然提到了睡觉的问题，也可以叫陪睡。大多数提供大量产后照料的动物都会与孩子们一起睡觉。鸟类的父母不会单独建一个仅有成鸟居住的鸟巢，小嘴狐猴不会把幼崽留在另一个树洞里自生自灭。话虽如此，宝宝们需要大量睡眠，有时它们打盹时妈妈并不在身边。小鹿经常遇到这种情况。当人们遇到一头小鹿，许多人会错以为它被父母抛弃了而去"解救"它。当鹿妈妈回到藏身之处却发现小鹿不见时，它的痛苦和惊慌虽然无法量化，但是我敢肯定对它来说那一定不是小事。

有时候，比如对海獭来说，与宝宝一起睡觉是必要的，因为我们知道海獭宝宝不会游泳，所以需要在妈妈身上睡上一段时间。我们不知道，如果可以选择的话，海獭妈妈是否会把幼崽整晚都放在别处睡觉。但我们可以确定的是，对许多其他动物来说，睡觉时妈妈不在身边会导致母亲和孩子的皮质醇水平升高。我不想提及那些可怕的实验，即灵长类动物的婴儿或老鼠宝宝被从妈妈身边带走，不能与它们一起睡觉……但这些实验说明了陪睡对父母和孩子的重要性。这适用于人类吗？我们没有理由质疑这一点。

孩子要与父母一起睡多久才合适，则完全是另一个问题，这与它们需要多久才能长大密切相关。其貌不扬的加利福尼亚小鼠是典型的共同育儿物种之一。它们生活在加州的茂密灌丛中，从旧金山向南延至下加州半岛。雄鼠和雌鼠结成终身伴侣，虽然其寿命不足 2 年。在世上短暂的时间里，它们生活在似乎永恒的家庭中，年长一些的孩子们依旧在妈妈、爸爸和新生宝宝的巢穴附近活动。鼠妈和鼠爸通常会挤在一起，与最小的宝宝一起睡觉，但随着时间推移会逐渐减少。当鼠宝宝到 30 天大时，鼠妈和鼠爸每天大约只有 7 小时与它们一起待在巢穴。那么到了晚上，加利福尼亚小鼠会变得更加活跃吗？到那时会发生什么？在前几周里，鼠妈和鼠爸会轮班，这样至少有一名父母会待在巢中陪伴宝宝。

加利福尼亚小鼠在睡觉方面的安排，恰恰是 19 世纪前几乎所有人类的做法。直到今天，如果排除大多数西方文化中的做法，父母与孩子一起睡觉仍然是世界各地的常事。没错，父母陪孩子睡觉在人类的演化史中根深蒂固。我们需要扪心自问，尝试违背生物学和演化史的新式育儿行为是否会给我们的后代造成伤害？

在睡觉这个简单的问题上，对演化观点的忽略造成了一种脱节，即婴儿能够适应和处理的事务与我们认为的符合文化理念的最佳做法不相匹配。这也许就是为什么婴幼儿的睡眠问题是美国等西方社会中最大的育儿问题，但是这个问题在其他地区几乎不存在。而且睡眠问题会一直持续到成年：大约 60% 的美国人有睡眠困难。

虽然我很少建议"看我们最近的灵长类近亲是如何做的"，

但在这个问题上是合适的。我们与黑猩猩有很多共同的特征，包括DNA、文化习俗的传承、社会行为以及后代的成长发育。正如上面已提到的，与其他灵长类动物一样，黑猩猩妈妈会在最初三四年的时间里随处带着幼崽，开始是在胸前，之后背在背上。关于珍·古道尔博士对贡贝黑猩猩研究成果的几部电影都花了大量时间来介绍黑猩猩的睡眠情况。黑猩猩宝宝在五六岁前只和自己的母亲一起睡觉。同时，它们会练习筑巢的本领，所以雌黑猩猩一般不需要强迫孩子"自立门户"："分家"是自然而然的事。

有些人错误地认为，如果他们不马上让宝宝单独在房间睡觉，孩子就会变得依赖性很强，以后都将拒绝独自睡觉。这种误解再次拜费伯博士所赐，事实正相反。有确凿的证据表明，从一开始就与父母一起睡觉的婴儿会感到更安全，将来会更有自信、更加自立，而且在交友方面更为成功。

此外，还有许多其他好处。第一，有安全感的孩子更有动力变得自立。第二，母乳喂养和如厕训练更加容易，因为父母与婴儿（或孩子）睡在同一张床或同一个房间，这样大家都能睡得更好。而且研究表明，母乳喂养的速率和持续时间在陪睡的情况下会提高。不过，也许陪睡最令人惊讶的效果是可以降低婴儿猝死综合征（SIDS）的发生率。婴儿猝死综合征在将同床或陪睡视作惯例的地方基本不存在。这可能部分归功于母亲和婴儿之间的信息反馈，即便婴儿就在同一个房间，母亲也总是下意识地保持警觉和对婴儿的关注。而且与妈妈一起睡的宝宝更喜欢仰卧而不是俯卧，因为仰卧的姿势能让宝宝在夜间更容易触碰到乳房。与父母一起睡的婴儿体温更高，而且在神经活动上更倾向于回应同睡的人。与妈妈一起入睡是演化的结果，我们神经系统的特点证实了这一点。

我们也必须要认识到，虽然有了进化论的支持，但是并不意味着所有形式的陪睡都是同等安全的。如果你吸烟、饮酒、吸毒或者睡眠环境不佳，给婴儿造成伤害的风险就会增加。这些因素可能从根本上解释了为什么有些专家会得出"父母陪睡是危险的"这一结论。

自然小课堂：

- 使用斜挎带或背带，不仅能抱孩子，还能完成其他事情。这种做法不会让你成为嬉皮士父母，只会让你成为真实的父母。此外，你的宝宝不会因此变得更聪明或更笨——也许会更安静。
- 如果你真的想让自己放松一下，可以请信任的人帮忙，和你一起带孩子。
- 一旦孩子可以自己行走，就放手让他们走，但是你和其他可信任的成年人仍然可以经常拥抱和抚摸他们。
- 在演化过程中，人类婴儿适应了与父母一起睡觉，感官系统的特征也支持这一点。
- 世界上很多地方都把父母与孩子一起睡觉当成惯例。
- "自立"的文化意识衍生出了所谓的神话，即宝宝的吃饭和睡觉都必须遵循严格的时间安排，而且宝宝必须要独自睡觉。
- 并不是所有形式的陪睡都是安全的！要做好准备工作，学习怎样与婴儿一起睡觉才是安全的，从而选择最有利于宝宝身心健康的方式。

要不要出去工作？

这一章的题目是"父母之道"，因为尽管在社会生活中我们经常提到"职场妈妈"这个词，但其实我们应该谈论的是"职场父母"。如果我们要讨论妈妈们是否应该工作，那么鉴于人类已经演化成双亲物种，就需要在父亲是否应该工作的问题上采用相同的逻辑。我们在前面已经讲过，当今的文化准则并不一定符合生物学原理。所以，就像我经常采取的做法那样，我建议把文化习俗和信仰放到一边，从性别中立的角度探讨是应当待在家里还是出去工作。因为只要提到孩子的问题，传统习俗就是无关紧要的。

职场父母并不是一个新现象。在人类历史的大部分时间里，父母都曾工作。所从事工作的性质和内容以及由谁去工作，在不同地区和文化中都存在差异，随着历史时期的更迭也有所变化。例如，前面提到的宫族人，由于技术资源十分有限，他们必须依靠彼此才能生存，所以需要每名成员都做贡献。女性成员在传统分工上是采集者，但这可不是说只要在茂密的森林里漫步，随手将路边的各色浆果放入篮子就行了。

在卡拉哈里沙漠的严酷环境下，女人们可能需要从营地走出数英里，背着宝宝去采集坚果、水果和植物块茎，然后再返回营地。男人们狩猎，制造工具并负责日常维护。20 世纪 50 年代后期，更多美国女性在婚后成为家庭主妇，对她们来说，男人出去工作并带回食物是很自然的事。但对宫族人来说，事实却是肉食很难获得，整个部落高度依赖女人带回的食物。此外，宫族部落的父亲们会花大量时间与孩

　　　　　　　　野性与温情：动物父母的自我修养

子玩耍并照顾孩子，而现在美国父亲们每天陪伴宝宝的时间平均只有1个小时。

提到动物界的共同育儿，狮子是很在行的，因为幼崽生在一个大家庭中。在大多数狮子种群中，狮群由有亲缘关系的雌性和所有幼崽组成。雄狮是匆匆过客，在 2 到 4 年的时间里可能成为某个雄狮群的成员，与其他雄狮结成联盟（也就是几头雄狮共享一群雌狮）。雄狮作为父亲的声誉很差。说得夸张一点，雌狮承担所有的捕猎任务，而雄狮只负责尽展雄姿。雄狮的外形的确俊朗，当你在野外看到一头雄狮时，即便知道它很可能冲过来把你撕成碎片，也还是不禁被它浓密鬃毛衬托下的英姿所折服。这不是说雌狮不具魅力，而是当你看到一头雄狮轻松地奔驰而过（哪怕它只是打个哈欠），会让你更多地感受到狮子的凶猛和力量。总而言之，雄狮的确会捕猎，但次数多少可能取决于地点和猎捕的对象。还有一个误解是，雄狮有时会杀害幼崽，而且从来不看护幼崽。实际上，雄狮不会杀害自己亲生的幼崽。它们会与幼崽一起散步，而且特别宽容，有时候甚至与它们肆意玩耍。

你可能要说，像宫族部落这样的原住民社会以及狮群的情形与现代人毫无关系。但实际上"全职妈妈"是一个相对较新的社会现象。1950 年以前，美国大多数家庭的父母都出去工作，由亲戚们帮忙照顾孩子。关于美国式理想生活的宣传深入人心，每个人都认为成功的评判标准是看你的妻子是否在家与孩子们待在一起。因此也就有了如下观念：妻子成为全职妈妈是养育孩子的"最佳"方式。事实上，我认为这种观念已经使几代美国人对于家庭是什么以及应该如何养育孩子产生了扭曲的看法。

仅仅依靠一个人挣钱只适用于富人和贵族家庭。即便在这些家庭中，也不是妈妈待在家里照顾孩子——那是保姆的工作。直到今天，我们还是会看到这样的现象。对有些人来说，雇佣一名保姆意味着自己已经取得了某种地位。在富有的家庭，就算妈妈不工作，也会有保姆或其他看护者承担日常的育儿责任。但是我想重点讲讲既工作又照顾孩子的父母（因为大多数父母都是如此）。

在这方面，鸟类是很好的范例。让我们仔细研究一下疣鼻天鹅的策略。很多人都熟悉这种体型大而举止优雅的天鹅，它们身披洁白的羽毛，橘黄色的喙精致装点着些许黑色。这副长相让我想起佐罗。不过它们并不来自北美本土。我在佛罗里达州的棕榈滩动物园（Palm Beach Zoo）做志愿者时，懂得了一个道理：千万不要与疣鼻天鹅（或任何一种天鹅）互动。当时的我还没想好要从事什么职业，认为也许在动物园工作是一个好主意。我的大多数时间都花在喂养动物和清理它们的粪便上。很多很多的粪便。

我负责的区域之一是貘的生活区。貘是一种神奇的生物，长得像奇怪的猪。在它们的生活区有一对天鹅。因为貘在一大片绿地后面，每次我去那里都要经过那对天鹅。我第一次进去的时候毫无防备。从高尔夫球车上下来后，我的余光瞥见一些东西。我转过身，看到一只非常大的疣鼻天鹅正朝我冲过来，就像一名相扑运动员低头扑向对手那样。它离我越来越近，我却呆住了，心中的惊讶多于恐惧，完全不知道将要发生什么。结果是我被那只天鹅狠狠地"打了一顿"。虽然我成功逃脱而且没怎么受伤，但是被一只天鹅攻击仍然是一次令人耻辱的经历。无需多言，在这次遭遇后我总是做好准备——手拿水桶挡住愤怒的天鹅，直到我通过它所认为的"私家草地"。

这种凶猛的天性使疣鼻天鹅成为绝佳的伴侣和后代保护者。雄性和雌性疣鼻天鹅都非常看重育儿职责，想必很多人都曾领教过这一点，正如我这个曾经想成为动物园管理员的家伙体会过的那样。与很多父母一样，除了育儿以外，疣鼻天鹅还要"工作"。它们必须走来走去地寻找食物，找时间吃东西，还要照顾鸟巢和保护领地。问题在于，它们是否基于性别角色进行分工？

算是吧。雌鸟几乎专门负责孵蛋，这会占据它大约90%的时间，除了偶尔进食以外它几乎没什么时间做其他事情。它的配偶则从不怠惰，忙前忙后地保护鸟巢免受外来者入侵。不过，一旦幼鸟孵化，工作分配就变得相对平衡。在养育雏鸟期间，双方可以获得相等的时间用于休息和理羽。还有其他不同之处吗？伴随着雏鸟破壳而出，保护后代的责任便由父母双方共同承担，但是雄鸟的护幼行为更加激烈。我猜追着我跑的那只就是天鹅爸爸。虽然双方共同完成许多育儿任务，但基本上75%的时间里是天鹅妈妈负责给雏鸟喂食。

与天鹅的情况不同，其他物种的育儿角色是由个体的具体情况决定的，而不是性别。人类家庭和一些慈鲷鱼种类就是如此。慈鲷鱼至少有1600种，它们的生活环境各种各样，大部分种类主要生活在淡水河流和湖泊中。对于饰妆尖嘴丽鱼（一种较小的慈鲷鱼）而言，谁来照顾鱼卵或幼鱼没有严格的规定。父母双方对此都很积极，具体工作包括扇动鱼卵附近的水流、清洁鱼卵，以及在鱼卵孵化后清洁幼鱼。这是因为幼鱼在成为可以自由游动的幼鱼之前会吸收剩余的卵黄囊。鱼妈妈和鱼爸爸会照看小鱼，直到它们长大，这大约需要三个半月。

慈鲷鱼的育儿工作既无角色划分，也不平均分配工作量。饰妆尖嘴丽鱼的任务分工是由体型决定的。体型较大的一方占据主导地位，并强迫另一方承担大部分育儿工作。我们是怎么知道的呢？因为一对伴侣中更大的那条——不管是雄性还是雌性——会用嘴啄另一条，或以头撞它，使其待在巢中照顾鱼卵。但是，这种策略只适用于体型差别较大的情况；如果双方体型接近，分工就趋近平衡。神奇的是，研究表明人类夫妻之间也存在类似的动态平衡——还好我们不会像慈鲷鱼那样以暴力逼迫。

如前文所述，20 世纪 50 年代之后的美国人很推崇妈妈待在家里而爸爸出去工作的这种家庭模式。这使我好奇其他物种是否存在这种情况。对苏拉皱盔犀鸟来说，这是常态。我第一次见到皱盔犀鸟是在那次午餐被青腹绿猴夺走的南非之旅。那时我对犀鸟一无所知，只觉得那个既笨重又华丽的带有盔突的喙实在是种负担，好像随时都会让它们跌倒似的。它们看起来有些局促不安，仿佛在等待你对它们的巨喙发表评论或是开开玩笑。为了能拖着这个大家伙到处走动，这种鸟的颈椎骨必须融合在一起以提供支撑。所以说这么夸张的大嘴肯定是有用的，对吗？关于它们为什么会演化出这种结构特殊的喙，至今仍有一些争论，但有些观点认为盔突是沿着上层下颌骨形成的中空结构，可以增强喙的力量，从而在进食时产生更强的咬合力。犀鸟是杂食动物，食物包括各种水果和昆虫等小动物。同时，醒目而鲜艳的喙可能也是为了吸引优秀的伴侣。

对犀鸟来说好的伴侣至关重要，因为雌鸟必须担任"全职妈妈"。整个营巢期大约持续 140 天，在这期间的 108 天当中，雌鸟基本上都被"困在"巢里，与鸟蛋（随后是雏鸟）待在一起——很担心它们会患上"树洞幽居病"！放心，雄鸟并没有把雌鸟和鸟蛋"锁在"树洞里，雌鸟会用自己的粪便遮挡洞口。而且它不会把树洞完全封住，而是留一个裂缝作为"生命线"，保持自己与外界的联系。雄鸟会忠实地喂养自己的伴侣和孵化后的雏鸟，食物主要是无花果。待雏鸟长大一些，雌鸟妈妈就会冲破鸟巢"离家出走"，也不常回来给雏鸟喂食，大部分育儿责任都落在雄鸟身上，直到几周后小鸟羽翼丰满。为什么犀鸟演化出了如此不寻常的育儿方式呢？因为可用于筑巢的树洞非常"抢手"，所以雌鸟把自己封在巢中，以防其他犀鸟抢走来之不易的树洞。

侏儒狨猴的情况则正好相反，在双胞胎出生前公猴是在场的。它会帮母猴分娩、清洁猴宝宝，并处理除了喂奶以外的所有育儿事项。此外，它还会把孩子带在身上，给它们理毛，与它们玩耍，在最初的几周一直都陪着孩子们。之后，与人类一样，在新生儿约两周大时，其他群组成员吃东西时会偶尔把它们"寄存"在附近一个安全的地方。这些小型灵长类动物和其他近亲之所以需要伴侣和群体中的其他成员积极帮忙，是因为分娩是一件非常消耗精力的事，生一对双胞胎就更加费力了。妈妈们需要帮助，于是爸爸们挺身而出。

显然，关于父母双方各自应该花多大力气照顾孩子的争论并不限于人类。这个问题也许反映了我们内心深处的挣扎，它也已经困扰研究育儿理论的科学家们很久了。主要看护者应该是雌性还是雄性？还是双方都有份？如果双方都要承担，应该如何分配育儿任务？然而动物们从来不会问这些问题，它们只是做自己该做的事。于是，我们有机会观察并且试图弄明白这个问题：基于动物们各自的生活方式和生物学特征，为什么它们会用特定的方式行事？在观察其他物种之后，答案就浮出了水面。

对于需要双亲照料的动物，如果一方付出较少，另一方就要在某种程度上付出更多作为弥补，但无法做到全部补偿。这对付出较少的一方有利，而对承担更多责任的一方不利。从人类的角度来看，我们可能会这样想：如果你在孩子的养育方面投入较少，那么你的配偶就要承担更多责任，这样你就可以在事业上做得更好，经常也会因此获得更多的经济收入。我们知道在人类中是这样的，但是对动物来说也是如此吗？其中一方会因另一方减少投入而付出代价吗？对南非橙簇花蜜鸟来说，答案是肯定的。

说来奇怪，这种鸟身上一点橙色也没有。雄鸟是金属绿色，前额呈紫色。它们把精心编织的篮子巧妙地挂在树枝上，在那里养育幼鸟。在一项研究中，科研人员们在部分雌鸟的尾巴上增加负重，想看看当它们无法完成自己的育儿责任时会发生什么。为什么负重会有影响呢？大多数雀形目鸟类生活在饥饿的边缘，比如花蜜鸟。负重会增加能量消耗，所以有可能会因此调整育儿行为进行弥补。那些雌鸟就是这样做的。它们减少了往返喂养幼鸟的频率。通常雄鸟负责保护鸟巢，但由于雌鸟无法满足幼鸟的需要，它们不得不开始帮忙。这意味着它们必须要更加努力。当科研人员反过来把雄鸟带走时，雌鸟会增加喂食频率，但是它们无法完成所有的育儿工作，即不能担负起保护鸟巢的责任，也无法在巢中停留更多的时间。不管去掉哪部分，雌鸟和雄鸟在对方无法协助完成育儿工作时都要付出代价。

关于妈妈应该待在家里还是出去工作的讨论似乎一直都在继续，其潜在的假设前提是如果孩子所在的家庭中男性出去工作而女性待在家里，将有助于孩子的成长，从而也引发了一个社会文化方面的问题，即对孩子的担忧。我不知道这种担心是否放错了地方。如前文所述，职场父母对人类来说并不是一个新的概念。发生改变的是我们在家以外的地方工作，而这限制了我们在工作的同时照顾孩子的能力。大多数美国人每年只有一天能够带着孩子去上班。*纵观整个动物界，许多物种已经找到了兼顾"工作"和养育子女的办法。在这里我们主要关注的是父母双方都参与的情况。每个物种在伴侣关系中都有分配育儿责任的办法。

这里并没有什么成文的规定，但有一点是明确的：当父母其中一方贡献不够时，另一方和孩子都要付出代价。父母必须通过协商得出对家庭最好的解决办法。从根本上讲，只要孩子的安全感、感受到的关爱和照料不受影响，谁出去工作、谁待在家里其实都无所谓。如果强行推广某些文化理念，我们就忽视了父母——经常是母亲——付出的真正代价。在芬兰有一项研究表明，妈妈们在爱意之外最常有的情绪是愤怒。为什么？因为她们有被隔离的感觉，好像与孩子们一起被关在家里似的。就像犀鸟一样。可不是每个人都愿意那样与世隔绝。如果妈妈待在家里一直是最好的策略，那这应该常见于更多的物种。况且这也与人类的演化史绝不相符。

---

* 在美国，每年4月的第4个星期四是"带孩子上班日"（Take Kids to Work Day），目的是让孩子认识到父母的辛劳，并了解父母的工作环境。——译注

你到底在内疚什么？

似乎每个人都想要告诉妈妈们如何照顾孩子才是正确的方式。随之而来的各种评论可能会产生负面影响，使父母——经常是母亲——对所有正在做和没有在做的事情感到内疚。但也许妈妈们最大的敌人是她们自己：大脑总是被琐事困扰，仿佛不管自己多么努力，也做不到最好。我们有一种观念，就是所有的照顾和投入必须只来自于母亲。但是，这在人类演化史上很少见，妈妈们一直都是基于自己的具体情况来衡量付出的多少。所有的动物都是如此，并不仅限于人类。

海鹦会根据自己的情况来斟酌能够给予后代多少照料。海鹦是一种迷人而敦实的海鸟，主要生活在太平洋和大西洋的礁石海岸。它们擅长潜水，能在水下疾速穿行。在喂养幼鸟时，它们会根据自己的身体状况做出调整。当成鸟状态不好时，它们能够给予的食物和照顾便相应减少。仔细想想，这其实非常合理。我们常听别人说：如果你连自己都照顾不好，那么何谈照顾别人呢？这句话同样适用于育儿。

人们在母亲这一身份上附加的文化迷思和各种期待引发了内疚感。从很多方面来讲，内疚是一种道德上的情绪。内疚感通常出现在你觉得自己做错了事，尤其是对别人做错了什么的情况下——除非你患有精神病。这种情绪令人不悦，因此有助于规范人们的行为。它可以防止人们忽视自己的孩子或变成糟糕的父母。当然，凡事过犹不及，人们可能会担心自己无论怎么做都不够好。更糟的是，我们可能会因为自己不想付出更多而感到内疚！

我们无法评估动物们是否感到内疚，因此很难将人类与动物的内疚情绪进行比较。我们也不知道大猩猩妈妈是否会为它的日常决定感到痛苦。它们与许多其他物种一样，在后代死去的时候会感到深深的悲痛。但我们无法知道，当悲剧发生时，动物母亲是否会责怪自己或感到内疚。

不过对人类而言，悲剧不一定要发生才会引起负罪感。坦率地讲，最具挑战性的部分并不是那些重大决定，而是每天都要做出的成百上千个微小决定。很多时候，这些微小决定是在信息不完整的情况下做出的。生活总是充满了灰色地带。作为一名家长，你可能会尽己所能地调查研究，挑选一家日托中心，但却无法确定选中的这家就是最好的，甚至不确定自己的孩子是否应该上日托。你可能会怀疑自己陪伴孩子的时间是否足够多，或者如上述讨论过的，因为要工作而感到内疚。

但令人吃惊的是，妈妈们感到内疚的部分主要原因与她们在某些时刻不想付出有关。也许是因为她们当时不想给予关注或没有时间。这通常表现为对孩子的愤怒或打骂（这恰恰是引起内疚感的原因！），打算干脆撂挑子离开，或者偏爱其中一个孩子。而内疚感的关键来源是：自身表现没有达到对于母亲的理想化预期。

一名母亲（或父亲）要如何处理这种内疚感呢？当然，简单的答案就是停止自责，并且只有在自己真的成为糟糕的父母时才感到内疚。再强调一下，养育孩子需要做很多日常决定，没有绝对的正确或错误，你只是需要做出决定罢了。

我们不妨看看动物们在信息不全的情况下是如何做决定的。任何动物在做决定之前，都必须评估当前的情况。动物们不断对风险做出判断，由此确定它们在寻找新的食物来源时可能被捕食者吃掉的概率。人们普遍认为，它们在做出这些决定的时候常常没有完美的背景信息。如果我们采用它们的做法，让经验法则指导我们的行为，会怎么样呢？这似乎是明智之举，而且我们一直都是这样做的。

问题在于，如果设定一套回应外界刺激的标准化做法，在特定的情况下这套做法恐怕会和最佳决策相去甚远。总体来说，蚂蚁是非常聪明的生物，往往能做出正确的决定。它们要做很多决定：比如去哪里，用哪粒沙子筑穴，在哪里建造新的蚁穴。寻找落脚点对切胸蚁尤为重要，这种蚂蚁生活在欧洲各地。当蚁群中足够多的蚂蚁收集到几个备选筑巢地的信息，并在其中一处驻扎下来后，蚁群便会达成集体决议。赶上时局艰难，它们需要在时间紧迫的情况下做出这个重要决定时，就会变得不那么挑剔，可能会选择一个很普通的地点安家。但若一切太平，不需要快速决策，它们往往能做出更好的决定。这种现象非常普遍，行为生态学中将其称为速度—准确性权衡。

动物们在做决定时经常面临信息不足的情况，但是每当收集到新的信息后，它们会立即更新自己的决策。压力会削弱个体做出正确决定的能力，并且缩短考虑其他选择的时间。然而，只有当错误的决定导致非常严重的后果时，决策的正确性才显得重要。换句话说，不要为小事而纠结。对于育儿过程中那些重大决定，则不要靠直觉，慢慢来就好。

自然小课堂：

- 育儿是一种动态的行为，如果你不能照顾好自己的需求，育儿质量可能会下降。

- 到目前为止，内疚唯一的用处是促使你成为积极细心的父母，与你的孩子和周围的人进行适当的互动。除此以外，别无他用。

- 在育儿或做决定的问题上并没有放之四海而皆准的策略。经验法则或许看起来更容易，但也会增加做出糟糕决定的可能性。

- 跟蚂蚁一样，父母们需要在缺少完整信息的情况下做出决定。如果不是在紧急情况下，最好在做选择之前深思熟虑并评估所有的选项。

- 请记住：不要在小事上纠结。如果错误的决定造成的后果微不足道，那么从长期来看也不会有太大影响，所以不值得焦虑。

第五章　我们是一家人

对人类和动物来说，生养几个孩子是一个非常重要的问题。而一次生一个还是多个，则是难解之谜。无论是哪种情况，都存在微妙的平衡。随着更多的孩子降生，资源被分成的份额越来越小，经常导致后来的孩子较先到的孩子而言处于明显的劣势。父母与孩子在时间、资源和个人发展等方面的冲突经常被忽视。但是，这种利益权衡是真实存在的，每多生养一个孩子，父母的养育成本将成倍增长。那么，是否存在最佳的家庭规模呢？我们有责任限制家庭规模吗？动物们是如何判断应该生养多少后代的呢？

父母们总是宣称他们对所有孩子一视同仁，但我们曾经都是孩子，也清楚地知道这个说法与我们的自身经历不符。这是怎么回事呢？是父母没有意识到自己对孩子有偏爱吗？人类一定会偏爱某一个孩子吗？虽然在心理学上对为何压力和婚姻问题会导致偏爱的解释很多，但至于我们为何会在某个孩子身上投入更多的时间、精力和其他资源，却缺少生物学上的解释。我们能从其他物种那里得到什么启示？动物父母如何处理它们偏爱某些子女的倾向呢？

虽然父母的偏心必定会造成子女之间的竞争，但是即便没有父母因素的挑拨，后代之间为争夺有限资源而产生的内部竞争也本就存在。在动物界中，这种竞争有时候甚至会导致死亡。我们可能会认为人类要比它们"文明"许多，但兄弟姐妹之间的暴力却是家庭暴力中最普遍的形式，有报告称超过60%的子女曾参与暴力行为！这个比例值得引起重视。可以从研究类似情形之下的动物兄弟姐妹之间的关系入手，这样我们就可以知道在什么时候最容易发生冲突，动物们采取了什么策略使冲突最小化，以及动物父母是如何帮助子女建立和睦关系的。

同时，有兄弟姐妹并不全是坏事。有时候这很有用。狮子、猎豹和很多其他动物都会与兄弟姐妹结成搭档，这样能让自己更容易活下来，并且活得更好。在年龄不同的兄弟姐妹中，哥哥或姐姐可以照看孩子，帮忙喂养年幼的弟弟妹妹，并且在充满危险的广阔荒野保护它们。那么，其他动物在多大程度上依赖于年长的孩子来帮助抚养年幼的孩子呢？让我们马上开始这个话题，探讨多子女家庭的好处和缺点吧。

让我们多生几个孩子吧！

提起犰狳，人们想到的是一种长得既像食蚁兽又像恐龙的奇怪生物，在受到惊吓时会蜷成一个球。不过，这个认知不够全面。虽然都是从头到尾披着"铠甲"，但九带犰狳不会像三带犰狳那样蜷成球，而是会吓得跳起来。

九带犰狳还有另一个不同寻常的特点，那就是它们在家庭规模上没有太多选择：雌犰狳每次怀孕都会生下同卵四胞胎。这一现象的术语叫作多胚胎，意思就是一个受精卵分裂成两个或更多胚胎。人类自然生产同卵三胞胎的概率大约是千万分之二。那么，同卵四胞胎的概率有多大呢？这么说吧，买彩票中大奖的概率都要比这个高。而对九带犰狳来说，生四胞胎是再寻常不过的事情。

这给犰狳带来了一些挑战，科学家们一直都在研究这种现象。我们如何从进化生物学的角度解释这种自然的四胞胎现象呢？这违背了有性生殖的主要优势之一：众所周知的遗传物质的重新"洗牌"。按理说，四个子女是母亲和父亲基因的组合，各不相同，但是九带犰狳的后代是相同的组合重复四次。基因完全相同的后代不能带来遗传多样性的好处。如果其中一个有问题，那所有后代都有问题。在20世纪90年代中期，关于一组瑞典同卵三胞胎的研究证实了这一点。在20岁时，三胞胎中的每一个人都患上了精神分裂症。科学家在他们的15号染色体上检测到了相同的染色体缺陷，虽然尚不清楚这种缺陷是否与精神分裂症有关。

最近，科学研究揭示了免疫系统基因C4与精神分裂症的关系，这在一定程度上解释了基因完全相同的兄弟姐妹是如何患上相同病症的。这个案例说明了无性生殖的危险，也许这就是自然界中很少出现这种现象的原因。不幸的是，由于子宫形状怪异，九带犰狳无法逃脱这种潜在的风险。

值得庆幸的是，包括人类在内的许多物种能够调整生养后代的数量，不管它们是否能够决定一次生一个还是多个。虎鲸、海豚、大象、类人猿还有人类，在后代身上的投入都持续数年。对父母来说，养育孩子的成本很高，每个关于生育的决定都是事关现在的孩子、将来的孩子和父母自身生存的利益权衡。那么，到底如何决定生养几个孩子呢？

　　　　　　　　　　　　野性与温情：动物父母的自我修养

对欧亚猞猁来说，只需遵循"一刀切"策略即可。欧亚猞猁的分布区从西伯利亚延伸至喜马拉雅山脉，是体型最大的猞猁。雄性欧亚猞猁的领地大约为 150 平方英里，比波士顿的面积还要大，而雌性的领地相对小一些，只比旧金山稍大一点。*下次你在动物园看到一只猞猁时，不妨想想这些。

在生孩子这个问题上，猞猁不追求一次越多越好，而是在保证最大存活率的前提下确定一个最佳数字。这个数字就是 2。最佳数字与食物的多少、母亲的体重、天气、年份、生活环境在野外还是在动物园都无关。养育两只幼崽而不是四只，能够在不同条件下确保猞猁妈妈产下的一窝幼崽获得最大的成活率。这也说明欧亚猞猁只是在完成自我替换。

猞猁演化出这种策略的原因可能与它们生活在不能确保食物供应的艰苦环境有关。一旦雌性生产，它们找到食物的机会就会锐减，因为前两个月不得不待在兽穴附近。而且它们不会像有些物种那样在怀孕时增肥，所以它们的产奶量有限。结果就是，生两只幼崽时它们刚好能够在同一时间断奶。这是数量与质量的权衡。

有趣的是，生两个孩子也是很多人心目中完美的家庭规模。而且不是随便两个都行：得是一个男孩和一个女孩。我的同事玛格丽特（Margaret）来自有 6 个兄弟姐妹的大家庭。她说在儿子出生后，她就明白必须再要一个孩子，而且得是一个女孩，这样家庭才会"完整"。当我追问她如果还是个男孩该怎么办时，她立刻让我闭嘴，大喊道：

---

* 旧金山的面积为 121.4 平方公里。——译注

"不要咒我！"好像我有控制她还没有怀上的宝宝性别的权力一样。人们（或许只是玛格丽特）可真奇怪。

那么，她的观点背后是否存在某些适应性原因呢？和很多人一样，她也许是关注到了一些事情。在现代人类中，孩子的数量与这些孩子的存活率和成功之间存在相当大的权衡。在欧洲、美洲和当代非洲人口中，后代的死亡率会随着孩子数量的增加而上升。许多父母决定要第二个孩子，是因为这样第一个孩子就可以多个玩伴和朋友，而且在父母年老时还能共同承担赡养责任。养育多个孩子的确会带来许多变化，但不全是好的。

另一方面，许多人认为独生子女是个问题，担心独生子女会变成被宠坏的自恋狂。这种观念来源于何处？心理学家斯坦利·霍尔（Stanley Hall）认为，独生子女存在种种问题："独生子女嫉妒心重，以自我为中心，依赖性强，而且专横跋扈。"的确，20世纪20年代和30年代的很多宣传都强化了这些观点。这导致老师和家长乃至整个社会都认为独生子女无论在家还是在学校都不会成功，他们的人生将是彻底的失败。

那么，科学告诉我们的是什么呢？早在1928年就有研究表明，独生子女与生在大家庭的那些孩子差别不大。讽刺的是，二者之间存在的主要差别是，独生子女更乐观，适应性更强，智商更高，在学业上整体表现更好，更加成功，而且不会被孤独所扰，少有社交障碍，也不会过分地追求优秀。原因可以简单地归结为独生子女在成长过程中能够独享家中的资源，能够更多地参与成年人的活动和话题讨论，而且最重要的是，能够得到父母的所有关注和爱。即便如此，人们还是认为必须要多生几个孩子才能够避免只养育一个孩子带来的灾难。

顺便提一句，一般来说，年龄最大的孩子比他们的弟弟妹妹拥有更高的智商。在人类当中一直如此，但是很多人错误地把智商差异归因于出生顺序所导致的生物学差异。其实，这更可能是家庭情况带来的结果，尤其是父母在第一个孩子身上往往投入了更多资源（如时间、精力等）。似乎不仅如此，后面出生的孩子还会更矮，并且可能在出生时体重更轻。

这种情况，即年龄最大的孩子体型也更大，在河堤田鼠中也存在。总体来说，田鼠都很讨人喜欢，爱吃榛子的河堤田鼠也不例外。河堤田鼠是最小的一种田鼠，与许多（但不是全部）啮齿类动物一样，雌鼠在一年内会多次生产，每次产下 4 到 10 只幼崽。控制幼崽数量的实验表明，一窝幼崽数量越多，断奶时幼崽的体重越轻。然而，从长期来看，出生时体重较轻似乎无关紧要，幼崽生长的环境和可获得的资源对田鼠影响更大。

这与我家的情况很像。正如预测的那样，我哥哥的智商大约比我高 3 分，他出生时体重为 8 磅，很健康，而我只有 5.5 磅。与猞猁不同，虽然有充分证据表明只要一个孩子有很多好处，许多父母还是会养育两个或更多孩子。这有什么问题吗？人类应该在生养一个孩子之后就止步吗？

一段时间以来，人类的人口数量呈指数增长。这意味着人类的繁殖速度堪比莱氏拟乌贼。它们属于头足类动物，这是非常聪明的类群。莱氏拟乌贼简直可以说是为速度而生。它们是超级猎手，借用喷射产生的推力在水中快速行进，并将触手呈锥形伸出，从而抓住猎物。

对于这样的物种，父母不会在每个后代身上投入太多，基本上释放了精子和卵子就算完成任务。更糟糕的是，它们的父母可能都不认识彼此，因为受精是在产卵过程中随机进行的。很多水生生物都采用这种方式：雄性释放数以百万计的精子，而雌性释放数以百万计的卵子，希望两者相遇。对它们来说，重要的是数量，而不是质量。为数以百万的后代提供可能，这便是亲代的全部投入。在生态学上，我们将这类物种称为"r-对策者"。这一术语本身远不如这些物种的繁殖特点重要。诸如莱氏拟乌贼这样的r-对策者生活在危险不可预料的环境中，死亡率很高，生长和成熟的速度很快，父母的照料几乎为零。

虽然付出了巨大努力以制造数以百万计的乌贼宝宝，但是这个世界并没有被莱氏拟乌贼占据。为什么？因为乌贼宝宝非常脆弱，总被其他动物当作盘中餐，所以它们当中的大部分都无法活到成年。成年乌贼的生命也非常短暂。这听起来与人类一点也不像，尽管按全球范围内的繁殖速度来看，我们与鲑鱼、细菌、昆虫、牡蛎和乌贼属于同一级别。

当然，关于人们养育几个孩子，有很多不同的情况。有些人，比如我自己，就没有孩子，而其他人可能有 10 个或更多。也许还有一些其他情况。除了一个公认的最佳数量外，当考虑要孩子时还可以采取另一种策略，那就是基于自身拥有的资源水平而做决定。这一现象的术语叫作状态依赖型（state-dependent）生殖。

我就是据此做出了自己的生育决定。我既没有充足的财力，也没有家庭的支持，因此没有信心能够为我的孩子提供取得成功的最好条件。太多年的坎坷与不确定性常常会导致个体不愿意繁育后代。对于

野性与温情：动物父母的自我修养

动物而言，哪怕只是一年不顺，也会导致整个种群停止繁育下一代。科学家将它称为歉年效应（bad years effect）。

德国的睡鼠就曾经历过命途多舛的一年。睡鼠也是人们所熟知的可食用睡鼠，在历史上被罗马人和伊特鲁里亚人（曾在当今的托斯卡纳地区建立兴盛的文明）当作美食。（虽然我是意大利人，但从来没有吃过这么可爱的小东西——说实话，我觉得大多数动物都挺可爱的。）睡鼠看起来像是长着松鼠尾巴的老鼠。与松鼠不同，它们是夜行动物，白天窝在鸟巢或树洞里。虽然它们不是特别社会化的动物，但森林中某个区域的睡鼠会互相交流。当它们没有吱吱叫或嗅来嗅去时，就会用脚上的气味腺为彼此留下讯息。

它们在一年中有 6 个月在冬眠，每年 6 月到 8 月是忙碌的繁殖季节。通常情况下，并不是每只睡鼠在每年都会生育。但是在 1993 年，在德国中部没有一只睡鼠生育。是什么造成了这种惨淡境况呢？1993 年的春天，气候异常干燥，睡鼠的食物，如种子、坚果、水果等，都异常匮乏。由于无法适度增肥，没有一只成年睡鼠有能力生育宝宝。这片森林里的睡鼠只经历了一个坏年头，而我可是经历了太多个坏年头！我觉得自己可以从跨物种的广泛视角中得到一些安慰：我的决定只是顺其自然。这看起来是一个非常理性的选择，很多人都会这样做。

我们从关于双胞胎的研究中得知，当资源紧缺的时候，母亲付出的代价要更高。即便不是双胞胎，生下更多的孩子也会增加所有孩子营养不良的可能。正如我们从动物中看到的，后代对于资源的需求会增加，而这种需求不一定总能得到满足。这引出了一个有趣的问题：富人或者那些资源过剩的人是否生的孩子最多？我们可能觉得社会地位更高、更富有的母亲会生更多的孩子。毕竟，这是我们在睡鼠和其他很多物种身上所看到的，食物、庇护所和其他资源的多少是生育潜力的基础。

通过分析前工业社会（1709 年至 1815 年）三代芬兰人完整的谱系数据，科学家解开了这个疑问。18 世纪，与世界上其他地方一样，医疗保健还没有成为芬兰主流生活的一部分。再加上无法预测的粮食产量、饥荒、不寻常的天气变化和各种传染病等因素，使得这一时期很适合分析家庭规模、生存状况与社会经济地位之间的关系。科学家发现，经济实力较低和较高的女性所生的孩子数量大致相同（平均为6 个），但是贫穷的妈妈要付出更大的代价。虽然富人和穷人的孩子死于疾病的概率相同，但是经济地位较低的母亲离世更早。在其他国家，比如 15 至 18 世纪的意大利，其发展趋势则与我们的预期相同：富人生育更多的孩子。

在现代社会，情况发生变化了吗？是的，到 20 世纪出现了转变，最穷的家庭开始有最高的生育率。美国人口普查局 2010 年的数据显示，年收入低于 1 万美元的家庭与年收入为 7.5 万美元的家庭相比，生育子女的数量几乎是后者的 2 倍。为什么？原因之一可能是前者的受教育程度较低，医疗保健和避孕知识较少。在工业革命前，富人和穷人的死亡率相差无几，现在的情况则不可同日而语。富人能够享受到更好的医疗保健、营养供应和教育，他们的婴儿死亡率更低，所以已经没有必要通过生育更多的孩子作为保险了。但是，对于那些经济地位较低的人来说，低体重新生儿却很常见，婴儿死亡率也居高不下。

如果我们把经济地位当成环境可预见性的一个变量，即拥有的资源越多，所处的环境越稳定，那么可以发现，在不确定的情况下养育更多的孩子有时候是一个可行的策略。如果考虑数量和质量——这里的质量不是指一个人的内在品质，而是他或她的生存概率——那么养育更多的孩子可能会提高这个概率：至少有部分后代能活下来。这与莱氏拟乌贼的策略相似，虽然规模要小得多。

不过，有时候这种方式并不具有适应性，这意味着它不会提高存活率。从演化的意义上讲，这里的存活率相当于生育存活率（reproductive survival）。那么，你的孩子会继续比别人生养更多的孩子吗？北方森林中的大山雀似乎在这个问题上遇到了一些麻烦：它们生养的幼鸟数量总是超过自己的喂养能力。

通常情况下，鸟类父母在决定产下多少枚鸟蛋之前必须要预估食物的数量。研究表明，大多数鸟类都能确定应当产下多少枚鸟蛋，以及有多少只雏鸟会完成换羽。如果条件特别不确定，最好的做法就是减少产蛋的数量。在大多数地方，大山雀都严格照此执行：在条件较好时，它们将养育更多后代；而在条件不符合标准时，则进行调整，减少后代数量。

生活在高纬度地区的大山雀却是例外。在它们的分布区北缘——挪威和芬兰——繁殖的那些大山雀似乎没有做到这一点。结果就是，与生活在其他区域的大山雀相比，它们的繁殖成功率较低。现代人类是否与大山雀一样，在进行非适应性的生殖呢？我们已经知道，经济收入较低的人生养的孩子更多，而且这些孩子在出生时体重较轻，婴儿死亡率更高。真正的关键在于，与收入和生育能力有关的生育成功率是否存在差别。鉴于生育能力的变化是相对较新的现象，这点尚不明确。我们所知道的是，与大山雀、莱氏拟乌贼或睡鼠不同，人类正处于人口过多的险境，不限制个体家庭规模会对我们所有人产生影响。如果其他物种能够做到可持续的数量增长，或许人类也可以。

自然小课堂：
- 养育多个孩子不仅要付出金钱的代价，还会影响孩子从出生体重到智商的方方面面。
- 生养几个孩子是一个非常私人的决定。不过，动物们告诉我们，基于资源多寡和生活条件做决定，可能会提高成功率。
- 生养子女的数量超过父母的抚养能力是不符合适应性原则的。

偏心的父母

前文提到过，从养育一个孩子过渡到两个孩子会带来很多变化，其中之一就是父母可能会偏爱其中一个孩子。我来自有两个孩子的中等规模家庭，一直以来都很明显的是，我哥哥是那个被偏爱的孩子。我表妹和我同病相怜，她的哥哥也是那个被偏爱的孩子。讽刺的是，她的妈妈（也就是我的姨妈）和我的妈妈都抱怨她们的哥哥占尽了所有优势。

我是如何明确地意识到哥哥是那个"黄金之子"的呢？除了大人们总是说他在所有方面都做得更好以外，重要资源的分配也不平等。他总是受到更多的关注和喜爱，在教育上能得到更多支持，也许还享有更多食物。对其中一个孩子的明显偏爱是我们家代代相传的特质吗？第一个孩子更受宠是偶然现象吗？这与他们是男性有关系吗？或者因为既是第一个孩子又是男孩？

我很快就可以把家族特质这条排除。虽然不是普遍存在，但父母偏爱其中一个孩子的现象相当常见。大约有 2/3 到 3/4 的父母表现出对其中一个孩子的偏爱。心理学家将其称为对后代的"差别对待"。

对帽带企鹅来说，这是正常的现象。帽带企鹅生活在南太平洋的海岸和南极地区。它们黑色的头部下方有一条黑色的纹带，使它们看起来像是戴了一个盔帽，因此得名。罗伊（Roy）和西洛（Silo）是纽约市中央公园动物园的两只有名的帽带企鹅。

企鹅是典型的优秀父母，这两只雄企鹅也不例外。罗伊和西洛太想要个孩子了，所以它们把自己的父爱倾注在一块石头上。没错，一块石头。它们对这块石头太上心了，以至于管理员不得不给了它们一枚真正的蛋孵化。（顺便提一下，同性伴侣在其他动物中相当普遍，尤其是鸟类。它们一起抚养子女，而且做得跟异性伴侣一样出色，甚至更好。这应该有助于打消那些对同性伴侣育儿能力的质疑。）

现在，让我们把话题转回到那些行为恶劣的企鹅父母和它们对孩子的不平等对待上。动物园的员工只给了它们一枚蛋，这是件好事。帽带企鹅和其他种类的企鹅经常让孩子们追着自己要食物，尤其是同时有两个孩子的时候。也许企鹅宝宝很烦人，所以企鹅父母这样做是为了让它们发泄精力？或许，它们只是无法满足乞食的幼鸟而试着逃跑？这些解释无伤大雅，甚至有点幽默。

但不幸的是，这些解释只是我一厢情愿的想法。当需要喂养两个孩子时，企鹅父母跑开是因为对后代的偏爱——它们在试图只喂养其中一个。通过赛跑，帽带企鹅得以决定喂养哪个孩子更多一些。跑得不够快的那只小企鹅得不到足够的食物，最终将无法存活。这就是帽带企鹅规定谁得到什么，以及什么时候得到的方式。

通过这种做法，企鹅父母确保了后代获得食物的不平等机会：最强壮和跑得最快的幼鸟得到的食物最多。从某种角度讲，来自大家庭的人要争夺食物。晚餐的时候，食物一上桌，孩子们就开始疯抢，比较谁拿到的最多。除非父母干预，否则可能会有一个或多个孩子吃不饱。顺带提一句，孩童时代食物短缺的经历会影响成年后对食物的感受。你是否注意过，餐桌上有些人狼吞虎咽的同时还会四处张望，怀疑别人可能吃了太多？还有些人总是抢着第一个开吃，而且吃得最多？你注意到了吗？

帽带企鹅的偏爱是被动的，父母不是故意要多给一个孩子更多食物，但是它们无法保证平等。那么，更直接的出于歧视的偏爱是怎样的呢？我的猫咪们在这个问题上展示了目的明确和故意为之的偏见。我养着一家子猫，一只猫妈妈和它的两只小猫咪。小猫咪现在已经有13岁了。我给猫妈妈取名为"午夜"，对午夜我又爱又恨，因为它是个偏心眼的妈妈。

在喂养女儿"坚果"和儿子"纽扣"三四周后，每次女儿想要吃奶时，午夜都要打它。但是，它却不打儿子。在它停止给坚果喂奶后，又接着慷慨地喂了纽扣好几个星期。而且它与纽扣玩耍和帮它理毛的时间也更多，但是经常拒绝温柔的坚果。于是坚果就再也不温柔了。它对食物相当机警，吃得特别快以致经常生病，而且它好像也没有学

　　　　　　　　　　　　　野性与温情：动物父母的自我修养

会如何好好玩耍。这让它变得难以相处。时至今日，午夜还是只和纽扣嬉戏打闹，母子俩欢快地扑来扑去。我经常看到坚果渴望地注视着它们，我想可能它也希望一起玩耍。

至此，我们来到了一个有趣的转折点：父母会因为性别而偏爱孩子吗？有研究表明，母亲经常更喜欢儿子。这可能是微妙的，或者就像午夜那样，是一种天然的无拘无束的偏见。但是在人类中，情况有很多种，部分取决于文化习俗。比如印度文化中非常重视男性，印度女人经常会让女儿比儿子早断奶，尤其是她还没有儿子，希望再次怀孕的时候。也许这就是在印度女孩的死亡率更高的原因。

漂泊信天翁的雌性雏鸟得到的父母关爱也相对较少。与大多数人一样，漂泊信天翁一次只生养一个后代，这样可以直接看出它们对待"儿子"和"女儿"有什么差别。信天翁在美国又被称为"gooneys"，这个词是蠢笨的意思，因为它们在陆地上非常温顺。水手们对信天翁很尊敬，他们不愿意杀死信天翁，认为那样会带来厄运。漂泊信天翁生活在极地周围，其翼展惊人，平均长达 10 英尺。所有鸟类都至少有一部分骨头是中空的，这是为了减少飞行中的能量损耗，而令人惊讶的是，漂泊信天翁的成鸟体重可达 15 至 20 磅。

要长到这么大需要很长时间，雏鸟需要数月才能长出翅膀，再过数年才能长成可繁殖的成年信天翁。它们需要父母提供很多食物。与人类男性一样，雄性信天翁体型更大，因此成长过程中需要更多食物（想想一个饥饿的青少年男孩有多能吃）。所以，养育相对"省粮食"的雌鸟不是更划算吗？

然而，当科学家们观察克罗泽群岛（Crozet archipelago）中波塞西翁岛上的一处漂泊信天翁领地时，却发现事实不是这样的。波塞西翁岛是这片亚南极群岛中唯一有人居住的岛屿，科考人员就是那里仅有的人类。有趣的是，这些岛屿是法属领地，自1938年起被列为国家公园以保护野生动物。1772年，当探险家马可－约瑟夫·马里翁·迪弗伦（Marc-Joseph Marion du Fresne）发现这些岛屿时，意味着法国人确实抵达了"地球的尽头"。不久，他和很多法国水手都被毛利人杀害并吃掉了。我们还是回到漂泊信天翁的话题吧。

科研人员仔细研究了雏鸟的性别比例、获食频率和存活率与其父母行为的关系，发现了一些有趣的现象。首先，性别比例，或者说出生的雄性与雌性雏鸟的数量比，雄性略微偏多一些。其次，雄性雏鸟更容易存活，长得更快，而且在长出飞羽的时候体重更重。因为它们被喂给的食物更多。雄性雏鸟的父母能够同步它们的喂养时间安排，这样雏鸟各餐之间的时间就会相对均等。为了带给儿子更多食物，信天翁父母真的很卖力。

说回人类，若把对男孩和女孩的差别投入仅归因于父权社会或文化，就过于简单化了。我们已经知道，生活环境会影响人们生养孩子的数量，然而是否有植根于自然选择的生物学因素在暗中影响着我们的行为？还记得前面讨论亲子冲突时提到过的罗伯特·特里弗斯吗？他和同事丹·威拉德（Dan Willard）共同提出了"特里弗斯—威拉德假说"。

他们的核心论点是，对部分物种来说，当条件非常好时，雌性更倾向于要"儿子"，而且对"儿子"比"女儿"投入更多。当条件不佳，雌性也会做出相应转变，把精力转到抚养"女儿"上。这意味着条件非常好的母亲应该要么生养更多的儿子，要么给儿子更多资源。这个推理的前提是什么呢？

这一切都归结于性——具体来说，就是健康、强壮的儿子在长大后可以有更多的性行为。让我解释一下。如果母亲的身体状况很好，她就更有可能生下身体状况出众的孩子（比如出生体重合格）。由于她自身非常健康，自然就可以为新生儿提供足够的食物（即泌乳量和时长都能满足需求）。这就意味着这个孩子长到成年的概率更大，因为"含着银汤匙出生"会带来终身的益处。有些物种中，这些生而优秀的雄性将繁育更多的后代。所以当母亲有足够好的机会时，养育"性感"的儿子将为它带来更多繁殖成功的"红利"。如果环境条件并不理想，母亲可能会在女儿身上投入更多，因为女性能够繁育的后代终究有限（相较于男性来说）。

这种假设禁得住推敲吗？对尤金袋鼠来说的确如此。这种动物在澳大利亚随处可见，是最小的沙袋鼠之一。但是，不要被它们娇小的体型或迷惑性的表情欺骗：尤金袋鼠可不是好惹的。多年前，我的一个朋友在佛罗里达州当动物园管理员时与一只尤金袋鼠进行了一场恶战。在那次遭遇中，他落下一个深深的鲜红的疤痕。无需多言，他对尤金袋鼠的敬意从此大幅提升。

与其他有袋动物一样，尤金袋鼠妈妈会把小宝宝放在育儿袋里。根据特里弗斯—威拉德假说，研究表明，当袋鼠妈妈的条件良好时，它们更倾向生儿子，并且喂给儿子更多食物。在人类中也是如此吗？也许吧。科学本身就难以解释。

让我们从喂食中走出来，谈一谈对当今人类更有意义的话题：教育。理论上讲，教育水平越高，在经济、社会和生育方面获得成功的可能性越大。如果你是男性，这一点可能更为明显，尽管男性和女性的婚姻前景都能因此改善。根据 2000 年到 2010 年的数据计算出的社会经济指数（socioeconomic index, SEI；该指数主要反映受教育程度、收入水平和社会声望）表明，仅用父亲的社会经济指数就能预测哪个性别的孩子将得到更多的育儿投入。父亲的社会经济指数越高，家庭对男孩的育儿投入越多；反之，则对女孩的投入更多。这项研究仅使用了父亲的社会经济指数，因为无论正确与否，人们默认地位更高的男性所选择的女性伴侣条件应该也更好。

我在本节开头时分享了自己的成长经历。父母偏爱我哥哥，他受到的教育当然跟我不一样。他可以轻轻松松上大学，之后继续完成学业，取得博士学位。而我则不得不辛辛苦苦用当服务生打工的钱支付自己上大学的费用。虽然我也拿到了博士学位，但却花了整整 6 年时间。如我所述，我不是唯一有过这种经历的人。我们似乎不愿意承认理想中的亲子关系与现实的差距。大量研究表明，母亲们往往更加亲近其中一个或几个孩子并为其提供更多支持。部分原因可能是由于生活境况，包括婚姻压力或离婚。较大的压力会让母亲感到无法满足所有孩子的需求，从而倾向于只满足部分孩子而忽略其他孩子。

在我的家庭中，我哥哥之所以得到偏爱，也许因为他是第一个孩子，也许因为他是男孩，也许因为父母离婚，但还有一个我们不能忽视的原因：性格和脾气。哥哥的脾气秉性与我妈妈更相像，或者至少更招她的喜欢。单单这一点就可以导致差别对待。让我们直面现实吧，我真是"生而艰难"：我长得更像父亲，行为也更像他，在我6岁的时候他放弃了自己作为父亲的责任；在我身上看不到半点小公主的样子，我玩泥巴，拒绝穿裙子，坚持要爬树，还有一群宠物，其中老鼠是我的最爱……这些特点中没有一个招家里人喜爱。

但是，差别对待并非总是恶劣的。新生儿当然比年长的孩子需要更多的关注；一个特别焦虑的孩子可能需要额外的情绪安抚；一个好斗或大胆的孩子可能需要更严格的规则。关键在于沟通。父母们可以，而且应该向孩子们解释任何有差别的对待是出于什么原因，并通过其他方式加以平衡，以避免"不被偏爱"的孩子出现严重的问题。除了心理问题，如抑郁、自卑和难以取得成功，偏爱还会导致子女之间的敌对和怨恨。专断的偏爱是导致手足冲突这个常见问题的主要原因。只有当父母们意识到自己有厚此薄彼的倾向时，才能努力做到一碗水端平。

自然小课堂：

- 随着家庭规模增大，差别对待子女的风险也会上升。
- 信天翁、企鹅和人类都倾向于偏爱年长的后代、"男孩"或与自己更相像的后代。
- 生活压力较大时，差别对待的概率会增加。
- 通过认识到并改变差别对待的情况，父母们可以避免偏爱对孩子们产生的严重影响。

手足之争

在我 11 岁的时候，哥哥把我点着了。确切地说，他把我的头发点着了。虽然现在听起来有些搞笑（因为我活下来了），但手足之争绝对不是笑料来源，而是家庭暴力行为的重要部分。即便经历了针扎、烧伤、被关在狭小的壁橱里、痛苦不堪的挠痒痒和毫不留情的虐待，我还是比沙虎鲨的境遇强多了。

鲨鱼总体来说都很厉害。近年来科学家发现，鲨鱼并不是破坏海滨度假胜地的没有头脑的机器。它们是有个性、偏好和感觉的个体。话虽如此，沙虎鲨在出生之前就会与潜在的兄弟姐妹展开生死搏斗。雌性沙虎鲨拥有两个子宫，所以看起来它们理所应当会生两个宝宝。最终的确如此，但最初可不是这样的。每个子宫里可能有几十个胚胎。胚胎孵化时就有了牙齿。假设你的手能够神奇地伸进一条沙虎鲨的子宫，那么这些牙齿还不足以刺破你的皮肤，但是对于最先孵化的小沙虎鲨而言，这些牙齿已经足够锋利，能让它们撕咬并吃掉那些尚未出生的弟弟妹妹。沙虎鲨妈妈的两个子宫中都会发生这种情况。此外，在这一对贪婪的"长子女"吃掉自己的弟弟妹妹之后，它们会继续啃食母亲体内储存的多余卵子。最终从母亲体内诞出的小沙虎鲨体格健壮，给生活开了个好头。

沙虎鲨并非个例。虽然在子宫内吃掉一母同胞的情况相对罕见，但杀死自己的兄弟姐妹在许多物种中都很常见，尤其是鸟类。当鸟类的手足之间存在恶意时，科学家们通常责怪它们的父母。因为那些父母对此不做干预，甚至可能会依靠手足相争来减少每窝雏鸟的数量。

　　　　　　　　　　　野性与温情：动物父母的自我修养

蓝脸鲣鸟就是如此。

在世界上的6种鲣鸟当中，蓝脸鲣鸟因其"手足相残"（siblicide）而臭名昭著。蓝脸鲣鸟生活在热带地区，是一种美丽的海鸟，也是卓越的猎手，能以惊人的速度潜入水中捕食鱼类、乌贼和章鱼。对这个物种来说，手足相残是生存所迫，而且父母会帮忙建造一个浅浅的鸟巢，帮助第一只孵化的雏鸟把弟弟（或妹妹）"赶出家门"。这只雏鸟会用喙咬住弟弟（或妹妹）的脖子、翅膀或其他部位，将其扔出去。为什么蓝脸鲣鸟要这样做呢？是为了保险起见。孵化鸟蛋对这种鲣鸟来说似乎是一项挑战，只有不到2/3的蛋能够成功孵化。为了防止一无所获，雌鸟会产两枚蛋，尽管它和伴侣只有能力抚养一只幼鸟。

在哺乳动物中，包括人类，杀死兄弟姐妹可不那么常见。在人类家庭中，这个比例很低（小于5%），而且经常发生在兄弟之间。当然，这里所说的是手足冲突最极端的一面，很多父母所面对的日常挑战与此相距甚远。首先需要了解的是，从性格或其他因素来看，兄弟姐妹之间进行竞争是很合理的。每个孩子首要关心的都是自身的生存问题。从一个相当自私的角度讲，一个孩子竭尽所能地从父母那里获取资源是对自身有利的，哪怕这会对兄弟姐妹造成伤害。如果在一个家庭中，每个孩子都采取这种手段，就容易引发手足之争。孩子们对自己较他人受到的关注度和资源数量高度敏感，对强制设定的边界也是如此。当家中有多个孩子时，公平对所有孩子来说都相当重要，不应该对子女之间的敌意放任不管。

在第八章中会讲到狐獴家庭中的通力合作，不过狐獴的子女也经常发生激烈的争斗，虽然很少会造成重伤而且从来不会致命——相当于人类家庭中的日常矛盾。狐獴是食肉动物，属于獴科。它们的模样可爱，但是性情却不好说。狐獴好斗，而且从小就接受这方面的训练。一只占统治地位的雌性狐獴一年可能会产下几窝幼崽，这是可以实现的，因为其他狐獴都会成为帮手。嗷嗷待哺的小狐獴从帮手那里得到食物的最好办法就是让自己距离帮手最近。为了达到目的，它们对那些想要偷偷溜到帮手身边的兄弟姐妹毫不客气，抓咬猛扑都是常事。这些扭打不会造成多少伤害，意味着对兄弟姐妹不友好的成本很低。不难看出，兄弟姐妹从这种手足之争中可以获得很多，但需要付出的则相对较少。这可能就是这种现象在成长过程中如此普遍的原因。

然而，子女之间的冲突可能会给父母带来麻烦。动物父母如何减少子女之间的敌意和嫉妒呢？加拉帕戈斯群岛的海狗妈妈们就无法容忍年长的子女欺凌年幼的弟弟妹妹们。在这个物种中，大约有四分之一的幼崽是在哥哥姐姐还在父母身边吃奶时降生的。由此可以联想到上面提到过的第二个孩子通常体重较轻的现象。在这些情况下出生的幼崽也是这样，这对它们来说又多了一个劣势。那些不怎么友爱的兄长或姐姐经常追赶并欺负它们，尽其所能地阻止新生幼崽吃奶。幸运的是，海狗妈妈们会站出来维护幼崽的利益，它们会使用各种威胁手段，必要的时候甚至会咬年长的幼崽，以阻止打斗。大多数时候，这些策略都可奏效，年长的幼崽会接受自己已经长大的事实——除非年景很不好，长子或长女的日子也不好过。这样的话，年长的幼崽就会拒绝海狗妈妈把它们从乳头上强推出去。如果抵抗的时间足够长，海狗妈妈们可能会忽视新生的幼崽，导致它们饿死。

与之类似，在童年和青少年时期，人类兄弟姐妹之间的关系在冲突与合作之间徘徊。人类与动物在手足冲突上的差别之一是，前者最常见的冲突原因是个人财产的分配，之后是权力、侵犯、外界的朋友以及违反家庭规则。弗洛伊德似乎错了，比起父母与子女之间的关系，子女更在乎彼此之间的关系。造成的结果就是，子女们很少争论父母更喜爱谁，也几乎从不解决纠纷。父母干预通常是解决冲突的主要方式。

父母如何回应、调解或干预，会在很大程度上影响子女个人的发展以及子女之间的关系。尽管有些专家建议父母不加干预，但这并不是最佳选择，尤其是在出现激烈的冲突时。如果手足冲突真的事关争宠，那么不加干预也许是可行的，但是上面已经提到过，这很少是手足之间产生冲突的根源。更重要的是，如果没有父母干预，胁迫或虐待式（心理或身体上）的手足冲突无疑会使受到攻击的那一方出现问题。也许比不加干预更糟糕的唯一做法是认可这种攻击。

父母们处理子女间争吵的典型做法是什么呢？协商是最常用的手段，其次是什么都不做，最后是支持孩子们之间的争斗。当子女年龄相仿时，互相打斗的现象似乎会更加普遍。但不加干预毕竟不是调停手足之争的有效策略。我们姑且不谈有些父母容忍和允许孩子们之间进行身体攻击这个令人不安的事实，先把注意力聚焦到指导和平协商的父母身上。协商可以看成是合作的一种形式，这个过程当中我们需要被父母教导，而仓鸮幼鸟却很容易接受。

仓鸮是分布最广泛的鸟类之一，除了极地、荒漠、喜马拉雅山脉北部和印度尼西亚等地之外，随处可见它们的身影。它们长得非常漂亮，白色的心形脸庞令人难忘。虽然名字中有"仓"，但是它们并不住在仓库里。（事实上，它们有各种各样的名字，比如幽灵鸮、白鸮、死亡鸮、妖怪鸮等。）它们喜欢较小的栖息地和筑巢地点，比如树洞、悬崖裂缝和废弃建筑物，甚至烟囱里。

与其他鸟类一样，仓鸮雏鸟向父母乞食，但是最近有研究表明，仓鸮雏鸟的鸣叫更多是为了影响彼此，而非它们的父母。从根本上讲，就是如果雏鸟之间能够交流各自的需求，那么更饿的那只就会使劲鸣叫，这样另一只雏鸟就可以节省体力。如此一来，这对雏鸟就会根据需求程度进行合作，并协商谁在什么时候得到什么。之前有证据表明，仓鸮雏鸟会在它们的父母带着食物回到鸟巢之前互相交流。有趣的是，一只雏鸟要完全支配另一只雏鸟并不难。仓鸮不同时孵化，所以在同一个鸟巢中的雏鸟体型有明显的差别。由于父母喂的食物是像鼩鼱这样的小动物，所以这些雏鸟无法平分这些食物。而且，仓鸮雏鸟每天晚上可以吃掉相当于自己体重的食物。如此看来，它们之间的协商和合作居然大于直接的竞争，着实令人惊讶。合作方式是这样的：当仓鸮雏鸟越饿，它就叫得越频繁，而且持续时间也越长。每只幼鸟从其他幼鸟喊叫的频率中比较出各自的饥饿程度，从而判断自己从妈妈或爸爸那里获得食物的可能性，并依此调整自己发出乞食信号的频率。天哪，真是太复杂了！

简而言之，最饥饿的雏鸟能使其他雏鸟降低音量，这样它就可以得到食物。所有雏鸟都遵守这个原则。从"成本—收益"的角度来看，这就好像是在说："天哪，看起来我的弟弟真的很饿。我没有那么饿，所以在爸妈回家后还是不要浪费体力使劲大喊了，干脆现在就闭嘴吧。"与有些人类的做法不同，仓鸮不会因此就索取更多。它们会彼此协商。对于多个孩子的父母，如果能够辨别一个孩子提出的需求是出于真实需要还是试图控制资源渠道，然后再进行相应分配，将是很有帮助的。

虽然有些人类学家认为，人类生来就是互相协作的，但是我认为有些人是这样，而有些人则需要经教导或劝诱才能学会分享、乐于助人并且与他人合作。这一过程是从家里开始的。毕竟，子女之间如何对待彼此是他们学会社交和成为群体一员的第一堂课。所以说，也许父母处理和调停手足冲突最重要的手段就是在家庭中培养更强的合作意识。

我的好朋友保罗，就是总是担心自己不小心让女儿从楼梯上掉下去的那位父亲，向我讲述了他抚养后面两个孩子时的感受。那是两个男孩，年龄相差仅19个月。他们非常喜欢对方的陪伴——只要他们都喜欢自己正在做的事。大多数口角的发生是因为抢占位置或者只是出于无聊。作为一名身为人父的进化生物学家，他对合作进化有着独特的见解。他认为，具有共同目标的家庭中存在的矛盾更少。他教导自己的孩子们，整个家庭能从每个人的通力合作中受益，从而减少子女之间的竞争。重要的是，每个人都能感受到作为家庭的一员所获得的好处。

他还分享了另一个观点，即我们永远不要低估公平对待每一个子女的重要性，不要允许他们过于强调个人需求。这点我完全同意。当然，这是一种微妙的平衡，但是如果不能做到这点，而是纵容每个孩子，那么子女们就会陷入一场几乎永无止境的争斗，以期得到自己想要的东西。对此保罗的警告是：后果自负。

美国人尤其注重个体，认为个体高于一切，而以牺牲他人为代价的自我满足会引发竞争和冲突。这在人际关系和家庭中体现得很明显，扩展到整个社会也是如此。如果你想让孩子们善待彼此，那就不要让任何一个孩子占据不合理的优势。真正的合作来源于公正、平等，个人和集体都能从中受益。我们常说生活本就不公平，但人人都渴望被公平对待。人类天生就是得分者，总想比别人得到的更多。你可以试着抹去孩子身上的这种特点，但是他们无论怎样都会继续得分，长大后还会理所当然地怨恨自己的父母。维护公平是促进长期合作的方式，如果一个家庭中有人将获得更大的利益，那么他想要与家中其他人开展合作显然是不合理的。

你可能觉得我是在抹黑手足关系，接下来就讲讲有兄弟姐妹的好处。显然，并不是所有的兄弟姐妹都会发生矛盾。有兄弟姐妹的最大好处之一就是有人关心和照顾，还可以与之通力合作，共同取得成功。

猎豹深知与手足结成联盟能够提高生存概率。我曾经在迈阿密动物园遇到过一只名叫金·乔治（King George）的猎豹。那时的动物园流行用猎豹作为形象大使吸引公众的兴趣。金·乔治已经离世，但是当年我见到它的时候，它还是一只年仅一岁、模样可爱的小野兽。我一直以来都钟爱这类擅长捕猎的食肉动物，能够有机会与它短暂相处，我感到很荣幸。

猎豹既隐秘又迅捷，但是在体型更大、更凶猛的竞争者面前却是脆弱的猎手，如狮子、鬣狗和美洲豹。这可能就是为什么在离开母亲之后，年幼的猎豹们仍会在一起待上大约 6 个月。在那之后，姐妹们会离开，因为要去和其他雄性猎豹交配，但是兄弟们会共度一生。这点很有意思，因为与同样结成联盟的雄狮不同，雄性猎豹不会得到收益，即接触更多的雌性。因为雌性猎豹是独居者。尽管如此，在塞伦盖蒂草原上，约有 60% 的雄性猎豹都是某个群组的成员，或两只，或三只，或者罕见地由四只组成一个群组。为什么？独自行动的成年雄性猎豹几乎永远都无法获得一片领地，所以也不会活得太久。与家人待在一起是有好处的，至少对雄性猎豹来说是这样。

虽然我的朋友阿尔玛只有一个孩子，但是她的原生家庭有四个孩子，所以她很清楚拥有兄弟姐妹的一个最重要的好处就是：有后援。通常在关系亲密的手足之间有一条规则：我可以欺负你、打你或者为难你，但我绝不允许外人这样做！

自然小课堂：

- 手足竞争在有些家庭中可能会是严重的问题，虽然很少达到沙虎鲨那样的程度，但请不要忽视手足之间的暴力行为。
- 与普遍看法相反，手足竞争的原因很少是为了向父母争宠。
- 仓鸮的雏鸟们会通力合作并互相协商。父母需要引导孩子们公平地相处。
- 不管是任务还是奖赏，都要在孩子们之间公平分配。如果一个孩子有所抱怨，要给出合理的解释。
- 当兄弟姐妹相互帮助时，他们会从中受益，特别是在生活不如意时感受到家庭的温暖。

第六章　孩子们长得太快了

　　有句话总是能引起父母们的共鸣：孩子们长得太快了！不过，这可能只适用于宝宝刚出生的头几年。之后，这句熟悉的话就会变成：他们什么时候才能长大搬出去住啊？而当孩子们真的搬出去时，看着自己的孩子离开家去上大学，或搬到自己的公寓，或与男朋友住在一起时，许多父母又会黯然神伤。阿尔玛对我说，当那一刻来临时，她便已经完成了自己在女儿刚出生时所做的承诺：爱护她、教导她，帮助她成为最好的自己。她既为女儿成为这样的女人而无比骄傲，又对女儿不再需要她这样的母亲而深深失落。

　　为人父母不仅要满足孩子们的物质需要，还要教导他们好好做人，就像犀牛妈妈必须教会孩子如何成为优秀的犀牛、蓝脚鲣鸟必须教会幼鸟如何成为成功的鲣鸟一样。随着孩子们的成长，这些知识将变得更加严肃和复杂，而其中很少是与生俱来的能力，尤其是对人类这样的群居动物而言。想要独自行走世界，必须要顺利通过每一个成长阶段，而父母就是引导孩子们平稳驶过那些惊涛骇浪的指南针。孩子们需要学习动手技能，比如使用餐具和系鞋带。他们还必须学习重要的社交技能，比如与人分享、结交朋友和解决冲突。诸如此类，还有很多很多。我在考虑这些问题的时候也在想，父母们是如何知道孩子已经做好准备、迈向通往独立道路的下一步的呢？是取决于孩子的特点还是这一阶段的难易？或者两者兼而有之？自然而然的，我不由得好奇：其他动物是如何做出这类决定的？它们又是如何处理子女成长过程中的挑战的呢？

自己吃饭！

也许所有物种自立的第一步都是学会自己吃饭。在第四章中，我讲过人类和其他哺乳动物的平均哺乳时长，但是断奶与自己吃饭可不是一码事，厨房地板上溅满了红薯泥的父母可以作证。首先，孩子需要学习什么能吃。这绝非小事，尤其是对蜜獾来说。蜜獾就像是动物界的西尔维斯特·史泰龙（Sylvester Stallone）或阿诺德·施瓦辛格（Arnold Schwarzenegger），它们与黄鼠狼、水獭和貂熊属于同一个类群。关于蜜獾的详细资料少之又少，但是科研人员已经收集到一些生活在卡拉哈里沙漠的蜜獾的觅食生态和行为学研究数据。

我一直都想去探访卡拉哈里沙漠这片神秘的土地。我在佛罗里达州读心理生物学的研究生时，特别喜欢读马克·欧文斯和迪莉娅·欧文斯（Mark and Delia Owens）的书，其中一本是《卡拉哈里的呼喊》（*Cry of the Kalahari*），书中描述了这对科学家夫妇在这片荒野的冒险之旅，那里堪称野生动物的天堂。蜜獾在那里生存，其食谱非常丰富，甚至包括一些特别危险的东西，比如野猫、蝎子、黄金眼镜蛇，当然还少不了蜜蜂幼虫。鉴于这个食谱上大约有 60 个物种，蜜獾妈妈可有的忙了。教会蜜獾宝宝如何安全地制服和杀死像眼镜蛇这样危险而有毒的食物，或者小心处理蜂巢以免被愤怒的蜜蜂蜇死，是至关重要的。对蜜獾幼崽来说，在 3 个月大以前，它们只能借助妈妈的嘴才能走出巢穴：蜜獾妈妈会叼着它们从一个地点转移到另一个地点。正如人类的婴幼儿一样，蜜獾幼崽也会经历一个过渡阶段，其间妈妈会喂给它们不同的食物，而它们大约要花一整年的时间才能够自己独立进食。

与蜜獾一样，人类的食谱也非常广泛，孩子们是从父母那里学习什么可以食用。很多鸟类也是如此。在一个设计巧妙的实验中，科学家调换了蓝冠山雀和大山雀的鸟蛋。通常情况下，这两种雀鸟能够相安无事，它们在森林中的不同区域觅食。蓝冠山雀的活动区域比大山雀要高一些，而且更适合在植物嫩芽和新枝上觅食。科学家感兴趣的问题是幼鸟是否向父母学习觅食本领，以及如果被另一种鸟抚养的话会发生什么。结果令人大吃一惊：被调包的幼鸟居然形成了养父母的饮食习惯。虽然具备物种原本的天然优势，但是养父母的长期喂养足以改变幼鸟的"天性"。

这与人类有什么关系呢？大约 50% 的父母遇到的一项主要育儿挑战就是孩子挑食。挑食的孩子摄入的营养与那些不挑食的孩子相比有显著差别，表现在前者的维生素 E、所有 B 族维生素和铁的摄入量都较低。一个孩子是否愿意接受一种新的食物与其父母和兄弟姐妹是否吃那种食物有直接关系，这一点已经得到证实。大多数父母仅在尝试 3 次之后就不再试着让孩子吃新的食物，但研究表明尝试 8 至 15 次才是最合适的。与蓝冠山雀、大山雀和很多其他物种一样，父母让孩子接触到的食物将在最大程度上影响其日后的饮食偏好。饮食多样化对孩子的成长发育和身体健康非常重要。所以请坚持多试几次，因

野性与温情：动物父母的自我修养

为反复接触是确保孩子学会吃这种食物的唯一方式。

自然小课堂：

- 对人类来说，让孩子尝试新的食物似乎比动物要难得多。
- 红毛猩猩妈妈在喂给孩子食物前会稍作咀嚼。
- 当孩子们可以吃固体食物后，请满足他们的好奇心，让他们接触尽可能多的安全的食物。
- 如果你的孩子拒绝一种食物，不要放弃！学习蓝冠山雀的方式，继续尝试——但也不要勉强。

宝贝，晚安！

另一个通往自立的重要步骤是独自入睡。话虽如此，但正如我们在第四章中提到的，陪睡在全世界范围内都很普遍，而且对于1岁以下的婴儿来说，与父母同睡有明显的好处，但是一个孩子迟早都必须学会独自睡觉。关键问题是什么时候。有"合理的"年龄吗？这与孩子自身的性格或其他因素有关吗？

有些物种可能会一辈子与父母或其他家庭成员同睡。在开始关于土拨鼠的毕业论文研究之前，我有机会去了导师在阿根廷野外的研究地点，位于伊瓜苏大瀑布附近。他当时正在研究黑帽卷尾猴的空间记忆和觅食特点，而我正在考虑研究捕食风险。第一次遇到猴子大军可以与我在克鲁格国家公园遇上青腹绿猴的经历相匹敌，那里的雄性首领格达姆（Gerdame）让我领教了等级区分。黑帽卷尾猴的社会组织结构是由几只雄性、与之相关的雌性和它们的幼崽以及几只外围雄性组成，整个群体由雄性首领领导。格达姆非常注重自己的领导地位，看到我这个跟随它的群体的可疑分子后，它立刻从一棵巨大的棕榈树上跳到我面前，恶狠狠地瞪着我，冲我尖叫。我顿时被它的威严所折服，马上低下头，慢慢地退下了。

黑帽卷尾猴会在同一片区域睡觉，利用几棵足够高大的树确保群体的成员彼此相依。小猴在一岁半以前都与母亲同睡。超过这个年龄段后，它们在睡觉时仍然挨得很近；独睡的现象很罕见（大约只有10%）。鉴于体型，黑帽卷尾猴需要很长的时间发育，大约要用 5 年的时间才会进入相当于人类少年的阶段，但是它们会提前一两年进入"不再与母亲同睡的阶段"，也许是因为母亲已经开始忙着照顾新的猴宝宝了。我们不知道少年卷尾猴是否会对此不满，但却知道人类的孩子很可能会提出抗议。

为什么有些孩子很愿意睡自己的床而且并不会感到不适，有些孩子却会拼了命地拒绝呢？答案之一是，这可能体现了亲子冲突。有些孩子希望得到父母更多的关爱和照顾，而这些需求已经超出了父母的能力范围或违背了他们的意愿。在当今社会，睡眠对成年人来说非常珍贵，难怪睡眠问题会成为亲子冲突的主要导火索。从父母的角度来看，让孩子自己睡的原因可能只是因为他们需要睡个整觉，就这么简单。如果因为与孩子同床或同屋，或不得不频繁地去孩子房间安抚而不能睡整觉，他们可能不等孩子愿意接受就不再这么做了。有些孩子很喜欢父母整晚把自己抱在怀里，陪自己梦见兔子和彩虹。孩子想要的与父母愿意给予的总是存在差距，这便是父母烦恼的根源所在。

作为成年人，我们能够从独睡中受益，得到放松。孩子们掌握这一点也很重要。但尚不清楚的是，从生长发育的角度来说，哪个年龄是进行睡眠训练的合理时间。

保罗决定在最小的儿子1岁半时开始对他进行睡眠训练。在这之前，这孩子与父母在同一个房间睡觉。让儿子去另一个房间睡觉，主要是出于保罗的隐私需求，他需要有一个地方用来独处以及与伴侣谈心，不管他的儿子是否已做好准备。他的大儿子当时4岁，依然在纠结独睡这件事，所以保罗决定请一位睡眠咨询师帮忙。这位睡眠咨询师的任务是帮助保罗和他的妻子制订一个计划，从而实现这种转变。但是据保罗所说，真正的任务是允许他们开始执行这种转变，然后应付孩子可能会产生的不良情绪。小儿子的情况可以说是鸡飞狗跳：有尖叫，有哭闹，最后甚至因为情绪过于激动而呕吐。但保罗强烈地感到自己必须要坚持下去，用他的话说，他的儿子需要学会安抚自己，让自己入睡。在几周之后保罗取得了成功，他的小儿子在独睡方面的能力超过了大儿子。

其他物种会纠结于睡眠问题吗？我不确定是否有人曾经对此问题做过实证研究，不过据说如果不设定边界来帮助孩子实现"跨越式"自立的话，可能会导致灾难性的后果。我马上想到了芙洛（Flo）和弗林特（Flint）这对黑猩猩母子。芙洛是珍·古道尔最初研究的贡贝黑猩猩对象，它是一位出色的母亲。但是，当它生下弗林特时，年纪已经不小了。弗林特是一只吵闹的要求很高的黑猩猩。在它大约5岁的时候，芙洛又生了一个儿子，叫弗拉姆（Flame）。跟以前的孩子不同，芙洛没有办法让弗林特完全断奶，而且弗林特也不愿意睡在自己的窝里。弗拉姆在6个月大的时候就夭折了，在那之后，芙洛好像完全放弃了对弗林特制定严格的规矩。1972年，大约48岁的芙洛去世了，弗林特失魂落魄地为自己筑了窝，它躺在里面，几周之后也去世了。尽管它已经长大了，但没有母亲它根本就活不下去。

有些孩子在夜晚时想要得到父母的关爱和陪伴，更多的是出于心理需要，实际上他们还没有做好独立的准备。他们可能更加敏感、容易受到惊吓，或者只是需要更多的时间，而这超出了父母的预期。

仔细想想就会发现，睡眠过程中我们所有人都很脆弱。我直到读研究生时才完全明白这个事实，当时睡眠方面的演化是经常被讨论的话题。不同物种所需要的睡眠时间各不相同，但只要是有生命的个体都需要花些时间休息。与其他哺乳动物一样，人类也要睡觉。犰狳需要20小时的睡眠时间，堪比大多数猫科动物，而驴则只需要睡3个小时就够了。根据生物在食物链中所处的位置，睡觉的风险有大有小，因为在睡眠中自我保护的能力完全丧失了。这就是大多数群居动物选择睡在一起的原因，包括人类。或许正是因此，那些更加直接地感受到这种原始恐惧的孩子，也就更容易产生"非理性恐慌"：影子变成了可怕的妖怪和邪恶的生物，它们好像就潜伏在床底下。

此外，部分原因在于孩子们拥有强大的幻想能力，有时这可能会导致毫无缘由的恐惧。在孩子六七岁之前，情景游戏对他们的成长相当重要。这将促进一系列认知技能和心智理论的学习。心智理论是理解自身与他人心理状态的能力，即设身处地为他人着想。久而久之，

野性与温情：动物父母的自我修养

孩子们就能学会将感情和情绪与推理结合起来。代价就是，当本能的不情愿与独睡的恐惧相遇时，孩童的幻想可以让就寝时间变得非常恐怖！

个人的成长经历也能够改变或影响一个孩子对于独睡的意愿。在我 9 岁的时候，就在我的欧玛准备搬回巴西之前，有人闯进了我们的房子。我的继父总是敞着玻璃推拉门，显然这很容易招贼。欧玛看到了那个男人，大声喝道："你要干什么？"幸亏他离开了。这件事并没有引起太大骚动，但令我失望的是，那扇玻璃推拉门每晚依然开着。

一年以后，我在学校里认识的一对双胞胎家里出事了。因为我当时还很小，所以没有人告诉我具体细节，但我清楚地记得学校贴公告说他们的妈妈被谋杀了。传言说她是在夜里被杀的……在他们睡觉的时候……在家里的门厅。我记得自己当时想道：等等，有人在一层门厅杀了人，而房子里的其他人竟浑然不知？如果不能醒来的话，又该如何保护自己呢？我在睡觉时的安全感被彻底打碎了。在后来的三四年里，我都无法好好睡觉。欧玛离开后，我感到害怕的时候再也没人给我安慰和拥抱了。夜间敞开的玻璃推拉门对我来说比从前更加阴森，于是我会等到所有人都睡着后悄悄地把门关上。我因此被惩罚了很多次，之后我就干脆一直醒着，等太阳升起。当然，这也导致了另一个问题：我常常梦游。这通常是由睡眠不足引起的。从某种意义上讲，这是已获得的独立状态的倒退，因为在经历过这些事以后，我变得不那么自信了，需要重建技能，再次"冒险"独自睡觉。由于缺少父母的耐心引导，我花费了比常人更多的时间才完成这一过程。

自然小课堂：

- 独睡是件大事。大多数群居动物在睡觉的时候都彼此挨得很近，因为动物在睡觉的时候最脆弱，我们对此都有所体会。

- 年幼的动物几乎总是与父母同睡，但不同动物种类持续时长有所不同。

- 当你想要你的孩子独睡时，他（或她）很可能还没准备好。不过，睡眠训练能够帮助你的孩子获得信心以实现这一转变。

- 有些孩子可能很愿意独睡，不怎么抗拒，但有些孩子可能需要更长的时间实现这一转变。先想想是否必须在某个日期前让孩子完成这种转变，再做决定。

- 孩子们拥有丰富的想象力，擅长玩情景游戏。不过这可能会导致他们在睡觉时联想到可怕的场景。父母应耐心而温和地帮助他们区分幻想与现实，这不仅有助于孩子的认知发育，而且也有助于杀死那些想象中的恶龙。

- 任何类型的创伤事件——无论轻微还是严重——都可能导致孩子出现睡眠问题。如果你的孩子以前可以独睡，却忽然开始想要与大人同睡，那就需要和孩子一起寻找原因，花点时间帮他（或她）重新养成独睡的习惯。

建立自信

我们需要帮助孩子实现这些里程碑式的跨越，学会应对可能引发倒退的消极事件。对人类和动物来说，育儿的主要任务是教会孩子如何变成最好的自己，并在生活中获得成功。这就好比走钢丝，一边要告诉孩子外面可能存在的所有危险，同时又要鼓励他们去冒险，当中存在着非常微妙的平衡。我们要在家中做好安全防护，还要警告孩子们远离世界上的危险，比如不要摸炉子，过马路前要看两边，避开陌生人……教训多到数不清。我们这样做是为了让孩子的生活有个好的开始，因为我们无法保护他们远离所有可能遇到的危险。

斑胸草雀幼鸟也会学习一些经验，虽然教学课程在它们孵化前就已经开始了。斑胸草雀是科学研究的模式生物，这种歌声美妙的鸟被广泛用于研究一系列问题。同时它们也是积极帮助幼鸟取得成功的模范父母。在这些宝贝们孵化前，斑胸草雀父母就着手帮它们做好准备应对前方的挑战了：它们的歌声中透露出有关未来的信息。

通过歌唱的方式，斑胸草雀父母告诉未出壳的雏鸟外面的天气状况。当温度超过 25℃时，它们会发出一种特殊的叫声，以此影响雏鸟的发育速度。当雏鸟听到这种特殊的歌声时，就会减缓发育速度，孵化时体型也更小。它们借助父母的帮助做好准备，这种助力甚至会延续到成年，引导它们选择更温暖的地方筑巢，这非常重要，因为很多物种都不得不适应由于人类活动导致的气候变化。

不过，我们不可能帮助孩子应对各种不测。有些事终究是要通过亲自尝试和失败才能习得的。在学会应该害怕什么这件事上，土拨鼠幼崽积攒了很多教训。土拨鼠的群居地相当吵闹。它们叽叽喳喳，不时直起身子尖叫（我喜欢将它们的这个姿势称为"拜日式"，因为它们用后腿站立，同时上半身向后仰，前腿向上抬起），发出警报。邻里之间的交流对土拨鼠的生存至关重要。毕竟，它们几乎是那个区域里所有食肉动物的目标。我曾有幸与康斯坦丁·斯洛伯奇科夫（Constantine Slobodchikoff）博士一起工作，他对土拨鼠的语言颇有研究。成年土拨鼠有一套精准的交流系统，能够对即将到来的威胁做出预警。当发现捕食者时，土拨鼠会迅速发出警报，它们的叫声中包含捕食者的身份、方位以及逼近速度等信息。

为了更好地了解这些神奇的动物，我花了几年时间在野外观察，石头上、大树下、树梢上甚至车顶上，都曾是我的藏身之处。每年6月，都会有一批温顺而天真的幼崽在地洞中降生。这些小土拨鼠不懂得应该害怕什么，也没有掌握土拨鼠的语言。在出生后的头几个月，年幼的土拨鼠几乎对一切事物都发出警报，但它们还没有完全掌握具体的词汇，比如有时候会把老鹰说成狼。此时的成年土拨鼠几乎完全不理会幼崽的叫喊。土拨鼠幼崽的生存环境危机四伏，一个错误就可能让它们付出生命的代价。所以当8月到来的时候，所有存活下来的幼崽都要抓紧学会土拨鼠的语言。

在妈妈和（或）爸爸的鼓励下，孩子们可以逐渐积累经验教训。一位学术同仁与我分享了他如何帮助自己的儿子实现自己骑车上学的跨越式进步。头几次，他陪儿子一起骑车，他在前面带路。等儿子熟悉了路线，他便自然而然地建议他们并排骑车去学校。在这样几次之后，他问儿子是否可以在前面带路。最后，在一天早上，他假装自己有点累，建议儿子自己去上学。通过逐渐提高独立能力，他的儿子越来越熟悉这个过程，也增加了自信。

这种方式与我所观察到的一对哀鸽的行为出奇地相似，它们也是这样教会幼鸟展翅飞翔的。尽管我已明确表达过自己对哀鸽的喜爱，但观察这对哀鸽父母如何养育子女更加深了我对它们的感情。前文曾提到，每年都有一对哀鸽在我的公寓附近筑巢。最初，它们的巢位于我家客厅外面的一棵大松树上，看起来不太牢靠。连续两年，3 月底的风暴都会倾覆鸟巢，所有鸟蛋毁于一旦。终于，在第三年，这对夫妇征用了我挂在阳台墙上的花盆。那里是完美的地点，能够抵御恶劣天气，而且可以全方位地观察到二楼阳台外面可能潜伏的任何危险。

我不去打扰它们，在屋里偷偷地观察这对夫妇孵化鸟蛋，然后为刚刚破壳而出的雏鸟保暖，轮流喂养它们，最终教会它们飞翔。有一年夏天，肯定是因为光景特别好，这对哀鸽已经开始养育第三窝幼鸟。我想是时候"收回"我的地盘了，于是开始静静地坐在外面，但是并不打扰它们。大多数时候，我在外面看到的是雏鸟们蜷缩在巢中，也许是为了不被发现。

哀鸽父母鼓励幼鸟展翅飞翔的方式真是令人大开眼界。在进行飞行训练前，它们会降落在鸟巢里给幼鸟喂食。巢中通常有两只幼鸟。那些小嘴扬起嗷嗷待哺的画面很美丽。幼鸟吃饱后就缩回巢中，我便看不到它们了，只有在父母回来时它们才冒出头来。飞行教学的开始时间是由哀鸽夫妇选定的。教学开始的征兆是幼鸟们开始伸展并拍打尚未发育完全的翅膀。在大约 1 周以后，哀鸽夫妇就不再降落在花盆里，而是落到一把户外椅上，上面有一个厚厚的坐垫，离鸟巢很近。安顿好后，它们就开始咕咕呜呜地叫，直到幼鸟们来到花盆边缘，这时候它们的叫声变得更为急促。果然，几秒钟之后，幼鸟们笨拙地拍打翅膀，然后跌落到坐垫上。这时候夫妻俩改换位置，它们飞回鸟巢里，再叫幼鸟们飞回来。又过去了1周左右，这种起飞和降落对小鸟们变得越来越容易。下一步就是稍微增加难度，哀鸽夫妇会落在栏杆上而不是椅子上。之后，进展就很快了，课程难度继续增加，先是降落在远离鸟巢的露台栏杆上，然后是阳台外面的松树上。如此教学3周后，每只小鸟都可以来去自如，最后，它们就远走高飞了。

我不禁感叹，这是帮助孩子们实现里程碑式目标的最佳方式。区别在于，人类的成长道路上可能有成百上千个大大小小的里程碑。也许并不是所有孩子都需要用这种方法引导，但是掌握一项技能所需要的时间因人而异。通过采取哀鸽父母的策略并尊重个体的自主性，父母们能够创造机会让孩子们一点一点增加自信，认识到自己有能力完成不熟悉的任务，从而敢于冒险，并且迎难而上。总体来说，与哀鸽和许多其他动物父母一样，人类父母也是采取这种方式帮助孩子习得运动能力的，包括走路、跳舞、骑车，等等。

然而在某些方面，我们对待孩子的方式更像是在格陵兰岛悬崖上繁殖的白颊黑雁。无论白颊黑雁在哪里繁殖，它们都会在高耸的峭壁上筑巢，从而抵御捕食者的袭击。选择这种策略要付出很高的代价。白颊黑雁父母不会带食物给刚孵化的雏鸟，这意味着家庭中的每个成员都必须快速地从悬崖来到地面，这样雏鸟才能与父母一起进食。它们必须在孵化后的3天内进食，但与父母不同，它们还不会飞翔。所以，当它们只有3天大的时候，这些毛茸茸的小白颊黑雁必须完成生命中最大的飞跃，让自己从峭壁的集中落到下方的岩石地面上。而且

　　　　　　　　　　　　野性与温情：动物父母的自我修养

这里说的可不是 50 英尺，而是 400 多英尺。结果怎样？大多数雏鸟会死亡，但不是所有——否则白颊黑雁早就灭绝了。是什么导致了生与死的差别？我们尚不清楚，也许与幼鸟的体型大小和羽毛的数量有关，也许更重要的是运气。有些雏鸟非常不情愿这样做，它们在实现这一"跨越"时所花费的时间差异有助于我们理解不同孩子之间的差异。

我们把孩子"扔下峭壁"的方式之一是把他们送到日托中心或学前班。有些孩子从第一天开始就适应得很好，那么类似于白颊黑雁的方式就很奏效。其他孩子可能需要更多的时间和引导。如果我们能认识到并接受这一点，帮助他们慢慢适应环境的变化，就可以很好地避免问题出现。比如我以前的一位同事非常了解自己 3 岁的女儿马德琳（Madeline），她是一个焦虑胆小的孩子，不善于适应突然的变化。正是因为了解这点并尊重女儿的需求，这位同事和她的丈夫制订了一个计划，帮助马德琳实现从日托中心到学前班的过渡。与白颊黑雁父母完全不给雏鸟准备时间不同，马德琳的父母在送她上学前班的一个月前，就开始对她讲述那里的情况。他们每天都兴奋地谈论她将要遇到的和现阶段类似的情况，也会谈论一切不同的情况：新的小朋友、新的活动、新的地方、新的老师，等等。最初，马德琳有些怀疑和抗拒，但是在 1 周后，她就开始想象学前班会是什么样子。然后她还有 3 周时间让自己对上学前班这件事感到兴奋。之后呢？马德琳很快就适应了变化，因为她事先有机会想象这种变化并做出了期待。

自然小课堂：

- 告诉孩子们危险所在是非常重要的，这是在帮助他们为未来的成功做准备，就好比斑胸草雀为雏鸟所做的一样。同时，我们必须掌握好这个度，这样才不会让他们对一切都感到害怕。
- 循序渐进地提高课程的复杂程度能够帮助孩子建立自信。
- 许多父母在教孩子学习运动技能时很有耐心，但却常常把孩子毫无准备地扔进新环境里。这有可能是在冒险，因为每个孩子的脾气秉性不同。
- 有些孩子在面对新环境时感到的恐惧程度很容易被低估。采用哀鸽的循序渐进策略，能在很大程度上帮助他们接受变化，并将其看作正常生活的一部分。
- 尽早建立孩子的自信，这将有利于他们在以后的生活中勇敢面对挑战。

学会与他人相处

孩子们遇到的另一个障碍是上学（有时候父母也一样）。不管是学前班还是幼儿园，大多数孩子终究都会离开父母，进入社会这个复杂的社交大舞台。你可能会认为，如果你的孩子曾去过日托中心或幼儿园，那么学前班就没什么可怕的。然而，还是有很多孩子会对这些变化感到紧张、焦虑或十足的恐惧。这是怎么回事呢？为什么他们突然变得黏人，不愿意去学校了呢？是的，有些孩子可能是由于难以接受变化，比如马德琳的例子，但许多父母也许没有意识到的是，大多

野性与温情：动物父母的自我修养

数孩子的抵触是因为每所学校都代表着一个全新的社会环境。

　　你可能觉得此前已通过各种途径培养了孩子的社交技能，比如妈咪宝贝小组、约会游戏、日托、学前班……没错，这些的确有助于培养社交技能。问题是，在上述每个情景下进行社交互动的都是相对固定的一群孩子，我认为这也是许多孩子现在仍面临困扰的原因。这意味着他们熟悉某些孩子，在特定的一群孩子中规则已经建立，秩序（或混乱）已经形成。通常情况下，每一次转变发生时，地点、老师、时间安排全都是新的，此外还要面对完全不同（或至少部分不同）的一群孩子。人类可能是唯一需要重复地融入这么多不同的社会群体的物种。这很可怕。进入一个全新的社会群体是有风险的。如果你在上幼儿园，那么你在上学前班之前的 2 到 3 年里一起玩耍的大多数孩子可能都是相同的。在这段时间内，你会逐渐习惯这个社会群体的行为规则，但是在上学前班之后就会突然改变。突然间有了新的孩子、新的老师、新的学校，但却不知道自己在这个社会群体中立于何处。

　　侏獴在离开一个群体进入另一个时也会经历类似的变化。与人类一样，它们长大后便离开出生的家庭，加入另一个完全陌生的群体。这些小型食肉动物遍布非洲各地，生活在地洞里，每个群体大约有 30 个成员。当年轻的侏獴离开家时，便意味着一场冒险即将开始。当它们找到一个新的群体时，作为新成员总是处于劣势，具体表现为处于啄食顺序（pecking order）的底层，也就是最后才能吃东西。同样，当一个孩子突然转到一所新的学校，而且是班里唯一的新同学的话，就经常会成为被欺凌的对象。

　　我们怎样才能帮助孩子们适应这些新的社会环境呢？方法之一是

教给孩子们社会规则是什么，以及如何通过某些特别的行为成功地融入任何环境。分享是个好办法。这可能在上学之前也适用，比如在做游戏时。可以分享玩具，但更多的是分享食物。分享食物是一种基本的合作方式，在成长初期就有所体现。孩子们经常自然而然地分享，但是他们可能不愿意分享自己最喜欢的食物。黑猩猩也是如此，至少我特别熟悉的一只名叫肯尼娅（Kenya）的黑猩猩是这样。我们第一次见面是在类人猿中心，那时它才18个月大。它现在仍然住在那里，已经出落成一只漂亮的成年黑猩猩。我常在公园开门营业前带肯尼娅去散步，而且我们经常一起吃午餐，也就是说在它吃午饭的时候我会坐得很近。它的食物包括很多蔬菜：胡萝卜、黄瓜、红薯，等等。不过它的挚爱始终是红辣椒或黄辣椒。它会毫不吝啬地和我分享那些它不那么喜欢的食物，但是对于它钟爱的辣椒，它的做法非常奇特：让辣椒布满它的口水。我不知道它是怎样猜到这一招会打消我的念头，总之如果我示意想要一个黄辣椒，它就会把它整个放进自己的嘴里，再拿出来递给我。

有证据表明，当3岁的孩子合作时，他们更倾向于平均分享，当有意外收获时也会分享，不过会把大部分留给自己。为了进行验证，科研人员让两个孩子解决一些问题，结果将决定谁能拥有超过一半的玩具，然后让这个孩子决定是否与同伴平分这些玩具。例如：在一个实验中，一对孩子面对的问题是通过拉绳子才能得到一个封闭区域当中的玩具。在这个合作性质的游戏中，两个孩子都要拉绳子，但是会多掉出一个玩具，这样其中一个孩子会因此获得3个玩具，而另一个孩子只得到1个。如果他们不肯合作，当他们进入房间时，会看到一边是 3 个玩具，另一边是 1 个。值得注意的是，当这两个孩子合作时，那个幸运地多得到一个玩具的孩子会主动把它送给另一个孩子——完全不需要鼓动。当他们不合作时，那个获得额外玩具的孩子就不会主动分享。

这表明，虽然我们倾向于分享，但仍然相当自私，除非是在通力合作的情况下。教导孩子们为了分享而分享，不可能得到所有孩子的认同；教导他们为了共同的目标而通力合作，则会让公平自然显现。

另一项宝贵的社会技能是同理心。除了善于分享之外，有些人会比其他人更具同理心，这一点甚至在很小的年纪就可以看出差别。同情和理解他人情绪的能力不仅与分享有关，也与克制攻击行为有关，因为这样的人能够体察到他人的悲伤，而且更倾向于表现出帮助行为。同理心的认知在成年后仍会不断发育，但是年幼的孩子已经能够感受到这种情绪并做出回应，从而伸出援手。一岁大的孩子就能够意识到他人的悲伤情绪，并且会尝试安抚对方。

老鼠看起来不太可能是用于做比较的对象，但是科学家对老鼠的同理心进行了充分的研究。2011 年的一项研究发现，当老鼠看到同伴被困在管子里时，它们会快速找到打开门的办法让同伴逃出来，哪怕没有奖赏，也不管它们是否被允许与自己解救的老鼠进行身体接触。在另一项实验中，研究人员把老鼠放在水池里，这对它们来说痛苦不堪。在这个水池旁边有一个干燥的隔间。被浸在水里的老鼠逃脱的唯一方法是由另一只老鼠打开连接处的门。而那些老鼠正是这样做的。大多数时候它们甚至会拒绝好吃的食物，只为了救出另一只老鼠。

在关于老鼠同理心的实验中，有一个意外的反转情节：老鼠不会歧视它们的帮助对象，除非它们的社会环境不是多样化的。这是什么意思呢？首先，老鼠会根据自己的社交经历产生偏见。它们一定会帮助曾经有过愉快交往的老鼠。其次，老鼠的体色各不相同，有些是白色，有些是褐色，有些是黑色，有些则带斑点。如果老鼠只跟与之外表相同的老鼠养在一起——比如都是白色或有斑点的——它们将会拒绝帮助与自己长相不同的老鼠！这些发现意义深远，因为我们知道人类也有类似的偏见。我确信老鼠和人类的同理心机制是相似的。让孩子接触各种各样的人，了解不同的地区和文化，将会减少他们的偏见，并且会让其同理心的对象拓展到所有人。这说明，虽然乐于助人和同理心是人类生物遗传的一部分，但是同样需要培养，而且有些人相比之下更加需要这种培养。那么谁应该负起这部分责任呢？是父母。

如果你的孩子看起来并不是天生就善解人意，你该怎么做呢？需要认识到的一点是，在家中有安全感、得到充分的爱意和支持的孩子更倾向于给予他人关爱。孩子也会通过模仿父母的行为而获得同理心和其他技能。让孩子接触不同类型的人和场景，因为他们更倾向于理解熟悉的人和事。最后，阅历是同理心形成过程中的一大因素。通过交谈甚至阅读书本，从而接触到他人的视角、感受和观点，也有助于增强同理心。

社交技能——特别是同理心——在孩子进入校园后变得尤其重要。研究表明，同理心的缺乏几乎常与校园霸凌行为同时存在。如果父母没有尽到教导孩子的责任，霸凌则是在所难免的。霸凌涉及社会或心理上的统治地位，在专制社会中非常普遍。

研究表明，遭受霸凌的狒狒会感到更大的压力，免疫系统的功能将会下降，而且它们会表现出神经质的行为，这可能最终导致死亡。而一些人在遭受霸凌后会选择自杀，这些事实已足以说明霸凌可能造成的严重影响。

霸凌是非洲獴生活的一部分，它们的社会结构表现出层次分明的等级序列；占据统治地位的雌性会欺负甚至杀死附属雌性的后代。在其他物种中，社会地位经常伴随着显著优势，比如拥有更多的资源，包括食物、朋友和配偶等。所以霸凌行为是有回报的。

问题是，人类也能从欺凌他人中得到好处吗？答案似乎是肯定的。每年全球约有1亿至6亿青少年实施过欺凌行为，在不同文化背景中均有发生。这还只是青少年的数据。

如果再把成年人考虑进来，这个数字将会更高，而欺凌是我们所认为的非适应性行为，也就是说，我们不相信此种行为能带来好处。我们甚至花费数百万美元用于开展活动，抵制欺凌行为。欺凌在人类群体中并不新鲜，有证据表明，在古代和现代社会中，欺凌能给个体带来一些与非洲獴相同的好处：更多的交配机会。所以，可能有人会认为欺凌是人类演化的自然结果。另外，在许多文化中，尤其是平等的狩猎采集社会中，生活方式和思维方式都崇尚个体的自主权，没有人需要被迫做出任何行为，每个个体因其贡献而受到尊重，反对随意评判他人的好坏。这说明，人类所创造的社会和环境条件既能够培养同理心也可能支持欺凌行为。作为父母，我们直接影响着未来人类社会与文化的发展轨迹。

是时候放手了

每个家庭都会经历孩子要搬出去住的时刻。有时候孩子想在自己还没准备好时就获得独立，而有时候父母在孩子感到准备好之前就想要他们搬出去。经历了断奶、上学，逐渐培养社交能力，到实现真正的独立，这一转变的确是艰难的过程。不管你是否相信，分析后代离开家或留下来的条件是动物行为和生态学研究中的一个重要问题。哪些因素影响了这类决定，动物们在何时做决定，甚至它们到底有没有做这些决定，在不同动物当中情况差别很大。

有些动物中，母亲或父亲会毫不客气地下"驱逐令"，无论孩子是否愿意离开。疣鼻天鹅就是这样。在"丑小鸭"褪去柔软的灰色羽毛、换上洁白的新衣后，天鹅爸爸就开始驱赶它们。它不断地向孩子们发起冲击，迫使它们离开家，自己去打拼。为什么要这么做呢？对疣鼻天鹅来说，在父母再次交配、另筑一个新巢、生产并孵化鸟蛋、建立一个新家之前，上一代必须要离开。人类父母可能不会用"想生更多孩子"这个理由逼迫子女独立，但有些家长明确地知道何时要终止亲代支持，比如提供居住的场所或像食物和钱财这样的资源。在美国，当孩子 18 岁的时候，他（或她）就被认为是成年人了。到那时，有些父母会选择"驱逐"自己的孩子，让他们出去独自闯世界，这正是疣鼻天鹅的风格。

　　但是，18 岁的孩子真的有能力在我们创造的社会中独自生存吗？有些也许可以，但是有些尚未掌握本章中谈到的第一个技能：喂饱自己！好吧，他们知道如何用叉子，但是可不一定知道如何做饭、制定预算或处理复杂的成年人任务。最近的一个下午，我在工作的大学校园里买咖啡时与柜台后面的一名学生聊了几句。我看到一群十七八岁模样的孩子在人行道上闲逛，走在旁边的显然是他们的父母。我问那个学生这是怎么回事。他回答说，那天是大学的开放日。随后他说道："我清楚地记得刚来这里上学的时候,那是我人生中最可怕的时刻！"我不禁奇怪："真的吗？""没错！"他继续讲道，"我从未离家如此远过，在那之前我甚至不敢肯定自己能够离开家。"我很好奇他的家到底有多远，结果他的回答是：两小时的车程。

　　并不是所有孩子都能在这么年轻的时候就准备好独自闯荡，而且根据本书贯穿始终的主题，这意味着父母要在法定年龄之后对子女继续给予亲代投入。然而，在历史上（在当今的许多地区仍然如此），年长的子女在 6 岁后就要开始给家里帮忙，从而让整个家庭过得更好。当他们进入青春期时，"留下还是离开"这个问题的答案可能极大取决于这个已经性成熟的孩子对家庭的贡献与消耗之比。这种想法依然常见，有些父母会对成年的孩子说：如果你要留下来，就要付租金并且对家庭有所贡献。如果家庭中尚有年幼的子女，"贡献"可能还意味着带孩子。

这种情况在壮丽细尾鹩莺的生活中也有所体现。这种鸟主要生活在澳大利亚，常见于茂密的森林地区。年轻的壮丽细尾鹩莺在成年后遇到的一大挑战是找到住处，因此它们会在巢中逗留。为了换取仍然待在出生领地这一好处，它们会协助父母养育下一代。这与人类的情况相似，尤其是在住房比较紧张的地方，在这种情况下，年轻人离家的年龄可以推迟到 25 岁以后。

有些动物父母完全不会赶孩子走，也不要求它们必须对家里有所贡献。常见于欧洲的西方狍在离家独自闯荡前需要一些额外的时间，妈妈们允许年长的子女在家中逗留，直至它们准备好离开。那么，决定一只年轻的西方狍准备好独自闯荡的条件是什么呢？是身体条件和社交能力。这只西方狍的体型有多大，以及是否有能力融入一个新的社会群体成功过冬，这些是决定性因素。西方狍与人类之间的差别在于，虽然都要通过竞争才能获得食物，但是西方狍妈妈可不会为年长的孩子提供食物，也不会提供任何直接的亲代看护。

人类与大多数其他物种之间的一个有趣的区别在于，一旦动物离开，它们就很少再回来，而人类则经常"倦鸟归巢"。这并不是一个新兴的现象，也许迅速地自立门户只适用于子女经济条件足够好的情况。有数据显示，当光景好的时候，子女离家的时间要比光景差的时候早得多。他们不仅离开得更早，而且新家的位置离父母家也更远。20 世纪 80 年代，成年子女回来与父母同住的比例开始升高；到了

2012 年，美国大约有 10% 的家庭中有 18 岁或年纪更大的成年子女。这种趋势是否持续可能极大地取决于子女的经济条件。

其他物种由于在外不顺利而回到家中的现象可能要比我们所知晓的更多，尽管这方面的数据很少。在人类中，并不是所有的父母都会敞开怀抱欢迎自己的孩子回来。如果他们允许成年子女回家来住，可能会在许多方面产生冲突，比如父母会要求子女经济独立、为其制定规则、如果做不到就要赶出家门，等等。这便是标准的壮丽细尾鹩莺式处理方法。对子女来说，最好的选择是在必要的时候充分利用亲代的投入，但是不要超出父母的忍耐限度。

第七章　规矩的本质

　　我的朋友保罗是一个体贴的人，也是一个深思熟虑的人。保罗家中有 3 个孩子，同样研究社会行为演化的他，把自己的家庭当成了测试合作行为、解决冲突和研究育儿概念的实验田。他最近曾说过："如果让我用一个词概括育儿，那就是'边界'。制定边界，强化边界，然后维护边界。"我认为边界属于规矩的范畴。然而，规矩到底是什么？只是把孩子限制在特定的边界里，还是要教会他们新的技能？是为了他们自身的安全，还是为了满足父母的需求？

　　这些问题很重要，因为如果父母的目标是教导孩子，那么教育途径将是最有效的。另一方面，如果目标是通过命令要求服从，那么攻击性的体罚是很好的策略。虽然我不推荐后者，但是有些物种确实把惩罚当作一种策略，通过恐吓、报复和恶意来维护社会准则和统治结构。那么，我们不禁要问：父母是暴君还是导师？

　　惩罚和管控的确存在于其他合作型物种中，这样能够减少偷奸耍滑或者不遵守规则的成员的数量，对鼓励合作是很有必要的。黄副叶虾虎鱼就是这样做的。很少有人了解的是，它们不仅外形酷似小丑鱼，社会结构也同样复杂。黄副叶虾虎鱼生活在印澳群岛的海葵和珊瑚群

　　　　　　　　　　　　　野性与温情：动物父母的自我修养

间，在那里它们可以免受捕食者的侵扰，作为回报，它们会帮助友好的珊瑚减少寄生虫。一株珊瑚相当于一个房间，里面可能住着一对正在繁殖的虾虎鱼，也有一些没在繁殖的。个体是否繁殖与其体型有关，在鱼类中尤其如此。现在，考虑到"房间"可能很少，距离又远（中间潜伏着很多饥饿的捕食者），一些虾虎鱼想到了合作的良方，但是要留下来可不是免费的。这要付出代价：必须保持较小的体型，并且不参与繁殖。如果哪条虾虎鱼打破了这个规则，那么占据主导地位、正在繁殖的那对虾虎鱼就会立刻将其驱逐出境！

在这个例子中，值得注意的是有监督行为的社会环境。惩罚对象是其他成年动物，而不是家中的后代。实施惩罚的一方也并不轻松。基本上，惩罚者要因报复不合作的个体而付出代价（精力的损耗、受伤的风险）。这就意味着惩罚只有在真正有效时才值得一试。从根本上讲，惩罚是利己而自私的，这或许能够解释父母在打孩子时说的话："其实我比你还疼。"其实并不是父母真的更疼，对此我们稍后再详细讨论。

那么，这说明规矩的本质是什么呢？动物父母会惩罚、教导，还是两者都有？规矩的形式会随着子女年龄发生变化吗？有些人类父母对孩子的行为期待似乎远远超过了他们的精神、情绪和身体的可承受范围，动物父母在评估子女的能力时会遇到困难吗？我们将在本章中探讨这些问题。

很多人认为，如果不给予惩戒，孩子就会失控或扰乱他人的生活，更糟糕的是，他们可能无法学会社会规则（这对合作来说至关重要），导致在未来的人生中遭到惩罚。例如：有些父母认为，严厉地惩罚孩子实际上是在保护他们避免在社会上受到他人的惩罚，包括警察。

几乎没有实证表明攻击行为会促使对方学习——人类和动物都一样。相反，攻击行为更容易导致被攻击方通过服从或躲避攻击方来缓解惩罚带来的压力和恐惧。基本上，孩子是出于恐惧而遵从，而不是因为他们学到了教训。在某些情况下，我们是否因为过度关注孩子的依从性而忽略了他们对教训的体悟？如果我们想让孩子遵守我们制定的规则，以严厉的惩罚进行威胁是达到目标最为有效的手段吗？

有许多立规矩的手段可供父母们选择。逛逛当地书店的育儿建议区，你一定会发现关于不同手段优缺点的各种观点，还有对父母们发出的信心十足的指令：请允许你的孩子相对不受限制地去探索！帮助你的孩子实现成功所必需的自律！两者都要做！

哪种方式最好呢？你是否应该选取一种策略然后坚持下去呢？先问问自己是想要教导还是支配（dominate），然后就会出现一个更具体的问题：你知道自己为什么认可或拒绝子女的行为吗？除了面临紧急危险的情况，你是否经常拒绝子女而失去了引导孩子获得重要经验的机会呢？动物父母们如何判断何时同意、何时拒绝以及何时忽视子女的滑稽举止？动物中有"直升机父母"*吗？还有，为什么有的父母——无论动物或人类——会在规矩问题上矫枉过正，伤害甚至杀掉自己的孩子？

---

* 直升机父母（helicopter parents）一词被美国媒体用来形容过度焦虑和宠爱孩子的父母，他们就像直升机一样，无时无刻不徘徊在孩子身边，插手大小事。——译注

你多大了？

那是一个阳光明媚的早晨。空气清新而凉爽，一缕微风拂过我的脸庞，我坐在最爱的法国咖啡馆外等候我的早餐。我忘了那天是母亲节，店里的很多顾客都是一家人。妈妈、爸爸还有他们身旁的孩子们，填满了整个房间。店门口支了一个棚子，服务员在那里为妈妈们分发节日小礼品。我猜那个小盒子里是一块入口即化的美味糕点，既暖心又甜蜜。

当一家人在旁边的桌子坐下时，我对那个盒子里内容的专注被打断了。我已经记不起那位妈妈或爸爸的长相如何，却忘不了那个小男孩。他应该不超过两岁，头发是红色的，脸上有许多小雀斑。他们把他放在婴儿座椅里，挨着妈妈坐在那个小桌子旁边。

在那天，妈妈们还会收到一杯佐餐特饮，装在一个细长的香槟杯里。我的早午餐上桌了，在品尝煎蛋卷时，我注意到旁边那个家庭的小桌子上相当拥挤——咖啡、水、小礼品盒子、特饮……也许你已经预见即将发生什么了。那个婴儿一刻也不闲着。他挥舞着双臂，碰倒了妈妈的特饮。

接下来发生的事完全出乎我的意料。爸爸和妈妈都对他喊叫起来，说他是个糟糕的孩子，弄洒了特饮，毁掉了妈妈的特殊节日。他脸上很快出现了困惑的表情，之后就开始号啕大哭，这无疑是对爸妈发火的回应。我为这个雀斑脸的小男孩感到心碎，他根本不知道自己到底做错了什么，但是很明显被父母的反应击溃了。我脑子中唯一的想法是，如果连我都能预见会发生什么，为什么他们不能呢？你怎么能指望一个两岁的孩子不打翻东西呢?

也许用成年人的思维考虑,他们会认为这样做是有道理的,小男孩会将偶然打翻妈妈的饮料与被怒斥联系起来,学会应该懂得的道理。估计有人会说,他们对孩子的认知能力相当有信心,这值得钦佩,我并不这样认为。也许这对父母不想接受养育孩子带来的限制。例如,要带着两岁的孩子坐在这样一个人多拥挤的咖啡馆吃早午餐,不面对这些挑战恐怕是不可能的。或者,这对父母对孩子的成长过程不够了解。单纯从科学的角度来讲,我认为在这样的过程中看不到一丝学习的痕迹——除了学到被惊吓以外。坦率地讲,一个两岁的孩子对"特殊节日""毁掉"以及"恰当的行为"完全没有概念。

姑且不论他们的动机是否出于忽视、沮丧或者无法接受带年幼的孩子去特定环境而带来的限制,也不论他们是否想要通过恐惧和威胁实现对幼儿的支配或者教会他要更加小心,这一事件为讨论适合不同年龄段的育儿规矩提供了很好的出发点。

对动物来说,懂得根据年龄来调整养育标准是相当重要的。你可能还记得第二章提到过,年幼的黑猩猩身后有一缕白色的毛发。这个标志对群体内的每个成员都是一个信号,表明它年纪尚小,还在学习如何做一只黑猩猩。虽然群体内的所有成员都对未成年的黑猩猩的调皮和冒犯表现出高度的包容,但是黑猩猩妈妈对幼崽的恶作剧尤其宽容。幼崽捣蛋的一个成熟时机是妈妈捕食白蚁的时候。白蚁是黑猩猩的重要食物来源之一,但是要捉到这些小东西可不容易。为了捕到白蚁,它们会把木棍或小树枝修整成特定的形状,然后把这些工具放进白蚁堆,一旦白蚁进攻"入侵者"而爬上工具,就轻轻地拿出小树枝,再快速吃掉美味的白蚁。

现在停下来想一想，最近你正在做的既要求使用合适的工具又要求高度集中注意力的事。接下来，想象你的 2 到 5 岁的孩子在距离你的手或脸几英寸的地方凝视着，抢夺你的工具，或者更糟，抓你的头发，想要吃奶，求得你的注意力，或者以其他方式干扰你。请问你有何感受？会勃然大怒吗？

这就是捕食白蚁的黑猩猩妈妈的生活。黑猩猩要花很多时间才能掌握所有必要的步骤，成功享用自己的白蚁大餐，年幼的黑猩猩要到 2 岁半至 5 岁时才会取得成功。除了在一旁观察，年幼的黑猩猩还会做很多事情，起初它们会去够妈妈的手、嘴或者工具，后来会直接偷走工具，再后来是在白蚁堆周围闻一闻、看一看，或者把手指伸到里面戳来戳去，甚至试图从妈妈的捕食工具上把白蚁抓下来。这还是它们专注学习这个任务的情形。这个年纪的黑猩猩很容易分心，还可能感到无聊，或坚持要在"学习时间"玩耍。

科研人员试图了解正在捕食白蚁的黑猩猩妈妈对孩子的干扰作何回应，他们发现，绝大多数黑猩猩妈妈会选择忽略孩子的干扰——高达 85% 至 86% 的概率。即便它们有所回应，也不过是走到一旁，温柔地推开孩子，或者改变姿势（比如转过身去）。似乎黑猩猩妈妈总是对幼崽的行为出奇地宽容，它们能很自然地做到不理睬幼崽，而不会像对待年长的孩子或其他成年黑猩猩那样。话虽如此，容忍度总是有上限的，有些妈妈会明确表示："够了！"不过即便在这种情况下，它们也依然会温柔地把孩子从白蚁堆旁边推开。这就是黑猩猩妈妈设立的边界。

这种宽容的主要功能之一是为后代提供更多的学习机会。由于这样的仁慈与后代年龄相关，即随着孩子长大，黑猩猩妈妈将变得不那么宽容，于是我们可以推断，也许动物们能够区分孩子的发育阶段，判断它们的能力，从而采取不同的态度。

与黑猩猩妈妈一样，许多人类妈妈和爸爸也相当有耐心，比如教孩子如何玩接球、拍球、骑自行车、系鞋带、上厕所，等等。但是，如果不是在学习一项技能的情况下会怎样呢？如果你的孩子只是想要得到你的关注或者其他吸引注意力的东西呢？让我们想想在超市里的所见所闻。最近，我在科罗拉多州拍摄土拨鼠的录像用于科研，其间我去了趟当地的超市。在那里，我遇到了在任何地方都能见到的情景：一个小女孩因为没有得到她想要的糖果、麦片或玩具而发脾气，乱扔东西。这个小女孩大概 3 岁，这是一个有能力表达愤怒的年纪，嗓门大小也刚好足以表达她愤怒的情绪。

她的爸爸，对于她一屁股坐在地上的行为是这样回应的：与她进行了一段复杂的对话，解释为什么不给她买那个东西的所有理性的原因。她的反应如何？可以预见，她变得更加歇斯底里，大喊他是世界上最抠门的爸爸，还在地上愤怒地打滚儿。

不幸的是，与许多发脾气的桥段一样，这一段情节升级成了"第三次世界大战"。这位爸爸失去了理智，用他想到的所有能吓到小女孩的事情威胁她，还给了她一巴掌（这导致了更大的灾难），最后一把抓住她，在离她脸 1 英寸的地方大吼。事件最终以爸爸抱起女儿冲出超市，而女儿挣扎着哭闹收场。

这类事件通常发生在 2 到 4 岁的孩子身上。当然，每个孩子的性

　　　　　　　　　野性与温情：动物父母的自我修养

格不同，并不是所有孩子都会这样大闹。但是总体来说，这个年纪的孩子不具备控制冲动和管理情绪的能力。让我们更加详细地分析一下其中的原因。

当想要闪闪放光的玩具或甜点这类需求被拒绝时，大脑中负责调整情绪的主要区域是前额皮质。大脑的这一部分是人体最晚发育的区域之一，在大约 4 岁的时候才开始成熟。那么它何时停止生长呢？答案是在 20 多岁的时候。（这个事实不仅与当前的讨论有关，而且关系到青少年的冒险行为。）

大脑的这部分区域相当复杂，跟所有感官系统和涉及情绪、记忆与运动机能的大脑区域都有关联。前额皮质占据了新皮质约三分之一的部分，所以它也与认知、自我控制和语言学习密切相关。换句话说，它影响着日常生活的许多方面。那么这与你的"掌上明珠"发脾气有何关联？很不幸的是，你的小宝贝被所有类型的感官信息（视觉、听觉、嗅觉、味觉和触觉）所困扰，却没有能力控制自己对这些输入的信息做出自然反应，不管这些反应是愉悦还是不满。

现在想象一下，你的世界——这里指你的内心世界——正在接收外界的所有刺激，而你根本无法控制自己的反应。此外，你只有初级语言技能，对复杂的社会准则尚缺乏理解能力。幼儿能够完全理解大多数事情的表层意思，比如他们能够毫不费力地理解吃冰激凌的概念。但若改成"在晚饭后才可以吃冰激凌"，这件事就有些模糊了。如果说"为了养成健康的饮食习惯，冰激凌不可以代替晚饭"，就完全无法理解了。这些抽象的、深层次的解释对幼儿来说毫无意义。期待他们能明白是不现实的。

想象一下在幼儿的脑海里生活是什么样的。大约在 7 岁之前，孩子们都难以区分自己与他人的世界观。即便在 7 岁以后，这方面的能力也会随着分散注意力的事物增多而减弱。这当然不是让他们继续这种思维或行为的理由，但是父母对孩子的行为期待必须与孩子的成长发育阶段相匹配，从而在期望和现实之间取得平衡。这对父母来说意味着什么？在某种程度上，这意味着父母应认识到，幼儿和儿童能够理解的事情以及他们规范自己行为的能力在生物学上是有局限性的。

与此同时，还有一点不容忽视，幼儿会自然而然地试探边界。其中一种方式是通过发脾气。大多数其他动物的幼崽在断奶的时候会发脾气。与人类一样，这些情感的爆发可能是操纵的一种形式。幼儿知道他们比父母更弱小。因此在他们看来，发脾气是一个不错的选择。

短尾猴幼崽也是如此，它们会在妈妈要断奶的时候发脾气。与其他种类的猕猴一样，短尾猴生活在一个相当大的混性别社会群体中，有严格的雌性等级体系。它们长得像缩小版的萨斯科奇人（如果这种大脚野人真实存在过的话），面部是红色的。母猴会通过拍打或撕咬来维护等级秩序，而公猴则更倾向于"让我们大家和谐相处"的态度。（说句题外话，如果公猴们发生争斗，处于下风的那只会露出臀部表达歉意，取得胜利的那只则通过牙齿打颤和咂嘴的动作对这种姿态表示认可。）

与人类幼儿一样，短尾猴幼崽发脾气的动机也是："我想要这个，而且现在就要！"它们想要的其实就是继续吃奶。这也许是真实的需求，或者如许多父母所想，是试探底线的开始。当被拒绝时，短

野性与温情：动物父母的自我修养

尾猴幼崽会吹口哨抗议。我们尚不清楚这种发脾气的抗议是否有用，也就是说，猴妈妈们是否会直接忽略而继续做自己的事。研究表明，短尾猴基本上算是仁慈的母亲，也许是因为其他雌性会帮忙照看幼崽。其他雌性对幼崽的关注可能有助于避免短尾猴妈妈过于担心幼崽的情绪。同时，也许它们在建立亲代边界上更加随意。所有子代——不管人类还是动物——在本能上都非常想要探寻这一边界。

说起宽容，恒河猴妈妈可算不上。有多少父母在幼儿的咆哮面前屈服，是因为他们身在公共场所且处于众目睽睽之下？恒河猴妈妈算一个。这让人容易联想到"旁观者效应"，即当目睹受害者被侵害时，个体表现出漠不关心的态度或不愿意采取行动，这是因为有他人在场，而这一个体默认他人会采取行动。当恒河猴幼崽发脾气的时候，旁观者效应体现为：妈妈对自己孩子的不同反应取决于有谁在场。雌性恒河猴通过攻击来维持等级秩序，与短尾猴不同，雌性恒河猴可能会绑架并伤害群体中附属母猴的幼崽。研究人员曾经提出这样一个问题：如果其他人在场，而且可能会因为孩子哭闹而对这位母亲表现出敌意，那么她会对孩子因断奶而发脾气做出更多的让步吗？答案是不会——但若是换成恒河猴，情况可就截然不同了！

让我们先来看看恒河猴宝宝发脾气是什么样子的吧。我觉得它们的做法既可爱又搞笑——但是，我不是它们的妈妈。最初，猴宝宝会呜呜哭诉。如果这不管用，就会发展成一场彻底的灾难，摇胳膊和哭闹会升级成尖叫。听起来是不是有点耳熟？

研究人员发现，当占据主导地位、具有潜在攻击性的恒河猴在场时，猴妈妈更倾向于在幼崽的需求面前屈服。具体来讲，如果一名猴妈妈与幼崽独处或者和家人在一起时，它有约一半的时候会放任不管。但是，当有更高地位的第三方在场时，它在80%的情况下会屈服。

为什么呢？因为当占据统治地位、霸道凶狠且没有亲缘关系的恒河猴在场时，它们对这类幼崽哭闹行为的反应是猛推、撕咬、踢打幼崽和它的母亲。对这些幼崽来说，耍脾气要奶喝的结果可能是短命，因为当旁观者拳脚相加时，就连它的母亲都会攻击它。这种情况很少见，但却暗含了父母对孩子进行"体罚"的必要性。这类惩罚在其他物种中相当罕见。在这种情况下，恒河猴妈妈可能会行为粗暴，因为存在更大的威胁：另一只有攻击性的成年恒河猴。这就相当于人类父母猛地从街上拽孩子，或者用力将孩子举起来，以防止他或她受伤。这种行为的目的不是教导，而是保护。

对于人类而言，幼童哭闹时旁观者也会被惹恼，许多父母都不得不面对其他成年人的不悦、讥讽或嘲笑。这里出现了两个有意思的问题。第一，为什么旁观者会对别人孩子的尖叫感到烦躁？第二，为什么许多人类父母在这样的情景下会对自己的孩子在语言或肢体上更为粗暴？对于第一个问题，为什么会有人在意哭闹，这本身就是个谜题。除了孩子尖叫声的音频本就是为了吸引他人注意力之外，我认为父母对孩子的反应更多地受到成年人的社会环境影响，而不是孩子的行为本身。

我们在研究恒河猴的社会结构时发现，只有当占统治地位的恒河猴在周围时，猴妈妈才会做出让步去安抚幼崽。那么这与人类有何关联呢？人类倾向于规范父母的育儿方式。我们期望父母用特定的方式管教孩子，有效地维护大多数人所认为的可接受的社会行为边界。当

野性与温情：动物父母的自我修养

我们看到有些父母没有做到这一点时——无法把他们的孩子控制在边界内——我们的反应是监督父母的行为。我们不会猛推、撕咬或踢打孩子，但是我们会怒视、嘲笑、评判，还会说轻蔑侮辱的话，主要是针对父母及其能力的。如此一来，我们与霸道的恒河猴首领就没有分别了，它们的最终目的是确保处于从属地位的成年母猴的幼崽认识到，它们也必须"采取从属行为"。

这可能也解释了为什么这么多父母在这样的情况下会在言语或身体上"攻击"自己的孩子。虽然这不是恒河猴妈妈的正常反应，因为大多数时候它们会直接让步，但是人类在社会期许和行为文化准则方面要复杂得多。我们在制定和执行社会准则方面的需求和意愿远远超过其他物种，然而我们并不确定有些准则能否反映自己的信念，哪怕是并不直接伤害任何人的行为。此外，人类还非常重视他人对自己的积极看法，而且要承受关于成功的社会压力。难怪父母们要快速阻止孩子的"冒犯"行为，以避免其他成年人的指责，而不是与孩子进行有效的沟通。

有确凿证据表明，在言语上（羞辱人格、威胁抛弃）和身体上（掌掴、踢打、拖拽）严厉地惩罚孩子，尤其是在孩子年幼的时候这样做，会对他们认知能力和语言能力的发育带来不良影响。这不仅会影响他们在学校的表现，还会影响记忆力和更高水平的认知能力，而且会延迟儿时的语言习得。为什么是语言呢？这里要再次提到前额皮质，这部分的发育与语言能力密切相关，也是为什么小孩子学习语言比成年人更容易的原因之一。所以，在成长早期对这部分的任何损伤都影响深远。

现在你可能会想，好吧，这些都很有趣，但是当我的孩子要脾气时究竟该如何应对呢？我们知道，对人类和其他物种来说，学会控制冲动的情绪不是一蹴而就的，况且在这个过程中必然会出于天性而去试探边界。关于动物对行为的自我约束（或称耐心）的研究全部以成年动物为研究对象，而不是未成年。为什么？因为普遍认为未成年的动物不具备与成年动物相同的能力。这种能力是在较长时间内逐渐形成的。

比如狗。你有注意到小狗的自控能力很有限吗？一项研究表明，受测试的 5 只成年狗都能为了它们更想得到的东西而拒绝一个奖励，而且有些狗能延迟满足长达 10 分钟。你可能会想，换成是小狗会怎么样呢？小狗没有接受测试，因为大多数人——包括科学家们——都知道小狗是没什么自制力的。

但小狗比鸽子的表现还是好多了。我知道有些人不喜欢鸽子，但它们的确是相当聪明的鸟。它们能够利用地球磁场导航，它们在第一次世界大战和第二次世界大战期间飞越敌人的防线传递情报，从而拯救了成千上万战士的生命，而且它们终身遵守一夫一妻制。鸽子不擅长的是控制冲动。事实上，它们在这方面真的很糟糕。当 8 只白羽王鸽被测试是否能为了更大的奖赏而延迟满足 15 至 20 秒时，半数鸽子因各种原因被淘汰，包括无法专注于当下的任务。其余鸽子只有 6.6%的情况下成功地做到了耐心等待更大的奖赏，而且前提是它们必须要看到这个奖赏。

人类幼儿具有延迟满足的能力，但是他们需要父母的帮助才能做到。在一项测试中，当一组 2 至 3 岁的幼儿听完父母的解释后，在不断鼓励下，75% 的幼儿做到了"为了得到更好的礼物而延迟打开一个普通的礼物"。有趣的是，当父母只是简单地要求他们等待时，66%的幼儿不会听从。似乎当幼儿理解了大人们想要他们怎么做以及为什么要这样做，而且当他们做出与所要求的行为相符的选择就能得到鼓励时，他们便继续按照要求去做。至少大多数时候是这样的。

由此可以看出，父母需要循循善诱，不断引导孩子，教他们学会延迟满足，规范自己的行为和情绪，并且进行理性思考。怎样做才能达到这样的效果呢？这取决于具体情境和孩子付诸行动的原因。这个孩子是否有越界的冲动，想要试探自己能否侥幸逃脱？是否有必要学习黑猩猩妈妈的耐心而忽视孩子发脾气的行为呢？

有些专家特别推荐那种做法。假设每个人的安全都可以保证，发脾气的原因是为了博取关注或者得到某些东西（比如玩具、糖果等），那么你的最佳选择就是忽视。没错，是真的。发脾气这件事大多数时候可以自我控制。外界的忽视就好像阻断了火苗与氧气的接触，火自然就熄灭了。你无法与很小的孩子讲道理，因为他们尚不具备讲道理的能力，而且在那种状态下也不可能有。幸运的是，你清楚这些道理。所以，最优策略是让你的孩子明白，当他们平静下来时就会重新获得你的关注，接下来只要静观其变即可。我明白三四分钟的尖叫和哭闹令人难熬，但总会过去的。这只是一场孩童耍脾气的平均时长，取决于父母如何应对以及他们以前是如何应对的。对孩子而言，限制因素不是疲惫，而是没有互动。这个策略甚至适用于孩子试探底线的时候。为什么？因为孩子们在试探边界上愿意花费的精力也是有限的。

与大多数其他物种不同，人类可能会同时养育不同年龄的孩子。结果呢？是潜在的混乱。因此，上述的"冷处理"策略仅有独生子女的父母可以享用，毕竟这不会影响其他孩子的生活。这让我想到了一位有三个孩子的单亲妈妈，她养育了两个男孩和一个女孩。她说最小的孩子学会了在她忙于其他孩子的事情时发脾气，使她很难专注地应对哭闹，当她参加学校的演出和体育比赛时，或在开车途中，眼看就要迟到时，或送其他孩子上学时，这种情况尤其明显。因此对她来说，"冷处理"策略是无效的。

那么，还有其他的办法吗？首先，对每个孩子的期待要不断进行适当的调整。也许从头坐到尾看完一场 3 个小时的学校演出已经超出了这个年幼孩子的能力。也许像小黑猩猩看父母抓白蚁时缺少耐心和专注力一样，年幼的孩子看哥哥或姐姐踢足球会感到无聊。协调不同年龄孩子的活动是一项挑战，不过我认为应对情绪爆发的处理方式都是一样的。你甚至可以让年长一些的孩子做表率，鼓励合理的行为或忽视不合理的行为。此外，我认为当父母害怕旁观者的评判时，会更不愿意让孩子的坏脾气自然发展。

如果旁观者在小孩子发脾气时不再评判父母，可能也会有帮助。是的，哭喊吵闹和不知所云的言语着实很惹人烦，会分散父母和旁观者的精力，但不能就此怪罪他们是不称职的父母，养育了被宠坏的小孩。这类情形通常发生在公共场合。旁观者所看到的经常并不是糟糕的育儿方式，而是边界的强制约束——这通常是由小孩子试探边界而引起的。这是正常现象。不能因为孩子发脾气就随意评判父母。

然而，如果发脾气的原因只是可爱的小宝宝违背了你的意愿，那么情况就有所不同了。作为父母，熊猫的名声并不好，因为不管是在

　　　　　　　　野性与温情：动物父母的自我修养

动物园还是在野外，它们都会不小心坐到或压到软糖般的熊猫宝宝。但是，当宝宝长成毛茸茸的熊猫的样子，四下里活蹦乱跳时，它们就不会这样了。我最近看到一个视频，在中国熊猫基地的一只熊猫妈妈试图在晚上哄宝宝睡觉，可这位争强好胜又精力充沛的可爱宝宝一点睡意都没有。熊猫妈妈尝试了几次都没用，于是它只好推着宝宝往前走，最后把它抱了起来。它的动作轻柔而坚定，完美平衡了宝宝的弱小和自己的力道。它表现出克制，并且始终能够完全控制自己，让宝宝按照自己的意愿行事。

有趣的是，这也是当人类幼儿拒绝必须要做的事时推荐父母选用的应对方法。比如该穿衣服了，但是你的孩子却不想这么做。给孩子几秒钟的时间让他自行开始，警告他如果不这么做，你就会亲自帮他穿好衣服。这种帮忙不应该是粗暴的：如果你完全可以坚定且温柔地帮孩子穿好衣服时，动作粗暴则没有任何意义。重要的是，要让孩子明白穿衣服是必须要做的，不是可选项。

要让孩子守规矩有三个必要因素：积极的学习氛围、鼓励正确行为的预先引导、及时纠正错误（采取"冷处理"、言语责备或取消特权）。然而，无论孩子多大年纪，只有当边界明确时，"冷处理"才管用。

育儿的目的是培养快乐、健康和成功的孩子，也是为了让他们将来成为有能力的成年人。讲规矩的目的是要教导他们如何规范自己的行为，以及如何与他人协作，成为社会中有用的一员。积极、明确、坚定地支持孩子，并根据孩子的年龄设定合理的预期，就是实现这些目标的有效方法。

自然小课堂:

- 在具有前额皮质的生物中,人类大脑中控制冲动的区域是最晚发育成熟的。

- 5岁以下的儿童会乱发脾气,因为他们还不能妥善处理个人冲动与社会预期之间的矛盾。

- 恒河猴和黑猩猩在大多数情况下会忽视幼崽的撒泼打滚。不妨效仿一下这种做法。

- 体罚孩子并不能阻止他们发脾气或教会他们守规矩。相反,这会延缓他们的认知能力和语言能力的发育。

- 运用幽默感是培养孩子学习能力的最有效的策略之一。大笑能够减小压力(对父母和孩子都一样),并增强亲密度。

- 即便其他物种(比如恒河猴)存在体罚幼崽的情况,也是极为罕见的,并且是在特定的背景下,母亲是为了保护幼崽不受伤害才这样做的。

- 如果你看到一位家长正在与一个耍脾气的孩子斗智斗勇,不要随意评判。相反,要认识到这位家长正在设置并加强边界,这个过程并非那么和谐。

到这边来!

缺乏对冲动的控制不仅体现在发脾气上。不管是动物还是人类,父母们面对的最普遍的问题之一是如何看紧自己的孩子并使其免受伤害。某年夏天,我观察到一对加拿大黑雁刚刚孵化了第一窝幼鸟。6

只毛茸茸的摇摇晃晃的黑雁宝宝乖乖地跟在父母身后。很快，我就在街上看到了这对抓狂的黑雁父母。这是我能想到的唯一足以描述它们当时行为的词语。它们拍打着自己的翅膀，转着圈跑来跑去，大声喊叫着。我没看到黑雁宝宝。一只也没有。我猜黑雁父母是在向对方哭喊："孩子们去哪儿了？！"后来我再也没看到过那些黑雁宝宝。

一旦孩子们能够独立移动，"到这边来"或者"不要去那里"的劝诫就开始了。我在亚利桑那州研究土拨鼠时听过一则新闻，说的是一个大约 3 岁的小女孩在露营时离开了父母的视线。不幸的是，这个小女孩走丢后被一头美洲狮杀死了。这是孩子走失后发生的最极端情况，不过这可能是我们的祖先曾在数千年间所面临的危险。虽然我们周围已经不再有对孩童垂涎欲滴的野兽，但是外面的世界仍然有很多危险，例如街上的汽车、地上的洞还有不怀好意的歹徒，等等。

孩子们可能真的会走失，也可能被绑架。不过，大多数走失的孩子都很快回到了父母身边，或者是被亲戚或他们认识的人接走了。在 2015 至 2016 年间，报告失踪的 90 万名美国儿童中，只有大约 3%——也就是 27 000 名儿童——是真的失联了，他们因为迷路、受伤或被陌生人绑架而失踪。在美国，每年大约有 400 万名新生儿。总体来说，我们做得很好，把孩子们看得很牢。

小孩子总是充满好奇心，他们行动迅速、精力充沛，又很喜欢玩耍。捉迷藏是幼童最喜欢的游戏。也许他们喜欢那种暂时独立和试探自主边界的刺激感，而且确信自己很快会被找到，回到父母或兄弟姐妹的身边。危险在于，年幼的孩子分不清楚何时与妈妈或爸爸捉迷藏才是安全的，或者躲在哪些地方是安全的。他们的认知能力还不足以理解"场景"（游戏有安全与危险之分）与"后果"（在商场玩捉迷藏可能会走丢）这样的概念。

有多少父母带小孩去购物是为了让孩子开始玩这个游戏呢？我的朋友莱斯莉（Leslie）有一次在沃尔玛超市购物时就经历了这种事。莱斯莉生下儿子的时候年纪已经比较大了，最终是通过试管婴儿才成功怀孕。与所有父母一样，她非常珍惜与儿子卡尔文（Calvin）在一起的每分每秒。在"沃尔玛事件"发生时，卡尔文是一个贪玩又吵闹的3岁小男孩。这个年纪的孩子特别喜欢捉迷藏，而小卡尔文与自己的妈妈玩起了这个游戏。最初他俩玩得很开心，因为卡尔文只藏在附近，就算妈妈看不到他，他也能看到妈妈。但后来他的胆子变大，走得也更远了，直到妈妈找不到他，而他也找不到妈妈了。只在一瞬间，莱斯莉的噩梦就变成了现实。我不知道她是否曾像那对加拿大黑雁一样疯狂地拍打翅膀，但是她冲到了服务台说明情况，沃尔玛超市暂时关闭了出口，以寻找走失的卡尔文。这是超市的规定：在孩子回到父母身边之前，任何人不允许进出。这能够非常有效地保护孩子远离坏人。

不幸的是，八齿鼠在玩捉迷藏时没有这种临时关门系统，这也许是它们不曾被看到在野外玩这种游戏，而只限于在实验室的原因。这些聪明的群居啮齿类动物与豚鼠和毛丝鼠是近亲，生活在安第斯山脉脚下的智利高原。小八齿鼠喜欢玩耍。在野外，它们会聚在一起玩耍，在地洞周围的地面上跑跑跳跳。它们还有一套高度复杂的预警系统，但是小八齿鼠需要一些时间才能明白当听到特定的呼叫时应该怎么做。如果威胁来自天空，八齿鼠会采取一种躲避方式，如果来自地面，就要选择另一种逃生手段。猛禽或狐狸总是在周围伺机而动，所

野性与温情：动物父母的自我修养

以不熟悉领地、注意力不集中又尚未充分掌握预警系统的小八齿鼠很容易出事。这让它们成为捕食者眼中脆弱的目标，玩耍变得更加冒险。所以它们选择聚在一起。

而在实验室，情况就不同了。它们非常喜欢玩捉迷藏，经常藏在围栏里的物体后面。但是它们处在一个绝对安全的环境中。没有猛禽，没有猫头鹰，没有狐狸。我觉得很神奇的是，八齿鼠居然能够意识到实验室是一个足够安全的空间，可以恣意玩耍。

与八齿鼠不同，至少与那些在野外的八齿鼠不同，人类的孩子在正常情况下不会成为野兽的捕猎目标，所以他们不需要以相同的方式生存。不过，与其他物种一样，玩耍能带来很多好处，包括身体、心理和社交层面。对八齿鼠来说，通过捉迷藏这类简单的游戏，它们可以学会躲避对方，还可以锻炼一些很实用的技能。同样的，玩耍对于儿童的发育也至关重要，明白了这一点父母们就要立下规矩：玩耍必须要在安全的地方进行。孩子们通常无法在这点上做出准确判断。但是随性的玩耍也很重要，所以不要在玩耍方面过度限制。在认识到孩子规避危险的能力有限之后，父母应在玩耍这个问题上设定合理的预期并制定合适的边界，包括何时在哪里玩耍，这样就能够确保孩子在安全玩耍的同时收获所有的好处。

动物幼崽和儿童遇到的另一个问题是容易在聚集的群体中走散。我们喜欢带孩子去动物园和博物馆。这些地方能够提供绝佳的学习机会，但是那里通常都非常拥挤，所以很容易走散。动物们也被这个问题所困扰。角马群中的个体数量可达数千头。角马属于羚羊（antelope）的一种，与许多其他有蹄类动物一样，小角马在出生后几分钟内就要挣扎着站起来。平均来看，它们在 5 至 10 分钟内就能完成站立。但是，它们的小腿儿站得一点都不稳，东倒西歪的。下一个挑战是向前走，跟上妈妈和大部队。这个挑战可不小，因为角马群可能会快速移动。角马的最快速度可达每小时 50 英里，这意味着小角马还没学会站稳就要奔跑起来！不出 24 小时，它们就能变得结实起来，能够跟上妈妈的步伐。

与妈妈分开对小角马来说很危险，所以它们天生自带一种"与妈妈同行"的系统。正如第二章提到的，这种现象叫作印记效应。小角马需要几天时间对自己的妈妈形成印记。将气味、景象和声音结合起来，有助于加强角马母子之间的联系，这样它们就能在这个关键阶段一直待在一起。

由于小角马总是会对距离最近的大型物体形成印记，包括狮子，角马妈妈必须确保小角马待在自己身边。如果一只小角马走开，角马妈妈一定会跟上去。因此，角马妈妈要非常小心地避免与小角马分离，尤其是在最初几天小角马最脆弱的时候。通常来说，狮子、猎豹或其他食肉动物会将小角马作为攻击目标，设法让它们脱离妈妈的保护。大约有三分之一的小角马是这样被猎杀的。单从这点就能看出，小角马很容易从角马群中走散。

虽然人类的孩子不太可能被野兽掳走，但却经常在人群中走散。环境中有很多潜在的危险，比如他们不明白哪些成年人才是安全的——就好比一只小角马不明白狮子是危险的，尽管那是它看见的附近最大的物体。

我和朋友明迪（Mindy）讨论过在拥挤的地方与孩子走散的问题。

　　　　　　　　　　野性与温情：动物父母的自我修养

明迪来自一个关系亲密的四姐妹家庭。在她小时候，全家每年都会去加州北部的海滩度假。这样的景象在世界各地的海滩都很常见：一群小孩子聚在一个区域玩耍，而他们的父母则守护在一旁。

这种一群成年人临时在一起照看孩子的情况与加拉帕戈斯海狮非常相似。从名字可以看出，这种群居动物生活在加拉帕戈斯群岛，那里是我今生最想去的地方之一。在分娩后的几天内，海狮妈妈就会离开幼崽，出海觅食。海狮妈妈们并不是同时外出捕猎，所以被留下的幼崽会被统一照看，就好像海滩上来自不同家庭的孩子们在一群父母的保护下聚在一起玩耍一样。

当人类这样做时，父母之间几乎达成了一种默契，那就是要照看所有的孩子。明迪跟我讲了她的妹妹艾莉森（Allison）小时候在海滩度假时发生的一件事。当时她们的妈妈特别叮嘱明迪和她的姐姐照看最小的妹妹：年仅 3 岁的艾莉森。大孩子们可能会觉得这个任务很麻烦，而且如果年龄相差较大，孩子们常常玩不到一起。由于 3 岁大的孩子有自己的想法，而且受限于自己的世界观，所以当明迪和她的姐姐拒绝艾莉森想玩的所有游戏后，艾莉森决定要自己玩。于是，当这三个孩子都沉浸于各自的游戏中时，艾莉森走丢了。

过了一会儿，她们的妈妈问艾莉森在哪儿，但没有人知道。如果你是父母，哪怕曾经只在一小会儿找不到孩子，就一定能想象当时她们的妈妈心中翻滚的那种恐惧、惊慌和绝望。由于事发地在海滩，首先想到的可能性就是艾莉森溺水了。在寻找了几小时后，她们终于找到了艾莉森，她很安全，与一名救生员待在一起，还满心喜悦地吃着冰激凌甜筒，完全没有意识到自己的消失所引发的不安。她的妈妈和姐姐们拥抱了她,大家就都回到海滩上继续玩耍了。如果要惩罚艾莉森,将酿成严重的错误,因为那只会让她对回到家庭的怀抱产生恐惧。为什么呢?因为这个年纪的孩子还不能理解"不要乱跑"这一边界,所以需要父母(或者有意愿且有能力的哥哥或姐姐)不断地去强调。重复是父母最好的朋友。父母需要不断且频繁地提醒孩子们边界所在。不管是什么事情,只告诉孩子一次就指望他们能遵守是完全不切实际的。

有时候父母或孩子会分心。年长一些的孩子会沉浸于某些事而听不到父母说"该走了",等抬起头后才会突然发现他们已经走了。这种情况很普遍。珍·古道尔描述了一只年幼的雌性黑猩猩菲菲(Fifi)遇到的这种情况。菲菲是著名的贡贝黑猩猩 F 家族中的一员。芙洛,即弗林特的妈妈(在第六章提到过),也是菲菲的妈妈。芙洛无疑是这个群体中最好的母亲之一。在黑猩猩幼年的某个时刻,妈妈就不再背着它到处走了,所以当妈妈要离开时,幼崽要跟上。有一次,菲菲沉浸在一件事中,没有意识到妈妈已经离开了那里。当它发现时,就开始伤心地哭泣。芙洛以为女儿在身后跟着,当发现它没有这样做的时候就开始寻找菲菲并发出呼唤。年幼的菲菲独自度过了一晚。它既害怕又焦虑,不过很幸运的是,它熬过了那晚,在第二天回到了同样伤心的妈妈身边。这场团聚可以说是皆大欢喜。这对黑猩猩母女欢呼拥抱之后,便把这件事抛在了脑后,继续过日子。虽然菲菲经历了痛苦,但是它并没有因此受到创伤,而是将这次经历忘记了。而对艾莉森来说也是一样,只要结局好就一切都好。

为了避免在人群中与孩子走散,有些父母使用牵引绳或防走失带,

野性与温情:动物父母的自我修养

从而让孩子能够自由活动但不会走远。不管你对这些方式的看法如何，其他动物是没办法把孩子拴在身边的，比如海豚妈妈。但是，海豚会利用一种特殊的技巧确保幼崽待在自己附近。有多少父母曾经跟在蹒跚学步的孩子后面一路小跑？海豚妈妈的做法也差不多。宽吻海豚就曾被观察到追赶幼崽，当三岁以下的幼崽（大约相当于七八岁的儿童）游走时，它们还会发出警告。海豚在三岁以后就被归入"青少年"行列，很少会因游走而遭到批评。可能是因为到了这个年纪之后，它们的体型已经足够大，速度也够快，而且对领地很熟悉，可以很好地照顾自己了。

对海豚宝宝施加管教的不止海豚妈妈。年长的"青少年"海豚、不相关的雌海豚、雄海豚都会进行干预。还记得吗？在前面我们讲到过立规矩，指的是教导、纠正和设置社交与行为边界。在这个例子中，纠正的内容是教导海豚宝宝不要随便从妈妈身边游走。把"逃跑"的小海豚追回来的行动可能持续30秒，因为许多成年海豚会参与其中，海豚宝宝通常会在这个时间段内改正自己的行为，不再继续向远处游。如果它们不这样做的话，就要面临被"抓住"的窘境，其他海豚会追上它们。这种情况下，小海豚可能会遭到追逐者的"警告"，也就是追逐者发出的脉冲声，遇到小海豚会反弹回来，这个过程叫作回声定位。发出回声定位的海豚一般会背鳍朝下地"仰泳"，研究人员认为这可能有助于将回声定位引至小海豚身上。虽然无法进行证实，但我认为基本可以确定，这会让小海豚感到不舒服，从而引起它的注意。这简直就是隐形的水下"防走失带"！

还有一种很少见的方式是海豚父母与幼崽进行身体接触，这似乎只在特别必要的情况下才会发生。有时候，海豚爸妈会抓住幼崽并用吻部顶一下，也就是面部末端突出的部位（这里经常被误认为是鼻子，但海豚的吻部是从颌骨演化而来的）。更罕见的接触行为是用尾部横扫过去，把幼崽压在身下，这种行为可能会让幼崽受伤。由于存在这样的风险，它们很少采用这种方式对待幼崽。总体来说，海豚彼此之间的攻击性很强，但是这种攻击性只针对其他成年海豚。海豚出于本能的这些行为表明，它们认为伤害或杀死自己的孩子（或亲属）没有任何好处。所以，为了保护较弱的海豚幼崽不受到意外伤害，它们主要采取温和而不厌其烦的方式强调规矩，在遇到抵抗时通过教导达到效果。这体现了亲代与子代行为的共同演化。也就是说，大多数动物给后代立规矩时都有"低风险"的手段，而且它们会优先使用这些手段。出于同样的原因，子代几乎总是在惩戒行为升级成高风险的体罚之前选择遵从。在维护边界与试探底线之间有一个很微妙的度。

自然小课堂：

- 不管是人类孩童还是八齿鼠幼崽，都非常喜欢玩游戏。区别在于，八齿鼠懂得只能在家附近玩那些吵闹的游戏，否则就可能被吃掉。人类父母需要在孩子们尽情玩耍的同时确保他们的安全，直到孩子们能够自行判断合理的限度。
- 世界拥挤而嘈杂，父母很容易与孩子走散。幸运的是，你可以与孩子建立良好的关系，明确告诉他们边界所在。如果孩子完全不听，那么在他们理解这些道理之前，防走失带也许是一个有效的工具。

野性与温情：动物父母的自我修养

- 如果你或你的孩子被别的事情吸引，双方不小心走散了，要在重聚时表现得兴高采烈。当找到孩子后，海豚不会对幼崽进行身体攻击，黑猩猩也不会抓起孩子就打！
- 身体攻击是一种高风险的惩罚方式，很少被动物父母们采用。即便使用，也只是为了保护幼童，使他们免于遭受即将面临的更严重的伤害（比如为躲过飞驰而来的汽车而猛地把幼童拽走）。这不应该成为立规矩的手段。

不要那样做！

我们已经看到，在某些情况下，动物父母必须教导幼崽什么该做，什么不该做。但是，随着幼崽长大，动物父母会变得越来越"放任"。这非常重要，因为要想让幼崽取得成功，就必须给它们学习和探索的机会。如果你是一只狐獴，妥善处理危险的猎物就是一项必备的生存技能。人类儿童经常被提醒要小心地咀嚼食物，而缺乏经验的狐獴宝宝则必须学习如何征服诸如毒蝎这样的猎物。有趣的是，成年狐獴只有在幼崽恳求时才会教给它们这项技能。

一般来说，幼崽的恳求是为了询问父母是否可以做某件事。成年狐獴不会因为这是一件危险的事就简单地说不，而是循序渐进地帮助幼崽学习。比如它们会为幼崽提供更多协助，而随着幼崽长大逐渐减少帮助。它们甚至会给幼崽带回猎物用于练习，比如蝎子。这样的方式对后代快速有效地习得必需技能是很有必要的。

对很多父母来说，生活总是紧张而忙碌，当孩子询问是否可以做某件事、尝试做什么或学什么的时候，父母经常认为问得不是时候——面对现实吧——这可能会拖垮原本计划完美的一天。你上班马上要迟到了，要赶着把每个孩子送到学校，但恰巧在这个早上苏茜（Susie）想要试着自己系鞋带，或者自己穿衣服。有些动物父母会将这类情形当成教导子女的绝佳机会，尽管在时间上造成的不便同样会给它们带来损失。虎鲸妈妈在育儿方面首屈一指。虎鲸一生都会与母亲待在一起，如果雄性虎鲸失去了母亲则很可能在 30 岁之前死亡。因为虎鲸妈妈能够帮助儿子对抗其他雄性虎鲸。

在有些地方，成年虎鲸会采用一种叫作搁浅法的捕猎技能，意味着它们会故意将自己在海岸上搁浅。它们这样做是因为那些美味的海豹幼崽们仅待在海岸附近。这种捕猎方式难度很大，且风险极高，即便已经 6 岁大的虎鲸也仍然需要帮助，虽然它们已经练习几年了。如你所想，成年虎鲸的捕食成功率更高，它们在捕猎的同时还能照常教幼崽。教学需要时间，并且需要付出相当大的代价：食物减少。尽管如此，成年虎鲸依然会在懵懂的幼崽游上和游下海滩时进行协助。当小虎鲸长大一些，待它们尝试捕猎时，成年虎鲸会做好准备，一旦小虎鲸遇到麻烦就立刻伸出援"手"（这里用鳍更准确一些）。还有一个风险是，在救援搁浅的青少年虎鲸的过程中，成年虎鲸可能会不小心让自己也搁浅。

并不是所有的虎鲸父母都愿意花时间教后代捕猎，也许是因为它们不想付出相应的代价。但是对那些愿意付出的虎鲸妈妈来说，它们的孩子会比那些没被教过的虎鲸提早将近一年学会使用这种方法成功捕猎！没错，教孩子很麻烦，要花时间，还有可能会上班迟到。但当你的孩子表达需要、渴望或兴趣时，不妨放慢脚步，让他们学习想要掌握的技能，最终这会让孩子更早地实现自立。

很多动物幼崽会做危险的事，后果可能非常严重，包括受伤或死亡。人类的孩子也是如此。但是，密切关注与"直升机育儿"之间还是有区别的。越来越多的证据表明，后者会让父母成为孩子丢不掉的"拐棍"。什么是直升机育儿？基本上是不管孩子要做什么，父母都下意识地说"不"。这些过度控制、过分保护和过多干预的教育方式，从根源上讲，可能是成年人将自己所担忧的问题投射在孩子身上的结果。"不，不要那样做，那很危险。""不，那样太冒险了，不安全。"我记得小时候曾被告诫不要爬树，哪怕只往上爬一点都不行，因为可能会从树上掉下来。直到今天，我仍然对爬树这件事感到不安。我怀疑是我的妈妈害怕爬树并把这种恐惧转移给了我。事实上，并不是所有树都是危险的。更有效的做法是教给孩子哪些树是安全的，适合攀爬。许多父母都是这样做的，当然，如果有个树屋的话就更好了。

从父母那里继承恐惧感并非人类的专长。前面已经提到过，恒河猴的社会群体很复杂，包括雌性首领以及没有亲缘关系的成年雄性。这些群体的特点是层级鲜明。恒河猴妈妈要教给子女的事情很多，惧怕蛇类就是其中之一。由于广泛分布在亚洲，特别是印度西部，恒河猴所在的地方有很多致命的毒蛇，包括眼镜蛇、环蛇（如金环蛇）和巨蟒。

生物学家在实验中发现，当年幼且缺乏经验的恒河猴看到父母害怕蛇类模型时，虽然自身从没经历过，但是也会对蛇类产生恐惧。

除了对蛇普遍存在的恐惧感外，它们还会习得一种具体的恐惧反应：根据蛇的不同姿势调整恐惧程度。对一只恒河猴来说，盘绕的蛇、发出嘶嘶声的蛇和抬起头的蛇所带来的威胁要大于部分身体被遮挡的蛇。在这个例子中，学会害怕某种事物非常有用，否则有可能成为蛇的腹中餐。存在捕食性蛇类的环境导致动物演化出了习得这种恐惧的能力。

需要考虑到的重要一点是，人类父母甚至不用说"不"就可以灌输恐惧感。他们只要表现出恐惧就能对大多数孩子释放强烈的信号，因为孩子们对父母的情绪状态非常敏感。与恒河猴一样，人类也已经演化出这样的能力。这里还是以害怕蛇类为例。（这真是一个完美的例子。）很多人都有蛇类恐惧症，当测试对蛇的内在恐惧反应时，婴儿的表现有所不同。研究表明，如果没有父母表达恐惧感的声音，他们会伸出手去抓握移动的蛇的影像或相同运动频率的非蛇类物品。进一步研究表明，不满三岁的幼儿也是如此。

大多数孩子喜欢抓活物，比如仓鼠、沙鼠、蛇和蜘蛛，对他们来说，这些小东西都非常有趣！虽然婴儿和幼童会对蛇类更加注意，但是缺少足够的证据表明这种关注是由恐惧引起的。而且，婴儿实际上对蛇类表现出的惊恐反应要更少。

如果一个孩子因为身体原因听不到父母说"不"或看不到父母的情绪反应会怎样呢？他们是否仍能习得父母的恐惧呢？当前的研究表明，早在子宫里时，老鼠宝宝就能感受到鼠妈妈的恐惧情绪，并且也学会了害怕。这是怎么回事呢？答案是鼠宝宝闻到了鼠妈妈在害怕时释放出的气味。原来，"嗅到恐惧"并非文学修辞，而是真实存在的。

研究人员称之为情绪创伤的代际传递。虽然这项研究的实验对象是老鼠，但也得出了惊人的结论。怀孕的鼠妈妈嗅到令其不悦的薄荷味后，会产生消极或悲伤的情绪，进而将这种恐惧反应在幼崽出生几天内传递给它们，而幼崽在这时还不具有视力或听力。

人类的孩子与动物宝宝一样，也会因为父母的反应而对无害的事物产生恐惧。所以关键在于，要时刻反省我们是在教孩子害怕他们应该害怕的事还是剥夺了他们亲身体验的机会。如果是后者，则不利于恐惧这种情感的健康发育，因为恐惧感是基于对事物的了解和熟悉而产生的。奇怪的是，我们总是将自己的恐惧和创伤传递给我们的孩子，而没有教会他们对真正危险的事物产生恐惧。

不过，直升机育儿不只体现在恐惧这个问题上，此外还有过度干预，也可以说是不愿放手。在上大学后，从小被直升机父母养育的孩子会在心理上感到更加焦虑、沮丧，表现出扭曲的权利意识，并且总体来看在面对生活中的重大变化时适应力更差。他们常会感到自己被冒犯，这可能导致在人际关系中过于敏感，将正常的行为误认为是控制欲强的表现。

正如在上一章所提到的，要判断孩子何时做好自立门户的准备有时不太容易。鸟类父母必须对幼鸟发育过程的许多阶段保持敏感。哀鸽父母如何知道宝宝已准备好飞翔？何时能独立进食？它们必须决定何时说"可以"，何时说"还不行"，以及何时坚定地说"不"。动物父母们必须时刻关注后代释放的信号，从中得知它们是否已准备好尝试、学习或独立完成事情。动物父母们特别擅长捕捉这些信号，我们人类也应如此。

这需要付出极大的努力，有意识地去思考，深入了解每个孩子的需求、技巧和能力，在设定合理边界的同时不断鼓励他们的成长和发育，直至孩子独立。母亲替孩子奋战到成年可能适用于虎鲸，但我们不是虎鲸。

最后，需要明确两点。第一，所有那些想要干涉他人子女养育的直升机父母，请住手。假如你坐在社区公园里，你的孩子想让你帮他爬到滑梯上。作为父母，你在心里做出了决定：不，这次不行，让他自己试试看。可就在这时另一个成年人走过来，直接帮你把孩子抱了上去，可能还会因为你忽视孩子的需求而给你一个臭脸。想象一下此刻的你会是何种心情。关键问题是，冲过去救出正处于危险中的孩子与只因下意识地不想让孩子费劲就插手，让一个困难的任务对孩子变得容易起来，这二者之间存在明显差别。

同时这也引出了第二点，如果你是一名希望给予孩子自由的父母，那么你要认识到这样做有时候会给其他孩子带去风险，尤其是有些父母并不为孩子设立任何边界，包括社会边界。你的孩子不是你的同龄人，他需要一些限制，而你有责任设定这些限制。没错，这仍然是一个在自由与边界之间实现平衡的问题。

自然小课堂：

- 要小心自己对事物的反应，避免让孩子害怕原本没有危险的事物。请记住，他们能够嗅到你的恐惧。
- 孩子需要学会害怕一些事情，比如热火炉、上陌生人的车、在马路上乱跑，当然还有有毒的动物和食物。

野性与温情：动物父母的自我修养

- 养育孩子需要很多精力，所以动物父母总是迫切地鼓励后代自立。换句话说，请不要和孩子一起出现在大学的课堂上。拜托了！
- 神经质、焦虑、抑郁、依赖性强的成年动物无法在野外长久生存。如果你在孩子的每个成长阶段都像直升机那样盘旋在周围的话，就是在阻碍他们的成长。他们的生存可能不成问题，但是难以收获精彩的人生。
- 除非为了阻止眼前的危险，否则不要插手去管别人的孩子。尊重那些想要培养孩子自立的父母。
- 自由与零边界之间存在微妙的界限。孩子们在学习和成长的过程中仍然需要限制。为了身边的人和他们的孩子，请记得你首先是孩子的父母，其次才是孩子的朋友。

极端手段

与人类父母一样，大多数动物父母都比幼小的子女强壮。克制攻击行为的能力相当重要。两头狮子会因争夺一具尸体的有利进食位置而发生冲突，但这通常发生在成年狮子中，而且即便是在这种情况下，这些成年狮子也会表现出惊人的克制力。

在美国导致身体受伤的儿童虐待事件中，大多数行凶者是亲生父母。仅在 2009 年这一年里，6200 万名 14 岁以下的儿童中就有大约 50 万起经证实的儿童虐待与疏忽事件。到了 2015 年，受害人多达68.3 万，增长了大约 27%。其中 80% 的事件中施虐方都是亲生父母。

母亲和父亲施虐的比例基本相同，这否定了大多数有暴力行为的家长都是父亲的传言。虽然经确认的近 50 万起事件中，严重程度足以上报至美国儿童保护服务局的还不足 1%，而且每年的数据也不一样，但这个情况仍然与我们在动物中的发现形成了鲜明对比。

在上文中提到过，大多数动物都不会使用体罚来惩罚自己的孩子（注意：是"自己的"）。这并不是说动物父母们不会忽视、遗弃甚至杀死自己的后代。为什么父母会遗弃自己的孩子呢？这可以回到本书开头时我们讨论过的亲子冲突问题。我们将以鸟类和窝卵数为例说明，因为鸟类是在亲子冲突问题上被研究得最透彻的生物。

科学家们花了大量的时间试图理解、解释和预测鸟类的窝卵数。大多数人可能不知道的是，许多鸟类生活在饥饿的边缘。这意味着鸟类父母必须在为自己获得足够的食物与喂养雏鸟之间取得微妙的平衡。如果年景不错，孵化了一大窝雏鸟，那很棒；而当环境恶化或食物供应不足时，那就糟糕了：需要吃饭的嘴太多了。对此鸟类有几种应对策略，有些已经在第五章提到过。在这里，我想聚焦于遗弃后代这一策略。

欧绒鸭是遍布欧洲和北美洲的一种海鸭，甚至在西伯利亚也有分布。由于欧绒鸭在寒冷的北极圈繁殖，它们用雌鸟胸部柔软温暖的绒羽筑巢。在育儿方面，欧绒鸭有几种方式：一只雄鸟和一只雌鸟组队抚养雏鸟，或者雌鸟们组建托儿所，共同承担抚养雏鸟的工作。作为一种群栖的鸟类，它们每次产的蛋相当多，通常有 4 到 6 枚。雄鸟可能全程都与雌鸟待在一起，或者在孵化期离开大约两个星期，孵化期长达 25 天。有研究发现超过 40% 的欧绒鸭妈妈会遗弃雏鸟。这个比例相当高，即便是和其他鸟类相比。原因是什么呢？难道欧绒鸭妈妈们是冷漠的坏家长？

要弄明白原因，我们需要先了解一下欧绒鸭妈妈的处境。研究人员发现，弃巢的雌鸟身体状况都很差。在孵化期间，欧绒鸭妈妈不能进食，必须完全依赖体内的脂肪储备，这使一些雌鸟处于两难的境地。如果继续孵化幼鸟，它有可能面临死亡；而如果它放弃这窝鸟蛋，就可能活下来，将来还有机会继续繁殖。重要的是，如果欧绒鸭妈妈坚持孵化鸟蛋而把自己饿死，那么它的后代也难逃厄运。但如果它遗弃这些鸟蛋，只有未出生的欧绒鸭宝宝会死去。这与特里弗斯提出的亲子冲突完全吻合。遗弃不失为一种解决方案。

这种行为曾经而且现在仍然出现在人类社会中，在部分情况下原因是相同的。有人可能会说，遗弃孩子在特定条件下是适应性行为。我们知道，其他物种中发生这种情况的条件是可预见的，而且从进化论的角度是说得通的。当人类面对这样的情况时，会发生同样的事情。二者之间的区别在于，现在如果父母不履行照顾孩子的义务，法律会惩罚他们，不管他们是不是在无法照顾孩子的情况下被逼无奈才这样做的。此外，有些情况下妈妈是未婚的青少年或家庭性虐待的受害者，如果被发现生了孩子，这些妈妈会陷入危险的处境。

历史上，许多人类文明存在杀婴的现象。在某些情况下，这是因为环境恶化，家里较为年长的孩子或妈妈面临死亡或饥饿的危险，父母便选择将幼小的孩子留在森林中。在美国，自中世纪到 20 世纪 30 年代，被遗弃的孩子会成为捡到他们的人的财产，也就是说，这些孩子将成为奴隶、契约仆人或劳工。关于收养这一话题，我们将在第八章中讨论。

　　事实上，与欧绒鸭一样，处于恶劣生存条件下的人类父母可能无法为孩子提供适当的看护，这也是美国有些州颁布了安全港法案（即允许监护人把婴儿安全地遗弃，"安全港"通常是指医院、警察局等地）的原因。这样一来，父母就可以让新生儿处于州政府的监护下，即放弃关于孩子的权利和义务，而不用害怕受到法律的惩罚。不幸的是，如果孩子的年龄已经比较大了，许多州便会将上述行为归为重罪。这毫无道理，而且这会增加孩子被虐待的可能性。如果一个人的绝望程度已经足以让他放弃对自己孩子的权利，而又被阻止无法这么做，那么这个孩子将很有可能遭到虐待。

　　这就是我们与绝大多数其他物种不同的地方，我们误入歧途，出现了非适应性育儿行为。从进化论的角度看，持续虐待孩子却不终止育儿投入是不符合逻辑的。在其他物种中，无论是在配偶还是亲子关系中，身体暴力经常都是关系终止的信号。例如：有些鸟类可能会使用身体攻击来告知对方是时候离开鸟巢了。但是正如上文提到过的，这种行为的意图性很强，而且后代（或伴侣）会遵从。由于发育周期较长，人类儿童实际上很难逃脱来自父母或看护者的暴力虐待。所以说，人类父母对自己的孩子暴力施虐，而不放弃育儿责任和权利，是毫无根据且自私的。鉴于此，我认为这种行为是病态的，扰乱了正常的养育过程。

　　由于在其他物种中长期虐待子女的情况很少，所以也缺乏这类数据。我们仅有的研究数据主要来自于灵长类动物。虽然早期关于灵长类动物的研究表明，在特定条件下会引发一段时间的虐待（例如将恒河猴幼崽与其父母隔离并单独抚养），但这并不能帮助我们更好地理解人类中的这种现象。更不用说，这些早期的研究人为地制造了一些可能会引发虐待的条件，即最初就将幼崽与父母分离，致使形成纽带的过程遭到破坏。而且尚不清楚，在母子团聚之后，恒河猴妈妈是否将幼崽视为自己的孩子。正如我们已经看到的，成年恒河猴殴打幼崽的情况相当普遍，只不过对象通常不是自己的孩子。

有的人倾向于认为虐待孩子的父母有精神疾病。不幸的是，这个看似聪明的回答经不住科学的推敲。当然，部分施虐的父母确实有精神问题，但精神疾病不是预测虐待行为的可靠参数。贫穷或经济困难也不是。遗弃与虐待并不相关，这意味着抛弃孩子的父母不一定更有可能成为施虐的父母。但是，压力的确是预测虐待的关键指标，因此，导致压力增加的风险因子将成为虐待发生的导火索。

因此，贫穷是一个潜在的因素。贫穷给父母带来巨大的压力，相当于恶劣的生存条件对欧绒鸭造成的影响。资源的匮乏、持续的压力以及缺少帮助会增加父母的压力和孩子在家中遭到虐待的可能性。然而，贫穷不是唯一的影响因素。累计风险模型显示，随着潜在的风险因素数量增加，儿童受虐待的可能性也会相应升高。那么这些变量都是什么呢？儿童虐待倾向量表（Child Abuse Potential Inventory，CAPI）列出了 160 项，从中摘取部分如下：

- 父母的压力
- 父母在儿童时期遭受过虐待
- 父母对自己身为父母的满意度

- 能够成功控制儿童的行为
- 儿童的不听话程度（与上一条有关）
- 社会经济地位（与资源和压力相关的变量）
- 家庭规模和空间（另一个与资源相关的变量）

父母勾选的因素越多，这个家庭的孩子就越有可能遭到虐待。

那么，其他动物的虐待现象是怎样的呢？虽然可以再次确认这种现象十分罕见而且缺少相关研究，但有证据表明虐待确实发生在很多其他灵长类动物中——包括豚尾猕猴、日本猕猴、恒河猴、青腹绿猴和白颈白眉猴——比例大约在 5% 至 10%。有趣的是，与人类一样，动物虐待也发生在家庭中。不过进一步观察发现，即便在这些物种中，导致受伤的虐待更多的是母亲保护的结果，也就是说妈妈试图紧紧抓住幼崽而幼崽反抗或挣脱，并在这个过程中受伤。其他虐待的原因与我们所发现的人类中的因素基本一致：压力或不健康的社会环境。因此，虐待可能的确是一种变相的攻击行为，是非适应性行为的一种表现形式。如果父母处于自己无法控制的压力之下（比如工作压力），要从源头上（比如老板）消灭攻击性的"正常"倾向就受到了阻碍，因为如果报复主管可能就会丢掉工作。这种不健康的社会环境制造了巨大的心理和生理压力，而这种压力必须以某种途径得到释放。减小压力的方式之一是将压力转嫁给更脆弱的人。就连群体中级别较低的恒河猴都会这样做。

将施虐与不施虐的恒河猴妈妈的行为进行比较，为我们理解这一现象提供了更多启发。施虐的猴妈妈倾向于通过肢体接触控制或限制

　　　　　　　　　　　野性与温情：动物父母的自我修养

自己的孩子，它们是攻击性更强的个体，经常拒绝自己的孩子，并且它们的妈妈也是施虐型的。这与增加人类儿童受虐可能性的一些变量十分相似。

我们知道代际虐待时有发生。研究表明，如果父母相信并使用体罚，那么孩子也会认为可以通过攻击和暴力行为解决自己的冲突。一个孩子遭到虐待的频率越高，那么他或她将来虐待自己孩子的可能性越大。

在指责电视和电子游戏鼓动暴力行为之前，我们需要认真地反思父母在育儿中的暴力行为。公平地讲，我们周围的暴力行为在某种程度上反映了累积施加在孩子身上的暴力。我们需要检讨自己为什么要这么做。是不是我们给自己创造了一个压力太大的环境，以至于影响了合理育儿的能力？

我本人亲眼见过代际传递的暴力行为。多年以前，我认识了一个朋友，她当时有一个4岁大的儿子。由于她在经济上总是很拮据，而且也不清楚自己是否真的想成为一名母亲，所以她对儿子缺少耐心并经常用殴打的方式管教他。有一天晚上，她的儿子在闹脾气时居然打了她。她嘶吼道："你从哪里学会了那样打人？"他回答："跟你学的！"难以想象一个4岁的孩子居然能表现出那种程度的蔑视。可悲的是，与他的妈妈一样，这个年轻的小伙子在与他人争论时充满了恶狠狠的侵略性。将来他也很有可能会殴打自己的孩子。

更可怕的是，针对受到严厉体罚的年轻人的大脑影像研究表明，他们前额皮质中的灰质比正常人要少。我们已提到过，前额皮质对于认知和语言能力的发育有着至关重要的作用。不过，什么才算是严厉的体罚呢？出于愤怒而殴打，对身体造成严重的伤害，都可算在内。

这种行为对孩子到底会产生多大程度的负面影响，主要取决于孩子的性格、脾气和敏感度。世界上已经有 42 个国家禁止对儿童的身体实施暴力行为。联合国将体罚定义为"任何使用武力并意图造成伤害或不适（无论程度轻重）的惩罚行为"，并称体罚是"绝对有辱人格"的行为。

在本章结尾，我想专门谈谈言语和精神虐待，因为这种形式更加普遍，而且同样有辱人格。如果你安慰自己"至少我没打孩子"，那么请花点时间想一想你是如何与自己的孩子交谈的。那些侮辱孩子、对孩子喊叫、贬低孩子、公开或私下羞辱孩子以及用其他形式在精神上虐待孩子的做法，同样是在毁掉孩子的人生。

单单没有身体接触并不能排除导致伤害的负面行为。情绪或精神上的虐待同样有害且具有毁灭性。那么，精神虐待行为都包括哪些呢？这是一个很难回答的问题。是否只有在意图伤害孩子的情绪或心理时才算呢？不是的。很多父母都发誓自己非常爱孩子，愿意为他们做任何事情，而在下一秒就会羞辱他们。

我想到了以前的一位同事。她的儿子超级可爱，但她却经常说养这个孩子是多么糟糕的体验，而且永远都不会再生孩子了。看起来她也不像是后悔生了这个孩子，但是她没有完全地接受并享受母亲的角色。她会像熊妈妈一样奋力保护自己的儿子，甚至陌生人生气地说他一句都不行，但是转过头来又会冷落或拒绝他。这对孩子同样是一种折磨。她是有意伤害孩子的情绪吗？很可能不是。但是她的行为会导致更麻烦的结果，因为她的儿子本来就非常敏感，无法快速适应变化，并且时常焦虑。她的敌意加重了这个男孩脾气秉性中的这些方面。恐怕她的这种严厉会对他产生终身的影响。

野性与温情：动物父母的自我修养

此外，虐待不一定以言语的形式体现。用沉默对待孩子，利用孩子满足个人的心理需要，对孩子的行为持有不切实际的期待，将负面属性硬加在孩子身上（例如："你真是又苛刻又自私，跟你爸一样！"），这些行为也都算是虐待。

孩子们可能会很不听话，但是不管他们的脾气或行为如何，都不能免除父母尽力帮助他们取得成功的责任。尽管我不敢肯定，但是我相信主红雀父母不会冲着幼鸟喊叫："你到底是怎么回事？别再假装小孩子了，赶紧飞吧！"

我们人类在语言方面自视甚高——复杂的沟通方式是人类的特质之一——但很多时候我们会忽略自己的言语对他人产生的负面影响。我们坚信自己可以信口开河，而不会对他人或我们与他人的关系造成真正的不良后果或损害。这种看法相当具有误导性，尤其是涉及孩子的时候。作为一个个体，孩子脆弱又具有依赖性，同时也有个人的想法、感受和意识。父母的职责之一就是认可、肯定和尊重孩子的个性。如果不能做到这一点，将会破坏亲子关系。人类可能是唯一对言语有复杂需求的物种，但是我们也是唯一能够通过这种方式拒绝、诋毁、羞辱和伤害我们的孩子及他人的物种。

在这个时代，人们理所当然地认为"我们可以拥有一切"，但我想强调的是：当我们成为父母，就理应全身心地投入到父母这一角色中，主动去享受那种体验。因为成功的育儿要求我们优先考虑孩子的精神、情绪和身体需求，然后才是自身的需求，这要持续很长一段时间。如果我们没有做好这种准备，恐怕就要产生更多的失落和怨恨，甚至有可能做出伤害孩子的行为。

自然小课堂：

- 人类父母对儿童的遗弃与忽视，常常受到环境因素影响，如缺少资源等。其他动物亦如此。

- 通过提供合法放弃对子女权利的安全手段，可以为绝望的父母们提供不良育儿以外的其他选择，减少虐待的可能性。

- 父母的精神疾病不是预测虐待儿童行为的可靠指标。

- 对恒河猴来说，父母过去遭受虐待和压力的经历（社会和／或经济压力）将成为它们是否虐待孩子的重要影响因素。

- 体罚一般会导致孩子脑部受损。

- 美国没有禁止对儿童使用体罚，这让它落后于世界上 42 个国家。

野性与温情：动物父母的自我修养

第八章　不同类型的家庭

　　在成长的历程中，我有一种感觉，那就是我的家庭与大多数同龄人的家庭不同。父母在我 6 岁的时候就离婚了，从此爸爸就不见了，他从我的人生中消失了。梅利莎（Melissa）的家庭与我家相似。梅利莎是我儿时最好的朋友，我家刚从意大利搬到美国时我们就认识了。她也算是我在这里结交的第一个朋友。我们至今仍然是闺蜜，她的妈妈待我如亲生女儿一般。梅利莎是我认识的人中唯一一个父母离异的，跟我一样，她那体型娇小的外婆和她们住在一起。我那时候总是试图混入别的家庭，由于梅利莎住得很近，所以我经常待在她家。梅利莎和我常常遇到一些古怪的人。比如恐怖又猥琐的暴露狂邻居，一个让梅利莎倾慕的大男孩，还有试图像科摩多巨蜥一样亲吻我的怪异的中国男孩。与我不同的是，她的妈妈没有再婚，她的外婆一直都住在一起，而且她的爸爸那时仍然与她的生活紧密相关——他们会定期见面。

　　父母离婚后，那个跟我妈妈再婚的人带来了他自己的两个孩子：一个女儿和一个儿子。他们并不和我们住在一起，而是在隔周的周末和假期才到访。也就是说，在我还是一个孩子的时候，我的亲生父亲不在身边，却有一个不相关的男人住在家中，而且他的孩子还要定期来访——那些与我没有血缘关系的"兄弟姐妹"。而在那时，理想家庭的概念在大多数美国人心中相当根深蒂固。

近年来，不断有关于核心家庭（nuclear family）的破裂以及"传统"家庭价值观丧失的新闻报道。典型的核心家庭由一位妈妈、一位爸爸和孩子们组成。美国人口普查局的数据表明，自 2010 年以来，美国各地家庭的组成有很多不同的类型，而且多样性还在持续增加。（其实在全世界也是如此。）如第四章提到的，妈妈们尤其会因进入职场而受到指责。与之相似，当我们提到单亲父母时，似乎将所有的注意力都集中到了单亲妈妈身上。然而，这些新的女性角色真的会引发危机问题吗？随着家庭的形式变化，我们是否在做一些实际上会伤害到孩子的事，而这并非出于我们的本意？其他动物是否也如此渴望这种孤立式的核心家庭模式呢？它们是否会"离婚"？我们知道，离婚在其他雄性和雌性结为终身伴侣的动物中也时有发生。有时候，它们也无法继续再待在一起。那么，当动物父母分开时，幼崽会怎样呢？

离婚真的那么糟糕吗？

"一刀切"的家庭模式和传统的育儿方式显然已经不再适合我们了。这没什么可意外的，因为从历史上讲，人类从来没有选择过这样的方式。纵观人类演化的历史，不同的社会文化中，家庭的概念反复出现了多次迭代。只是在近期，人类社会似乎尤其专注于"母亲—父亲—孩子"的家庭模式。让我们先来谈谈这个问题。

严格意义上的双亲看护——没有年长的孩子们、亲戚或非亲戚的帮助——在其他物种中较为不常见。其中一个例外是草原田鼠。草原田鼠被视为有助于理解人类关系的模范动物。因为这种小型啮齿类动物——它们看起来像仓鼠但是与旅鼠亲缘关系更近——具有人类推崇的所有特点：一夫一妻制，亲代投入（包括母亲和父亲），当伴侣死亡时会感到悲痛。草原田鼠的家庭生活是一台运转顺畅的机器，驱动力来自于第一章中提到的多种激素。这当然看起来很完美。田鼠妈妈和爸爸都会关注洞穴中的情况，协作照料幼崽，这样幼崽就不会过早地暴露在自然环境中，而且田鼠父母经常与孩子们拥抱在一起。

箭毒蛙看起来可不像模范家庭的代表，但是它们的行为表现出人类理想家庭的特点。箭毒蛙的种类很多，有一些看起来像是穿了蓝色牛仔裤。其中，精灵箭毒蛙颇受关注，因为这些色彩斑斓的小型蛙类求偶期很长（相对于其他蛙类来说）。一旦它们配对成功，就对彼此保持忠诚，而且父母双方会一起照料所有后代。当选定生活区域并产卵（通常是在远离水域的叶子上）之后，蛙妈妈和蛙爸爸会一起保卫家园，守护即将成为小蝌蚪的一窝卵。

精灵箭毒蛙的亲代看护是一项极为艰巨的工作。一旦小蝌蚪孵化，蛙爸爸就要挨个把每个孩子背到背上，再把它们带到自己的专属小水池。在接下来的几个月里，蛙爸爸将照顾它们。你可能会想，那蛙妈妈去哪儿了呢？它在外面觅食，这样才能产下未受精的卵，来喂养小蝌蚪们。蛙爸爸非常细心，它知道小蝌蚪在什么时候感到饥饿，并呼唤蛙妈妈过来产卵，喂给这只或那只小蝌蚪。那么，这种田园牧歌式的家庭生活是如何在这种有毒的小型两栖动物中演化的呢？研究人员认为，小蝌蚪在小水池中长大，而不是相对来说更大的池塘里，这样一来小蝌蚪们可吃的食物便很少。解决方案是：蛙妈妈和蛙爸爸一起努力喂养宝宝们。如果只有一方承担这个任务，将近一半的小蝌蚪会死掉。

这种现象并不少见。在父母双方都需要投入看护的物种中，当父母分开或有一方离开时，孩子就会遭罪。这主要是因为留下的一方无法弥补因另一方缺席而造成的损失，所有后代都存活下来需要父母双方的共同参与。在精灵箭毒蛙的例子中，单亲育儿的后果虽然不是彻底的灾难，但是我想大家基本上认同一半的后代死亡率是相当低的繁殖成功率了。虽然人类的孩子在父母离婚或被父母一方抛弃后不会有半数死亡，但我们肯定也听说过这对孩子的情绪、精神和身体健康会造成多么严重的影响，并且会阻碍他们在未来建立健康的人际关系。

孩子在父母离婚后会在心理和身体发育方面受到不利影响，继而成为不太成功的成年人，这种看法主要来源于基于美国的研究结果以及有关家庭缺陷模型（family deficit model）的研究。这个缺陷模型基于一个潜在的假设前提，那就是父母离异的孩子比不上别的孩子，并且认为双亲家庭是确保孩子在社会和个人成长方面取得成功的必要条件，如果没有这个条件，孩子就会受到心理伤害。

随着婚姻不稳定情况在全球范围内都有所增加，这一现象引发了更多的关注。不足为奇的是，早期的美国研究认为，父母离异的孩子仅仅因为父母分开就会表现得更差，而随着其他国家开始更加细致地探讨这个问题，人们发现这个理论几乎很难立足。特别是一项德国的研究发现，父母离异对孩子青少年时期的健康产生的影响相当小，其他不利影响也很有限。不过，有两大因素可能会造成问题，那就是经济压力和（或）父母在分居期间给孩子带来的心理压力。

有趣的是，草原田鼠的标准家庭单元并不是人类理想中的样子。当然，大多数草原田鼠的家庭都符合"婚姻黄金年代"的版本，但是变化也非常多。除了核心家庭之外，你还会在草原田鼠中发现单亲妈妈、单亲爸爸和大型的群婚家庭。如果失去父母中的一方，幼崽会发生什么？影响不是很大。研究发现，虽然草原田鼠的单亲妈妈不是完全没有懈怠的时候（也就是说幼崽会一定程度地暴露在自然环境中），但也把宝宝们照顾得很好。似乎离婚给精灵箭毒蛙带来的伤害要比草原田鼠和人类儿童大得多！一个有趣的区别是，单亲草原田鼠妈妈"消遣"的时间更少，比如探索、闲逛、跳跃、挖洞或者无所事事。许多单亲父母的生活状态都是整天工作而不能娱乐。

然而，这就是全部吗？只有一个好的父亲或母亲是否优于同时拥有父母但其中一个很糟糕的情形？由于动物们不会保持合不来的伴侣关系，我们无法评估哪种情况更好。但是，我们可以看看当一名父亲或母亲与一个不合格的伴侣相处时会发生什么，以及这位优秀的家长独自育儿时是否会做得更好。为了在动物中测试这点，方法之一是移除父母中的一方，然后评估另一方是否能够提供额外的看护。另一个方法是使父母一方致残，削弱其提供看护的能力。由于许多鸟类依赖于双亲的家庭模式，所以大多数这类研究都在鸟类身上开展，不过为了当前这个目的，让我们将视线转到葬甲身上。没错，这是一种甲虫。

虫如其名，葬甲会埋葬东西，但不是任何东西。它们会埋葬其他动物的尸体，比如鸟类、哺乳动物等任何能够成为它们孩子食物的已经死去的生物。而且，它们不是胡乱把尸体埋起来。当葬甲夫妇遇到可能成为食物的目标时，它们会协同合作，在这具动物尸体下面挖一个洞，去除所有的毛发或羽毛，然后在尸体表面涂满抗微生物和抗真菌的分泌物，将尸体滚成一个球埋入洞中，再利用毛发或羽毛标记尸体所在位置。雌性葬甲随后会在尸体中产卵。整个过程需要花费很多时间，有时候长达 8 小时。

这些早期的准备工作做完后，葬甲父母的任务还未完成。在虫卵孵化后，父母双方会反刍尸体的液化残渣，喂给饥饿的幼虫。它们的养育会持续数日，直到后代可以自己谋生。但是，如果父母一方偷懒的话会怎样呢？为了得到答案，科学家们在这些小甲虫身上粘上很小的额外负重，比如相当于它们体重一半的小铝片，这能够有效减慢它们的爬行速度。然后将其与没有额外负重的甲虫夫妇相比，观察谁做什么且做了多久。（没错，科学家就是会研究一些奇怪的事情。）

他们发现了什么？答案是一旦增加额外负重，葬甲爸爸和妈妈都会更加努力，以弥补对方本应承担的工作量，但无法弥补全部。如果葬甲妈妈或爸爸逃跑会发生什么呢？大多数时候，被留下的一方会弥补所有的缺失，而且实际提供的照料要比双方本应共同承担的更多！

讽刺的是，许多鸟类和葬甲的表现正是我们在人类中所见到的：相较于另一方不够称职的情况，单亲父母倾向于对子女弥补更多。值得注意的是，动物伴侣们不会待在一起吵吵闹闹。在一夫一妻制的动物伴侣中没有家庭暴力或虐待的现象。有足够的证据表明，生活在父母冲突较多的家庭中的人类儿童，其心理问题会比那些生活在矛盾较少的离异家庭中的孩子更多。而且不一定非得是激烈的矛盾冲突，也不一定直接与儿童有关。

压力对孩子的成长不利，而在家中经历矛盾冲突或见证父母离异的过程是儿童面对的最大问题。也许"为了孩子而维系婚姻"并不是最好的选择，因为这常常会导致更糟的结果。经常吵架的父母选择和平分手，会对孩子更有利。不过，似乎与葬甲不同，当人类父母离婚的时候，其育儿能力也随之减弱了。我觉得这可能是由于父母双方把时间和精力集中投入到离婚的冲突和父母之间的权利争斗中，而把孩子晾在一边。我们应当明白，在很多情况下离婚和分手才是最好的选择，并学着更好地处理这种状况使之对孩子的影响最小化。

自然小课堂:

- "婚姻的黄金年代"不过是一个文化标志。现实是，即便在其他传统的组建一夫一妻制核心家庭的动物中，也会有不如意的情况。除非你是一只精灵箭毒蛙，那样的话你真的很需要你的另一半。

- 离婚、分手、遗弃、出轨——这些在动物家庭中也会发生。为子女提供足够的资源是单亲父母成功育儿的最大障碍之一，无论对动物或人类都是如此。

- 仓鸮在"离婚"后会过上更好的生活，它们通常会找到更好的伴侣，而且后代也会过得更好。"为了孩子而继续待在一起"很少是最优选择，尤其当父母间的冲突持续存在或非常激烈时。

- 在父母一方不积极承担育儿任务的情况下，人类的孩子和葬甲宝宝们与单亲父母待在一起会比父母都在时更好。
- 当人类父母分开时，需要学会和平分手！生活已经够艰难了，何必还要自寻痛苦。其他动物也不倾向于在分手这个问题上纠缠不休。

单亲父母

我们知道，有时候一名母亲或父亲成为单亲父母是被迫所致，而有时候则是主动选择的结果。通常人们提到单亲父母就会默认为是单亲妈妈。单亲妈妈被视作社会危机问题，而单亲爸爸则被视为伟大之举。现实其实处于两者之间，没有伟人，也没有罪人，只有想要成功抚育孩子的单亲父母们。许多动物会独自抚养幼崽，而且能够肯定的是，这个任务很艰巨，尤其对那些理想状态是双亲抚育的物种。即便有时候一名好家长优于两个糟糕的家长或一对矛盾重重的父母，甚至优于"一好一坏"的搭配，单亲父母也必须要应对一些特殊的挑战。

最大的挑战之一是处理简单的日常事务。如果你是一名单亲妈妈或单亲爸爸，很可能你同时还需要工作。如果你的处境与猎豹相似，你将没有帮手。虽然猎豹最广为人知的特点是出众的速度，但我认为猎豹妈妈也是出色的单亲妈妈的代表。前面提到过，20 世纪 90 年代末期，我在迈阿密动物园遇到了平生第一只猎豹。那是这家动物园接收的第一只猎豹，我有幸见识了这个 1 岁大的"小帅哥"。我永远不会忘记第一次那么近距离地观察猎豹的经历，它就像一名足球运动员，眼睛下面涂着黑油以减少刺目的阳光。（猎豹的脸上有一条天然的黑色条纹，从眼角延伸到鼻子两侧，这有助于捕猎。）

单亲猎豹妈妈一次最多抚养 5 只幼崽，虽然在这样的情况下所有幼崽都存活下来的希望渺茫。平均值是一次抚养 3 只幼崽，即便如此也已经极大地超出了猎豹妈妈的能力范围。在生产之前，雌性猎豹会找一个合适的藏身之处，在那里产下幼崽。幼崽们会在那里待上 3 到 5 个星期，直到它们具有一定的活动能力。

在此期间，幼崽非常脆弱，因为它们常常被猎豹妈妈留在家中，这很危险。豹子、狮子和鬣狗可能会发现这个窝，杀死所有幼崽。但是，猎豹妈妈必须得出去觅食。偶尔还会发生其他灾难性的随机事件，比如火灾，这些还不能走路的猎豹幼崽会被烧死或以其他方式死去。但是哺乳需要很多能量，猎豹妈妈不能一直待在家中。如果它不进食，幼崽也会死去。

很多人类父母也面临同样的境遇，如果不出去工作，孩子们就会挨饿，而且有可能全家人都要流离失所。在美国，只有少数几个州在法律上规定了被独自留在家中的孩子的最低年龄，从 8 岁到 14 岁不等。这个范围还是比较宽的。我问我的朋友阿尔玛在女儿几岁时第一次把她独自留在家中，她说是 9 岁。我自己也曾是个 9 岁大的"挂钥匙的孩子"。显然，新生儿和年幼的孩子不应该像猎豹幼崽一样被独自留在家中，但多大才是"合适的年龄"呢？我不确定这个问题是否有标准答案，但是我确信我们需要提供更好的支持体系，帮助父母们决定何时将一个孩子独自留在家中才是合适的，在那之前他们应该能够更方便地享受高质量的托管服务。

当然，这些问题对收入低的单亲父母影响更大，因为他们很多人负担不起日托中心或课外体育活动的费用。我有个朋友叫吉娜（Gina），她当了很长时间的单亲妈妈，曾经也面对这样的问题。吉娜不是优雅、冷静而高贵的猎豹妈妈；她像蜂鸟一样狂乱，总是处于崩溃边缘。蜂鸟们实际上每天都生活在饥饿的边缘……也许这就是它们如此狂躁的原因！而吉娜经常付不起房租或电费，不是被赶出家门，就是陷入停电的黑暗，有时候她都想跳楼了。

我曾经在处理医学样本的实验室里短暂工作过，在那里我认识了吉娜。在连续几周的夜班后，我受够了，重新回去当餐厅服务员。这种残忍的每小时只有 8 美元报酬的三班倒工作实在无法激起我足够的热情。在时髦的日本寿司店工作一晚就能赚 150 美元，这才是唯一的理性选择。当我迅速从那里逃走时，吉娜和我已经成了好朋友。几年后，她发现自己怀孕了，而且单身。

接下来的 14 年，她的生活可以说是一个灾难接着另一个灾难：因付不起房租而被赶出来三次，缺勤太多而被解雇（因为要照顾生病的孩子），因欠费而遭遇断电或手机停机太多次，只能让儿子吃快餐，因为这是她能负担的全部。我清晰地记得有一次，由于她又没能准时去日托中心接儿子，那里不再允许她把孩子送过去了。最后，吉娜不得不把孩子送到另一个营业时间更长的地方，但是在下午 6 点以后收费提高，如果父母迟到的话要按分钟收费。

最后，吉娜退出了单亲母亲的游戏，把十几岁的儿子送去与大他很多岁的哥哥一起生活（这是她在多年前的婚姻中所生的儿子）。让年长的孩子帮助抚养年幼的孩子在人类中并不是什么新鲜事，其他物种也存在这种现象，尽管这样类比不是很恰当。红顶啄木鸟不会把幼鸟送到其他地方与另一个后代生活，而是年长的孩子待在家中或搬到隔壁，帮助父母抚养下一代。

红顶啄木鸟常见于美国东南部，与其他啄木鸟一样，它们主要食用昆虫，有时也吃水果，在树洞中筑巢。每对红顶啄木鸟夫妇全年都要保卫领地，所以几乎"儿子们"总要待在附近给父母帮忙。这种情况存在于 30% 的红顶啄木鸟家庭中。它们为什么要这样做是一个有趣的问题，特别是有时候会发生吉娜那样的情况，即雌啄木鸟会离开，找到一只新的雄性，所以留下的儿子帮手其实跟幼鸟只有一半的血缘关系。总而言之，这似乎不仅对啄木鸟爸妈和下一批幼鸟有利，对帮忙的儿子们也有好处。

所以，如果你是那个"大哥"，为什么要帮忙呢？原因之一是离开家可能意味着危险，尤其是身为雄性必须与其他雄性争夺地盘。在红顶啄木鸟中，待在家附近的雄鸟死亡率较低。所以说，虽然"大哥"要帮忙在树洞中筑巢、孵蛋、喂哺同父同母或同父异母的弟弟妹妹，还要帮忙捍卫领地，但所有这些都能提高家庭成员的存活率，最终也对它自身有利。我不确定吉娜的大儿子是否也会这样想。他必须担负照顾一个十几岁的同母异父弟弟所要付出的全部情感、精神和身体成本，这可看不出有多少好处。

在动物界中，有帮手共同抚育后代的术语叫作合作繁殖。在本章中将提到更多的细节，但在这里有必要先简单介绍一下。有时候，就像吉娜的大儿子和红顶啄木鸟家中的"大哥"一样，这些帮手是亲戚，这比较容易解释；但有时候，帮手根本没有血缘关系，比如疣猪。

从表面上看，疣猪似乎很好战，总是处于攻击态势。它们很好斗，但这也是被逼无奈，因为它们总是面临危险。疣猪属于猪科，长着长长的獠牙。它们使用这些獠牙彼此争斗，或抵御捕食者——虽然首要策略是逃跑。疣猪在行进中动作非常迅速，常常到处乱窜，好像总是处在咖啡因作用下的亢奋状态。在社会结构方面，疣猪生活在混合性别的1岁（也就是"青少年"）群体或只有成年雌性的群体中。雄性疣猪基本上是独自生活，但有时候也会组成单身群体。部分雌性也会独自生活并抚养后代。不过，那些生活在群体中的疣猪能享受一些特殊待遇。

拥有"临时保姆"是周围有一群其他单亲父母的好处之一。对于疣猪而言，雌性最初是独自产下小猪崽，但之后就会把孩子们都放在一个洞穴中。这与来自家庭成员的帮助不同。大多数时候这些雌性都各不相干，但它们仍然会为其他的疣猪妈妈照看孩子。这种单亲父母互相帮忙的合作方式可能会提高部分疣猪幼崽的存活率。

有证据表明，人类社会的单身个体与家庭保持着更亲密的关系，社交网络也更加广泛，不管是邻居还是同事，并且这样的人更愿意帮助他人。一旦有了孩子之后，由于育儿需要付出大量精力，其社会关系的数量就会减少。单亲父母的情况很可能一样。这意味着，对单亲父母来说，与其他单亲父母建立稳固的社交网络更加重要，因为这样可以享受合作带来的好处，而这恰恰是当年的吉娜所需要的。

不是每个群体、文化或国家都缺少社区对单亲父母的帮助和支持，但是美国当前的社会结构不利于单亲父母在工作的同时处理养育孩子过程中遇到的日常问题。

对单亲爸爸来说，获得帮助似乎没有单亲妈妈那样困难。我在写到某个话题时，经常出去与人们交谈，从而使我的写作更加饱满。我就是这样认识汤姆（Tom）的。当他讲到作为单亲爸爸如何独自抚养一个孩子时，我非常感兴趣。我的很多男性朋友在与伴侣分手后仍然积极地参与育儿，但我非常想了解单亲爸爸的视角是怎样的。

我去亚利桑那州拜访朋友们时遇到了汤姆。在炎炎夏日去沙漠绝对不是明智之举。有一天，温度飙升到了45℃，空调却坏了。身为修理工的汤姆赶来帮忙，闲聊时我发现他是一个单亲爸爸，女儿15岁了。当他提到是自己把女儿一手带大时，我的好奇心被激发了。

这个故事让人联想到一个事实，那就是当我们想到其他物种的育儿时，总是倾向于把目光聚焦在妈妈身上。但是在很多物种中，爸爸是孩子的唯一看护者。美洲鸵是单亲爸爸的典范。这些不会飞的大型鸟类是鸸鹋和鸵鸟的亲戚，有时因脑子小而遭到鄙视。但是，脑容量的不足可以用精神来弥补。美洲鸵生活在南美洲，雄性特别善于耍花招。它们会与几只雌鸟交配，而每只雌鸟都会在离开前把蛋产在它的巢穴中。一只雄鸟一次最多能得到50枚鸟蛋，不过平均情况是约25枚。除了筑巢、孵蛋外，美洲鸵爸爸还独自承担抚养幼鸟的责任，并教会它们作为美洲鸵需要了解的知识和技能。

孵化时长取决于巢中待孵化的幼鸟数量，一般约为42天，在此期间，美洲鸵爸爸几乎一直待在巢中，只花很少的时间在附近觅食。幼鸟破壳而出之后，美洲鸵爸爸会在接下来的4到6个月里提供特别看护。它的职责包括把幼鸟们集中起来，全家聚在一起小心提防捕食者，并教会孩子们选择食物。与疣猪一样，有时候雄鸵鸟们会把孩子们都聚在一起看护，或者某只雄鸟会收养其他幼鸟，让它们加入自己的家庭中。关于收养的问题我们晚点再详细展开。

在有些物种中，雄性负责孵蛋或承担所有产前和产后工作，有趣的是，拥有巢穴的雄性有时候对雌性具有磁石般的吸引力。在很多鱼类中尤其如此，雌鱼更喜欢与已经"坐拥"鱼卵的雄鱼产卵。

汤姆向我描述了他作为单亲爸爸的生活，同时他还提到很多女性愿意伸出援手。他说自己就像养了个小宠物一样。我说他像是一条虾虎鱼！愿意帮忙的人是自动冒出来的。他用不着费太大力气说服他们。汤姆的前妻在女儿只有两周大的时候就进了监狱，他不得已承担起照顾女儿的所有责任。他坦承那时自己对喂孩子吃什么，买哪种纸尿裤，还有其他各种能想到的细节都毫无头绪。他和一个哥们儿带着宝宝来到超市，站在婴儿区困惑不已，直到他们遇到了一个女人。他们马上过去问她宝宝应该吃什么。他告诉我，最开始这个女人看到两个莫名其妙的男人抱着一个新生儿时感到他们很可疑，但当她意识到这不是绑架时，就立刻在他们的购物车里装满了照看宝宝需要用到的所有东西，还告诉他们应当如何照顾婴儿的日常起居。

在接下来的 15 年里，汤姆很容易得到女性的帮助，而且随着女儿长大，这些帮助越来越有必要，因为她开始需要更多关于女性问题的建议，比如发型、化妆、对男孩的看法、月经和少女文胸。那么，为什么单亲爸爸会吸引不相关的女性提供帮助，反过来却不常见呢？绝对不会有男人排着队要帮单亲妈妈抚育其他男人的孩子。一般来讲，其他雄性动物与男人一样，倾向于只照顾自己亲生的孩子。

正如本书中经常提到的，育儿意味着巨大的投入，而且从自然选择的角度看，花费那么多资源去照顾非亲生的孩子在生物学上解释不通。另外，雌性可能会认为有后代的雄性更加有吸引力。不一定是因为她们想抚养他人的孩子，可能只是因为如果其他女性曾选择这个男人成为孩子的父亲，那么他肯定是个不错的男人。

前文曾提到，雄鱼从这种行为中受益颇深，而汤姆对女人来说就像是一条沙虾虎鱼。这里详细解释一下。虾虎鱼有很多种，这是一类很有趣的鱼，它们会在条件适宜时在几天内就改变性别。但我们在这里关注的是育儿，不是变性鱼。沙虾虎鱼是一种生活在欧洲沿海地区水底的小型鱼类，在它们交配的季节，雄性会在蛤蜊或贻贝壳下面的沙子中筑巢（由此得名）。之后，它们用挖出来的沙子将贝壳盖住作为伪装。如果雄性不仅有一个巢，而且巢里面还有鱼卵，那么雄性的异性吸引力将大大提升。在沙虾虎鱼的育儿过程中，雄性通常是唯一的看护方；它们会保护鱼卵，不断扇动鱼卵附近的水流以保持较高的氧气水平，并且在鱼卵孵化的几周内清理巢穴。巢穴里已经有鱼卵的雄性看起来像是更好的父亲。它们拥有的鱼卵越多，说明它们照料得越好，所以雌性喜欢已经有后代的雄性。

汤姆很快就注意到，希望尽快加入这个小家庭的女人大多没有自己的孩子。于是，他更加谨慎地选择哪些女人可以出现在女儿的生活中。后来他曾与两名女性有过很长时间的交往，她们都有自己的孩子，并且已经长大了。这样一来，他就可以从"过来人"那里受益，而且她们也不期待成为他女儿的母亲。不管你是单亲妈妈还是单亲爸爸，在何时以及是否允许其他成年人加入家庭的问题上都要非常慎重，这对孩子的健康成长至关重要。

自然小课堂：

- 照顾孩子对所有需要工作的父母来说都是挑战，但是单亲父母承担得更多，尤其是那些收入较低的单亲父母。是否将孩子独自留在家中这一问题取决于孩子的年龄，这同样适用于其他物种。至于几岁才是"合适的年龄"，可能意见不统一，但是我们可以为职场父母提供更好的支持，以帮助他们应对困难。
- 即便不能把年幼的孩子送去跟年长的孩子一起生活，单亲父母还可以选择组成稳固的互助网络，就像疣猪一样。
- 平均来看，单亲妈妈受到的帮助比单亲爸爸更少。为所有的父母提供资源和帮助（如免费的日间看护、育儿课堂、互助小组、讲授基本的看护常识等）能使所有的孩子受益。

继亲家庭

鉴于上述原因，非生物学父母协助抚育非亲生的孩子这一现象在其他动物中非常罕见。虽然人类中的继亲家庭（stepfamily）越来越常见，但是这给孩子的成长带来了很大的风险和隐患。并不是说这类家庭无法和谐发展，但一般都会出现一些问题。为了试着解决这些问题，让我们先从上一部分结束的地方开始谈起。

我们不得不面对现实：育儿是一项艰巨的任务，需要花费大量时间、精力和资源。直白地说，养孩子很贵，所以单纯从生物学角度来看，在别人的孩子身上投入这些资本并不划算。这是在其他物种中存在杀婴现象的主要原因之一。狮子也许是典型的例子。狮子的社交生

野性与温情：动物父母的自我修养

活主要是围绕雌性进行，一般是与之有关的雌性，包括姐妹、母亲、女儿、表姐妹、姨妈、姑妈，等等。雄狮来了又走，这取决于它们较其他雄狮的权威能维持多久。即便一头单身雄狮能够成功地在其他雄狮面前维护一群雌狮，其平均停留时间也不足两年。成对的雄狮也是如此，虽然它们的成功率要高一些。随着统领狮群的雄狮数量增加，它们在这个群体中停留的时间也会延长，从 3 年到 6 年不等。

当新的雄狮接管狮群后，就会赶走所有处于"青少年"阶段的雄狮和雌狮（大约 2 到 4 岁），并杀死年幼的小狮子。它们把年龄稍大一些的狮子赶走是因为不希望受到年轻的雄性干扰。雌狮至少要在 4 岁以后才进入繁殖期，而且每隔 3 年半才会产崽一次。这比大多数雄狮的发情期都要短，也就是说新来的雄狮不能与所有雌狮交配。通过杀死年幼的小狮子，可以诱使雌狮重回发情期。基本上，"继父"在狮子中不存在。不过，雌狮不会对此逆来顺受。它们会团结起来帮助原来的雄狮统领抵御侵略者。如果原来的雄狮被赶走，那么雌狮们仍然会继续抗争以保护自己的幼崽，尽管最终还是会失败。

杀婴是动物父母面临的一大威胁，而且这种威胁不仅来自于雄性。近期有研究表明，雌性才是最常见的行凶者，而不是雄性。雌性替代者——或者说第二任妻子——是主要的行凶者。家麻雀可能看起来是无害的小鸟。对人类来说，它们住在后院，常把我们提供给野生鸟类的食物占为己有。但在家麻雀的世界里，画风完全不同，可以说是一部标准的肥皂剧。

与其他的群居鸟类一样，家麻雀会一起玩耍，一起享受沙浴或水浴，成群结队地歌唱或进食。它们也会共同筑巢，喜欢挨在一起的巢箱。然而，这种偏好是滋生矛盾的温床。一般情况下，一对家麻雀会遵守一夫一妻制，共同抚育后代。但是有时候，这对夫妇会分开，或者出现另一只雌麻雀插足。在这种情况下，插足者会发起攻击，而且经常把尚未孵化的鸟蛋拱出鸟巢，或者杀死已经诞生的雏鸟。有趣的是，雄麻雀和雌麻雀杀婴的原因不同。雄麻雀杀死一窝幼鸟通常是为了挑拨家麻雀夫妇分手，之后它就可以从中获益，即很快与雌麻雀交配并且抚育自己的后代。这表明，在家麻雀中，雄性将杀婴作为一种交配的策略，这与其他物种非常相似。但是，雌麻雀的动机则截然不同。杀婴通常发生在雌麻雀们不得不共享一只雄麻雀的情况下。基本上，通过攻击雄麻雀与另一只雌麻雀哺育的雏鸟，这只雌麻雀可以为自己的后代争取大部分资源，还有雄麻雀的关注。

我们可以看出，这与人类的继亲家庭非常相似，无论在第二段婚姻中是否有新的孩子加入。在这里我想用童年时最好的伙伴梅利莎的经历举例，因为她所遇到的就是典型的"雌麻雀现象"。前面已提到过，她的爸爸和妈妈在她很小的时候就离婚了。她的爸爸后来再婚，但是妈妈没有。她爸爸的新妻子丽贝卡（Rebecca）在上一段婚姻中有一个儿子，所以梅利莎的爸爸就成了那个男孩的好父亲。不幸的是，梅利莎没享受到这样的福利。现在，她显然不需要一个母亲式的角色——因为她已经有了一个特别棒的妈妈——但是与另一名成年女性建立积极的关系只会有利无害。然而，丽贝卡超级妒忌梅利莎的妈妈，而且强势地掌控了梅利莎爸爸的精力、时间，特别是金钱。她的行为特别像家麻雀的风格，她试图破坏梅利莎与爸爸的关系，使他将注意力集中于她自己和她的儿子身上。最终，虽然丽贝卡没能成功破坏梅利莎与爸爸的关系，但多年来她还是在他们之间制造了许多矛盾、压力和焦虑。

在人类中，我们把这种现象叫作"灰姑娘效应"，虽然它并不仅限于女性。研究数据显示，这种现象在继亲家庭中反复出现。我们已经知道继父母直接虐待或忽视儿童的发生率更高，但抛开这些不谈，从中可以看到一种更微妙的影响。

首先，这会影响父母对子女的整体关注程度和警惕性。不管是在有一名还是两名亲生父母的家庭中，父母的警惕性和子女偶然受伤的风险都大致相同。但是，在有一名亲生父母和一名继父母的双亲家庭中，子女伤亡的风险要高得多。研究人员在深入分析后发现，这不是直接的虐待造成的，而是警惕性降低所致，即继父母在照看孩子时，子女的意外死亡率要更高。我认为父母们通常明白他人不会像自己那样在照看孩子时特别小心，但可能想不到这个粗心的人会是自己的新伴侣。这里需要澄清一下，这种关注度的欠缺并不是故意为之。

继父母对待孩子的另一个细微差别涉及时间和金钱。研究人员在采访男性在孩子身上花费的时间和金钱的数量时发现，金钱投入的多少取决于当前两性关系中的孩子是否是亲生的。而且男性在非亲生的孩子身上花费的时间也更少。我的亲身经历验证了这一点。我妈妈的新丈夫给他上一段婚姻中亲生的孩子提供的资源远远超过给我哥哥或者给我的。他们穿旧了不喜欢的衣服就扔给我们。在圣诞节的时候更加明显。他的孩子会得到一大堆礼物，而我和哥哥却只能得到区区几样东西，不管我们的妈妈是否买得起。

这种差异是跨性别的，也就是说差别分配时间或资源的不仅限于男性。梅利莎曾跟我讲过她在爸爸的家里吃饭的事。她的继母丽贝卡会为梅利莎的爸爸、她自己和与梅利莎年龄相仿的儿子做丰盛的晚饭，而梅利莎得到的常常只是一盘配番茄酱的意大利面而已。

有时候，差别对待是有意为之，而有时候则是无心的。不管怎样，我们知道差别对待确实存在，并且可能非常糟糕。那么，为什么亲生父母，比如梅利莎的爸爸和我的妈妈，能够眼看着别人对自己的孩子不好而不管不问呢？就拿我来说吧，我妈妈的新丈夫最开始对我和哥哥还是不错的。他当时努力表现成一个好人，表示自己很高兴加入这个家，一起抚养非亲生的两个孩子。在动物行为中，甚至从进化心理学上讲，这种行为叫作"交配努力"。也就是说，他为了让我的妈妈接受他而竭尽所能。自然界一直都是如此，连青腹绿猴也是一样。

没错，就是我在克鲁格国家公园遇到的偷三明治的那种猴子，公猴与非亲生幼崽的互动也是具有欺骗性的。为了向母猴求爱，公猴会对它的孩子表现得非常友好。公猴可能会坐得很近，为小猴整理毛发，或者陪它玩耍。显然，能够与小猴较好互动的雄性对猴妈妈更有吸引力。一项实验巧妙地运用单向镜作为工具，结果发现，当一些公猴以为猴妈妈没在场的时候，它们的友好态度就发生了转变，对小猴子变得凶起来。有时候，人类与青腹绿猴一样会被欺骗。区别是什么呢？当青腹绿猴妈妈发现一只公猴对自己的孩子不好时，就会毫不犹豫地立刻停止与这只公猴交往。

在其他物种中，继亲育儿的情况相对罕见，但如果发生的话，将包括直接杀婴、漠视不理和完全领养这一系列不同的态度。东蓝鸲这个物种就存在多种情况。有研究表明，只有30%的东蓝鸲"继父"会帮忙喂养非亲生的雏鸟。与之相似，人类情况更为复杂多样，尤其是继父母在资金和时间上的投入与亲生父母之间的差异相比更为明显。

　　这里不是要诋毁继父母，而是说我们的成见是有原因的。在分析人类和其他物种在虐待、疏忽、杀婴、漠视和差别投入方面的数据时，二者确实存在相似性。那我们能做什么呢？我们能够而且必须要做的是，慎重决定谁能进入孩子的生活中。排除成年人关系的影响，我们需要谨慎地评估一个可能成为伴侣的人如何对待我们的孩子。此外，虽然杀婴在人类中不如在狮子中普遍，但是如果容忍虐待、漠视或差别对待，就会让我们的孩子受到伤害。作为父母，我们有责任保护我们的孩子。

　　这并不意味着很棒的继父母不存在，他们既富有爱心，又能全身心地投入，抚养非亲生的孩子。有时候继亲家庭也非常和谐。我的朋友夏洛特和她的妹妹就生活在这样的家庭中。她们的妈妈离婚后开始与有一个小女儿的单亲爸爸约会。这个男人的妻子在几年前因癌症去世了，同维修工汤姆一样，他很努力地照顾自己年幼的女儿，同时还要兼顾工作。在他和夏洛特的妈妈约会一年后，他们决定往前跨一步，搬到一起住。三个小女孩马上就成了好姐妹。而且夏洛特的爸爸也同意"第三个"女儿在探视日和周末一起过去。这三个女孩比以前生活得更好了，甚至所有的成年人看起来也比以往更加快乐。从某种意义上来说，夏洛特的爸爸收养了另一个男人的女儿，而夏洛特的继父也一样收养了夏洛特和她的妹妹。我们很快就会看到，人类不是唯一有收养行为的物种。

自然小课堂：

- 与其他物种的家庭情况相似，人类继父母实施儿童暴力的行为比亲生父母更常见。

- 继父母在照看孩子时无意识的漫不经心更容易导致孩子受伤或死亡，因此需要跟他们谈一谈，使他们引起重视，更小心一些。

- 作为父母，要认识到，就像不是每只东蓝鸲都愿意抚养非亲生的雏鸟那样，人类也同样如此。如果有人不愿意全心全意地抚养你的孩子，请尊重他们的选择，并接受现实。

- 要提防新伴侣对子女的攻击等恶劣行为，尤其是当你不在旁边，或者他（或她）有自己的孩子的时候。

- 请记得一名可靠的好爸爸或好妈妈比双亲中有一人不称职更好，无论是不是亲生父母。

收养：抚养别人的孩子

实际上，收养与继亲抚养非常相似，只不过收养孩子的父母双方都与孩子没有血缘关系。从表面上看，收养完全是利他行为。但是从历史上看，尤其是在欧洲和美国，收养的目的有很多，而满足孩子的需求是排在最后面的。孤儿经常会成为契约佣工，或者被成年人利用（比如攀交权贵或出于宗教和政治目的）。在19世纪早期和中期，孤儿被用火车运往美国西部，那里的家庭经常把他们当作廉价劳动力。随着相关法律的出台，美国规定了收养儿童的标准和监管措施，后来孩子亲生父母的身份也对外保密，甚至不让孩子知道自己被收养的事实。

我的朋友约翰（John）是一名退伍上尉，现在已经 60 岁了。在他被收养的那个年代，收养总是秘密进行，要找到亲生父母，除非孩子被告知自己是被收养的，或者通过"双向登记"，也就是父母和孩子都在试图寻找对方。约翰的收养过程与那时的大多数传统收养方式略有不同。他的亲生父母一直抚养他到 4 岁，后来由于至今不明的原因，一个新的家庭收养了他。

我问他是否还记得搬到新家的那天，他答道："当然记得。坐在车上，离家越来越远，不知道即将要发生什么，我大声喊叫，希望超人能来解救我。当我到了新家之后，他们把我的名字从尼克（Nick）改成了约翰，告诉我他们是我的新父母。"他不仅失去了亲生父母，还失去了一个哥哥。他的新父母对于他被收养的事实很坦诚，不过隐瞒真相确实很难行得通，因为那时他已经不小了。

虽然约翰被收养的原因至今不明，与新父母的生活也偶有不快，但是他认为换到另一个家庭总体来说是积极、成功的经历。人类区别于其他物种的优势在于：具有回顾、反思和对生活做出决定的能力。但是，对科学家来说，研究收养是一个难题，因为亲代投入的对象是别人的后代，这在演化上不利于自身的成功繁衍。不过，收养的确能在社会接受度方面提高一个人的"适应能力"，而且能够满足自身抚养孩子的渴望或其他方面的需求，这不一定与孩子本身的需求有关。在约翰的例子中，他的养父母无法生育，想要一个儿子来传承就读西点军校的家族传统。所以，他来到这个家庭是有任务的：上西点军校。他从中受益了吗？也许吧。但这是为了帮助他吗？并不是。

在其他物种中，收养的方式有很多，最为人所熟知的是跨物种收养，比如母猪给小猫喂奶，或者猫咪给小狗哺乳。YouTube 网站上甚至有狮子"收养"小羚羊的小视频。有时候狮子确实会有这种行为，因为正如在第二章中提到的，人类和许多其他物种天生愿意照顾具有婴儿特质的东西。

要了解其中个体的动机很难，同物种的收养情况就更复杂了，与人类的情况相似。不过，有一种解释是收养发生的基础和概率取决于婴儿普遍的吸引力。这种吸引力驱使一些个体采取行动，收养与自己没有血缘关系的一个婴儿。以安哥拉疣猴为例。这些可爱的灵长类动物生活在肯尼亚海岸的丛林深处。它们通常生活在中等规模的社会群体中，这些群体由一到两只公猴、几只母猴和它们的后代组成。

2014 年 9 月初，科学家们在疣猴的厄福奥姆群体（Ufalme group）中发现了一些奇怪的现象。马尔奇亚（Malkia）是一只成年母猴，它刚生下一只小公猴，名叫卡斯卡兹（Kaskazi）。在当年 12 月的某天，他们注意到另一个群体中的一只四五个月大的猴子奥康（Okoa）只身走来，哭着想要接近马尔奇亚。让他们惊讶的是，当天晚些时候，他们看到马尔奇亚不仅在照顾自己的儿子卡斯卡兹，也包括奥康！它一边照顾自己的儿子，一边照顾奥康，尽管奥康吃奶的时间和被马尔奇亚拥抱和亲密的时间更短。这种状态一直持续到亲生儿子卡斯卡兹意外死亡。在卡斯卡兹死后，奥康蛮不讲理地抱住马尔奇亚不放，而马尔奇亚顺从了它的要求，全力照顾它。不过，它自身的繁殖需求与照顾养子之间的冲突很明显，在照顾奥康期间，它积极地尝试与雄性交配，而如果它的亲生儿子还活着的话，这是不可能发生的。

马尔奇亚所经历的冲突也可能发生在选择收养后又意外有了亲生孩子的家庭。如何面对当然完全取决于父母。为孩子们树立典范，公平公正地对待他们（不管是亲生的还是收养的），能够为健康的家庭环境打好基础。但是研究表明，有时候父母倾向于将养子女的问题归咎于家庭以外的其他因素（比如基因遗传），于是养子女被迫为养父母的一切错误充当替罪羊，甚至养父母认为最好的解决方案是把这个孩子送走。

收养在很多物种中都存在，比如其他灵长类动物、犀牛、斑马、海豹、海豚以及帝企鹅等许多鸟类。但令我好奇的是，其他物种的收养行为是否与约翰的情况存在相似之处呢？进入新家庭的幼崽是否肩负着任务呢？丛鸦就是这样。丛鸦属于鸦科，这个科中还包括喜鹊、乌鸦、渡鸦和星鸦等。鸦科鸟类以智慧著称，而丛鸦是帮助我们更好地了解合作繁殖的重要案例。

丛鸦的帮手通常是亲戚。典型的情况是年长的子女留在家中，帮助父母一起养育下一代。父母获得的好处是得以抚育更多的孩子、抵御外敌、保卫鸟巢，而相比独自在外闯荡，这些已经成年的孩子们则会获得更高的存活率，出让的权益是无法繁育自己的后代。这有点像不久前意大利的生活方式。我有很多意大利朋友在 20 多岁甚至 30 多岁时还和父母住在一起，只是为了让今后的人生有更好的开始。部分原因是意大利的住房资源有限，而且缺少抵押贷款服务。没错，以前买房子必须全部用现金支付。

不管怎样，丛鸦的生活方式与过去的意大利人很像。虽然有时候幼鸟，或者说少年丛鸦，会离开家去加入新的家庭。从某种意义上讲，它们是"被收养者"，因为它们能够享受到拥有家庭的所有好处：一片领地和资源保证。为了换得食物和住处，它们成了帮手，帮助收养家庭抚养后代。

正如其他物种一样，世界各地的人们出于各种不同的原因收养与自己没有血缘关系的孩子，但是很少像美国人那样采用相当隐蔽而神秘的方式。与之截然相反，新西兰的毛利人收养孩子的时候，整个社区都会参与决策，而且孩子在成长中知晓所有信息，如果亲生父母还在世的话，他们也会知道。整个社区参与收养决策并给予被收养的孩子集体支持，这让我们想起了那句熟悉的谚语："养孩子需要一个村庄。"然而，这句谚语与美国人视为家庭和育儿黄金准则的核心家庭模式截然相反。

在继续探讨集体养育孩子的概念之前，我想简要地谈谈同性伴侣组成的家庭。在很长时间内，同性伴侣被剥夺了收养或结婚的权利。通常情况下，在同性伴侣的家庭中，若一方有一个孩子，而另一方尽管可能共同承担了抚养孩子的职责，但是在法律上却不能被视作父母。好消息是，近年来随着同性婚姻在美国合法化，情况已经发生了改变，同性伴侣收养孩子的限制也得以取消。如果有人仍然怀疑同性伴侣抚养孩子的能力，只要看看动物界的情况就会改变看法。

对雌性黑背信天翁来说，同性家庭经常是唯一一种家庭类型。这些大型海鸟主要生活在夏威夷西北部岛屿。一只名叫"智慧"（Wisdom）的信天翁在全世界声名大噪，因为它是已知的北半球年龄最大的鸟。

　　　　　野性与温情：动物父母的自我修养

1956年科学家为它佩戴了追踪标签，当年它与一只终身雄性伴侣结合，产下一枚鸟蛋，并成功孵化一只雏鸟。有趣的是，科学家们发现在瓦胡岛（Island of Oahu）上，大约30%的成年伴侣都是雌性。更令人惊奇的是，这些雌性伴侣会共同抚养雏鸟。这种同性家庭是典型的核心家庭，在各方面都与异性信天翁家庭一样，除了不与对方交配以外。还有一个主要区别是它们轮流产蛋，因为每对信天翁一次只能成功抚养一只幼鸟。结果导致同性伴侣中的每只雌性都比它们与异性结伴时生产的后代更少，但是比没有伴侣时要多。黑背信天翁之所以采取这种形式，是因为"移民"到岛上的雌性太多，而雄性太少。它们必须要结成组合才能提高抚育后代的成功率，因此雌性信天翁选择合作。

在坦桑尼亚，女人与女人结婚是出于不同的原因，但与此有关。在库尔亚族（Kurya）部落中，曾经有个叫作"女人之家"的传统，意思是若丈夫去世或离家出走，女性可以与一名更年轻的女性结婚，从而维系自己的家庭。这名较年轻的女性享有平等的财产权，并且可以找一个男性伴侣生孩子。这对女性伴侣之后会共同抚养孩子们。由于部落中男人对女人的婚后虐待日益严重，这一传统正在回归。"女人之家"中的每名女性都可以获得更多资源，而双方的合作养育也能让孩子们受益。我跟一个闺蜜有个长期协议：如果两个人到35岁的时候还都单身，我们就结婚，一起养孩子。原来我的内心是一只黑背信天翁。不过她后来结婚了，还有了三个漂亮的孩子。现在我们的协议改成了：如果她离婚了，我们就一起组建家庭，创造属于自己的"村庄"。

自然小课堂：

- 收养是继亲育儿的一种特殊形式，在各种动物中都存在。

- 对于人类和动物而言，收养的原因各不相同，目的可以是获得育儿经验、为了寻得一个帮手、提高社会地位，或者只是特别喜欢婴儿罢了。

- 当决定是否收养孩子时，明确动因是非常重要的。如果不能做到，以后可能会出现问题，被收养的孩子比成年人更容易受到影响。

- 孩子不是丛鸦，但是让孩子帮忙照料幼儿（不管孩子是不是亲生的）这种做法相当普遍，尽管我们可能不愿意承认。

- 虽然公开的收养可能对父母来说更困难，但如果各方都同意的话，尽量让孩子获知更多信息会更好。

- 同性伴侣同样能够组成有效的家庭，从信天翁到人类皆如此。

借助集体的力量

如我们所见，无论是通过重组家庭、收养，还是结成同性伴侣，组成家庭与抚养孩子总是有很多种方式。毛利人集体决定何时以及如何收养孩子的做法，只是我们称为集体育儿（cooperative breeding）的一个例子。但是，在育儿的问题上，是否有一个更加广义的集体（community）在发挥重要作用呢？

莎拉·布莱弗·赫尔迪博士认为，人类在本质上是一个合作育儿的物种。在《母亲与他人》（*Mothers and Others*）一书中，她指出，在大多数人类文明中都有集体合作照顾孩子的情况，而现代社会是一个明显的例外。例如 40% 到 50% 的灵长类动物中存在基本可以被视为集体照料的现象，也就是这些动物妈妈们愿意让群体中其他成员拥抱自己的孩子或者陪它们玩耍。这对妈妈来说有好处，可以让它们有歇息的机会，而且对其他成员也有好处，可以获得照顾婴儿的经验。依赖集体照料在很多其他群居动物中是适应性行为，而合作的方式和原因则与我们已经探讨过的家庭类型一样种类繁多。

狐獴因纪录片《狐獴大宅门》（*Meerkat Manor*）而广为人知，它们被认为是合作型育儿者。狐獴属于獴科动物，这些群居的小型食肉动物以相当紧密的社会群体形式生活，群体中只有作为首领的一对狐獴会繁殖，而其他狐獴都帮忙抚养它们的后代。狐獴保姆提供的照料形式包括照看和喂养幼崽、维修洞穴、提防危险的捕食者、安抚幼崽情绪，雌性保姆还要帮忙给幼崽哺乳。与蜜蜂或蚂蚁不同，狐獴保姆不会专注于提供某种特定的服务，但是它们的年龄基本在两岁以下，不参与繁殖，通过待在群体中而受益。虽然在社会群体中待的时间较长能够带来一定的优势，但也要承受压力。如果首领以外的雌性产下了幼崽，那么雌狐獴首领肯定会杀死这些幼崽。这样这只雌狐獴就能专心喂养首领的孩子了。

那么，其他物种中是否存在并非通过压迫、暴力或惩罚手段实现的合作育儿行为呢？答案是肯定的，绿林戴胜这种迷人的大型热带鸟类就会这样做。这种鸟分布在非洲的森林中，群居并以昆虫为食，它们互相帮助，共同抚养雏鸟。帮忙的绿林戴胜甚至在鸟蛋孵化之前就到位了，它们负责给准妈妈喂食。一旦雏鸟孵化，帮手们就给鸟妈妈带来食物，然后鸟妈妈会把食物喂给雏鸟。这一物种与前面已经提到过的其他物种的一大区别在于，所有成年戴胜都会帮忙，意味着这种做法是互惠的。此外，帮手们不是依附的个体，因为种群中没有阶级结构，而且与狐獴不同，地位并不重要。

这种方式行之有效的原因有三个。第一，群体中的个体皆自动且平等地享受群体带来的优势，这有利于合作的可持续发展；第二，群体规模很小，提供帮助的成本不会太高；第三，与人类一样，绿林戴胜父母和帮手天生对雏鸟富有爱心。这种合作育儿还有一个有趣的方面，那就是帮手和雏鸟可能没有血缘关系。

人类历来与许多灵长类动物有一个共同的行为：婴儿共享（infant sharing）。郁乌叶猴宝宝周身呈鲜艳的橘黄色，这有助于让它们成为关注的焦点。拟母行为是惯例，没有幼崽的雌性在头几个星期会忙着帮助照看幼崽。

在人类历史上的大部分阶段，婴儿共享对于人类作为一个物种的延续至关重要。正如赫尔迪博士所说，人类天生不是明亮的橘黄色，不过在一个婴儿共享率特别高的部落——西非的本戈族（Beng）中，把新生儿打扮起来有助于让他们更加吸引其他女性的关注。本戈族女人的工作任务非常繁重，基本上要承担所有事，包括砍柴！因此，女人们要依靠彼此的帮助来照顾幼儿。很多狩猎采集社会都是如此。

在这里我要特别指出关于人类婴儿的一种误解：不能让婴儿与多名成年人建立同等的亲密关系，或者说，如果让婴儿与很多成年人建立纽带关系的话，他们就会对谁是主要的看护者产生混淆。科学研究和生活实例都不支持这种观点。我们看到，在这种类型的群体中，婴儿受到每个人的关爱、照料、亲吻、安抚和宠爱（无论这个人是不是亲戚），但是一定与妈妈有更多的接触。这一点非常重要。直至今日，这在很多社会中仍然真实存在，核心家庭的价值观还没有深入这些文化中，有些宝宝的看护者可能多达 14 人。

在现代社会中，人们的迁移更加频繁，这也许减少了接受家庭成员帮助的机会，但是在郁乌叶猴和绿林戴胜的例子中，我们可以看出这种支持并不一定只来自于亲戚。从实际意义上讲，现代的日托中心就是那个"村庄"，但是与私人的支持网络截然不同。一个与你无关或者不属于你的社交圈子的人没有真正的动机提供高质量的看护。

在现代家庭中，父母们对外界帮助的诉求与坚称核心家庭才是"正确"模式的观念之间存在一种认知上的失调。孩子们也可以与不是亲戚的孩子建立联系。没有放之四海而皆准的模式。从动物的行为和其他文化中，我们了解到，非亲戚的群体成员能够为抚养后代做出很大贡献。如果能理解何时以及为什么这样做是有效的，也许我们就能提高孩子们取得成功的概率，并且使新组建的家庭比以往更加亲密。

第九章　回归本真

当我选择人类和动物育儿这个写作主题时，就已知道这是一项宏大而又艰巨的任务。育儿有很多不同的维度，随着不断深入挖掘，每一个令人兴奋的发现都让我对此更加着迷。单单是人类和动物如何受孕以及从那一刻起直至新生命诞生的发展过程本身就非常具有启发性。动物的育儿行为多种多样，且与人类的经历非常相似，这发人深省。雄性海马会经历与人类惊人相似的怀孕过程，人类和狒狒都被孕期的食物怪癖和孕吐反应所深深困扰。谁能想到人类与果蝠还有共同点呢？偏偏我们和它们在分娩过程中都需要助产士的帮助。诸如此类的联系还有很多，我在这本书中列举的例子只是冰山一角。作为父母，人类与其他动物有很多相同之处。

也许促使我写这本书的最大原因是所有父母为了共同目标所付出的努力和爱：尽其所能地让孩子们茁壮成长，身心健康，坚强勇敢，在这个世界上成为最好的自己。当我们审视自己的育儿行为时，应当关注这个问题：我们的育儿方式能够达成这个目标吗？怎样做才能成功地抚育孩子们？

育儿需要消耗大量精力。对人类和其他物种来说，在孩子出生前就开始付出了，新陈代谢、免疫系统和激素水平的变化以及其他孕期的需求都要耗费大量体力。很快，父母与孩子之间就会因供给和需求产生矛盾冲突。幸运的是，对于那些依赖育儿行为的后代，从演化角度讲，父母非常愿意照顾自己的孩子。宝宝们天生可爱，他们通过分泌激素，将自己的细胞"预置"在妈妈体内，并且还会在不知不觉中采取一系列措施确保自身的生存。自出生那一刻起，父母与孩子之间就已经存在一种亲密的交流，并且通过气味、视觉、声音和触碰来巩固这种情感纽带。通过探索宝宝在出生后如何与看护者形成依附关系，我认识到了这些早期情感纽带的重要意义，也从中明白了为什么我和欧玛如此亲密。

在科学研究与写作本书的过程中，我也更加深刻地体会到，人类与其他动物在育儿方面联系非常紧密。事实上，正如我们会回应其他动物幼崽的哭喊，同样的，它们也会回应人类婴儿的哭喊！从这个角度来讲，现在被广泛接受的"让宝宝自己哭去吧"的做法与人类对痛苦中的婴儿的本能反应是矛盾的。要想弄明白为什么人类是这个星球上唯一采取这种策略的动物，需要探究很多因素，涉及文化、科技和社会层面。也许这恰恰反映了父母们有时候面对的自身需求与子女需求之间的深层矛盾。

当孩子出生后，很多事情都会发生改变。很少有父母真正做好了为人父母所需要的情感、精神和物质上的准备。你要照顾一个惹人疼爱的完全没有自理能力的婴儿，你的激素水平变化不定，严重缺乏睡眠，留给自己的时间很少或者根本没有。这对父母来说是巨大的转变，会在很多方面带来影响。我们已经认识到，严重的产后抑郁症是由激素水平的剧烈波动所造成的，这让新手妈妈无法好好地照顾新生儿，而且人类和其他动物都被这个问题所困扰。当我们知道老鼠也有这个问题时，可能有助于减少与产后抑郁症相关的负面指责。这不是妈妈们的错，而是一系列激素变化引发的生理反应，即便我们能够将其量化，也无法真正理解这些反应。我们的社会没有为新手父母提供他们迫切需要得到的公共支持，致使很多人感到迷茫无助。好消息是，正因为这样的现实是我们造成的，那么作为一个社会，我们也可以团结起来驶向新的方向。成功养育后代的关键应该就在于为后代创造一个安全的成长环境。大象采取的方式是一群雌象共同培养、教导和保护小象，而狼群则依靠大家庭来看护和喂养狼崽。

人类也可以采用相同的策略。在研究过程中，我清楚地认识到人类父母需要支持。在其他物种中，比如叶猴，新手妈妈也需要帮助，年轻的母猴会伸出援手，帮忙抱孩子、清洁身体、与宝宝玩耍。在双亲家庭中，如果没有来自外部的社会支持，可能会在任务分工上产生矛盾。在很多鸟类中，也能看到父母双方密切合作的育儿方式。皱盔犀鸟妈妈会与孩子们一直待在巢中"闭关"，由犀鸟爸爸负责所有搜集和运送食物的工作，直到小鸟做好出飞的准备。银喉长尾山雀通过更加平等地协调父母各自的活动来解决这个问题。如果我们也能这样做，轮流照看孩子，父母在满足自身需求的方面压力会小一些（在有两名父母的情况下），而孩子们也能受益！研究表明，照顾孩子的成年人越多越好，这对孩子有好处。

我认为养孩子真的需要一个村庄的资源。我们应该扪心自问的是，如何使现代社会的运转更像一个村庄？如果我们不这样做，父母们将继续受到不必要的隔离和排斥，这对他们及其子女都会造成伤害。我在做科研和写作本书的过程中，与很多类型的父母交谈过，包括单身父母、离异父母、新手父母、家有青少年的父母，等等。我们不断提及的一个话题是母乳喂养，尤其是在公共场所做这件事。这让我百思不得其解，因为这个例子表明我们忽视了从动物行为中发现的经验，使育儿变得更加困难。人类是唯一把母乳喂养变成问题的物种，还由此引发了各种争论。现在婴幼儿健康领域的专家们开始强烈推荐母乳喂养，因为母乳已被证明是婴儿的最佳食物。遗憾的是，社会规范却阻碍妈妈们用最自然的方式喂养宝宝。在这里，我只想直白地说：母乳就像魔法一样！它是自然界最神奇的物质之一，与宝宝的口水相遇后，它将发挥强大的作用！每一个有能力哺乳的妈妈都应该选择母乳喂养，对此社会不仅应该包容，而且应该鼓励。

母乳喂养是自然行为没错，但如何哺乳也是需要学习的。动物们通过观察其他动物来学习哺乳。直至今日，人类也是如此，她们通过观察家庭中的其他女性学习哺乳，比如妈妈、奶奶、外婆、姨姑妈、表姐妹。当宝宝吃不到乳头时，有很多人能够帮忙。所以要振作起来：没有人从一开始就擅长哺乳。遇到问题是正常的，寻求帮助就好了。

一个有趣的问题是：该生几个孩子？以往我从生存角度研究野生动物时，从未想过这个问题。每养一个孩子，人类父母都必须面对资源需求的大幅增长，包括食物、时间、金钱，等等。动物父母们用自己的方式决定养育多少后代。在我看来，动物是否养育后代和养育多少后代，取决于它们是否能够很好地照顾这些后代。这比人类的处理方式更有道理。当然，也有一些例外。犰狳和猞猁很好地避开了这个问题，它们总是生养相同数量的幼崽——分别是 4 只和 2 只——不管在什么情况下都是如此。这两种动物都受到生理结构的限制。犰狳的生殖系统已经演化成总是孕育四胞胎。而猞猁呢，它们所处的环境风云莫测，雌性猞猁所能承受的额外体重又有限，所以在任何情况下最佳幼崽数量都是两个。

很多夫妇认为"2"是最佳数字。他们很可能还希望是一个女孩和一个男孩——儿女双全，完美家庭。但是为什么呢？想要拥有两个或更多孩子的动机是多种多样的，通常与生理或生态因素（比如拥有的资源）无关。很多时候，原因很简单，因为我们觉得独生子女更容易自私或孤单。这是一种误解。其实任何孩子都可能自私或孤独，无论是否有兄弟姐妹，而且兄弟姐妹还会带来一系列挑战。在有些情况下，手足之争可能相当激烈，甚至导致死亡。

虽然我的研究使我对手足之争有了更深入的了解，但这个概念对我来说并不陌生。不过，我还是很惊讶地发现，手足之间的暴力在人类家庭暴力中所占的比例很高。鉴于我们不是虎鲨，不会吃掉自己的兄弟姐妹，我们应该认真仔细地思考一下这些数据说明了人类社会中的哪些问题。从微观层面讲，父母当然要严肃对待子女之间的消极互动，通过教导他们解决冲突的技巧，来减少孩子们之间的暴力行为。这些技巧往往根植于同理心。

与手足攻击和暴力密切相关的是亲代的攻击和惩罚，包括言语和身体上的。亲代攻击虽然在人类育儿中很常见，但是在其他物种中相当少见。而且，随着我更加深入地研究这个话题，人类陷入这种困境

野性与温情：动物父母的自我修养

的原因也越来越明确。首先，我们对孩子的期望过于不切实际。动物们似乎对孩子何时能做什么有更好的认识和直觉。人类在孩子如何学习这个问题上的看法也过于不切实际。

我曾见过一位猎豹妈妈给自己的两只乳臭未干的幼崽带回一只活的小羚羊。它们试图杀死这只小羚羊，不过失败了，在观察者看来这是徒劳的：猎豹幼崽似乎是在和小羚羊一起玩耍，而不是真的想要杀死它。这只小羚羊逃跑了几次，猎豹妈妈很有耐心地在旁边看着，每次都去抓住这只被吓坏的小羚羊，把它带回幼崽身边，让它们再试一次。猎豹妈妈不生气也不失落，也没有因为两只小猎豹让羚羊宝宝不断地逃跑而惩罚它们。我见识了合理教导的过程。尽管这些幼崽完全不明白自己在做什么，但是通过猎豹妈妈耐心地教导，它们会学会的。

其次，我还观察到规矩和学习是密切相关的。在耐心教导和设定边界之间做好平衡是一项重要的育儿技巧。我们必须能够清晰地分辨边界与惩罚的区别，因为二者不是一回事。海豚妈妈和其他成年海豚在小海豚能游多远的问题上设定边界。如果小海豚游得太远，海豚父母会采取一系列措施，但"动用武力"绝对是最后的选择。

为了找到人类对自己的孩子进行攻击和威吓的确切原因，我分析了一些外部环境中的影响因素。以往的研究表明，当动物父母感到压力时，这种非适应性的暴力行为发生的频率会升高。在其他物种中，也能看到我们所说的在父母处于极端胁迫的情况下发生的身体虐待，无论这种压力是来自环境、身体还是心理上的。这对人类来说意味着什么？在现代社会，很多父母承受着巨大的社会、经济和环境压力，因此必须找到平衡方式来减轻压力，否则我们很难成为好的父母。

父母有责任培养孩子的爱心和同理心，引导他们成为对社会有用的人。不幸的是，有时人们的做法与之背道而驰。我认为，在某种程度上，我们无法与自己的天性、与彼此以及周围的自然世界沟通，这导致了育儿过程中的攻击和威吓行为。我们知道，倘若经历过来自父母或看护者的威吓，即便相对温和，孩子们的成长发育也会变得迟缓，并面临认知和心理上的困难。当动物们由于环境变化而对后代实施体罚时，比如恒河猴或蓝脸鲣鸟，我们发现体罚变成了跨代际行为，即便在外部条件得到改善后也是如此。这令人困惑，但却与人类的行为出奇地相似。如果你来自一个发生过身体、言语或心理虐待的家庭，那么很有可能你在对待自己的孩子时会重复这种暴力循环。

那么，应该如何在培养孩子的独立性与立规矩之间实现平衡呢？孩子们不能随心所欲地想干什么就干什么，设立边界是自然成长过程中的一部分。动物们的做法告诉我们，要找到更多的方式逐渐培养孩子的独立性，同时还要保证他们的安全，达到这种平衡很难，却也是必要的。

在行为学、生物学和社会科学领域，越来越多的科学家发现，同理心是一个健康的成年人和协作型社会最重要的特点之一。我们人类在一生中要加入许多社会群体，数量比任何其他物种都要多。这一社会化的重要过程在出生的一瞬间就开始了，它要求我们与其他家庭成员和身边的其他孩子互动，还要与所处的小圈子之外的成员互动，比如老师、同事以及陌生人。教会孩子们在各种情况下与他人相处的技巧是营造协作型社会的核心。虽然有些孩子天生就表现出共情的倾向，

　　　　　　　野性与温情：动物父母的自我修养

但是父母们可以通过树立榜样、谈论他人的心理状态和经历以及为孩子提供多样化的社会场景来增强孩子的同理心。我们可能会感慨儿童霸凌的高比例（更不用说成年人了），但是我们可以行动起来，培养孩子的同理心。丹麦的学校甚至专门开设了培养同理心的课程，让学生们为正在面临困扰的同学提供帮助和支持。正如第六章中提到的，在这方面老鼠可能做得更好。它们会主动地互相帮助，哪怕是在它们必须放弃奖赏的情况下。但是研究表明，如果这些老鼠之前没有接触过长相和自己不一样的个体，就会产生偏见。鉴于人类社会中存在性别偏见、种族歧视等行为，让孩子们与来自不同背景的人交往可能对改变这些消极态度大有帮助。

协作型社会的另一个主要方面是分享的意愿。父母们可以通过鼓励孩子们互相协作，无论是与兄弟姐妹还是其他孩子，来培养分享意识。虽然孩子在最开始可能会抗拒，但请相信我，坚持下去，他们会学会的。

我们从动物和动物家庭那里还能学到很多其他道理，但是在这里只再提一个。不管你是单亲父母、异性伴侣、同性伴侣还是继父母，不管孩子是亲生的、收养的还是继子，所有的父母都应当记住，家庭的形式、规模甚至肤色都是多种多样的。和谐的家庭、成功的父母以及优秀的孩子，从来都没有唯一的标准化蓝图可循。在做过这么多研究之后，我认为要想成为更好的父母，需要先问问自己：我们希望将孩子培养成什么样的人？我们希望社会中的大多数人都互相帮助、乐于助人和分享，并且尊重他人吗？有了目标之后，就要在实际行动中朝着目标努力。

如此说来，我们可以决定像恒河猴首领那样专横而自私。或者，我们也可以决定像汤基猕猴那样，生活在一个不那么具有攻击性的社会，暴力行为较少，矛盾比较容易得到解决，总体上和平的互动交流更多。即使我们只关注人类社会，也能发现一些可供效仿的平等社会的准则。比如在刚果盆地的狩猎采集部落中，协作、分享和尊重是人与人相处的核心原则。他们是如何做到这一点的呢？这离不开启蒙教育。

　　首先，身体和情感的亲密联系是必需的。成年人总是有肢体接触，婴儿在一天中有91%的时间都被抱在怀里，4岁大的孩子在44%的时间里都是被抱着的。这与狒狒之间建立稳固联系的方式非常相似。它们通过梳理毛发来触碰彼此，这样做还有助于减少蜱虫。当然，我们不能指望父母每天都有半天时间把孩子抱在怀里，但是频繁地触摸、拥抱和安抚孩子，让孩子们看到父母的亲密互动，绝对是可行的办法。这会减少大人和孩子之间的冲突，无论他们是否有血缘关系。

　　健康育儿的另一特点是，在日常生活中给予孩子独立的空间。对人类来说就是不要干涉孩子生活的方方面面。如果可以的话，我会给当年我的妈妈发一条信息："不要管别人怎么想，就让她穿那身她自己选的疯狂装束吧！"显然，我们需要设定一些边界来确保孩子的安全，但是放手让他们探索自己是谁以及自己的喜好，是对他们个性的尊重。

　　最后是玩耍。孩子们需要玩耍。在狩猎采集社会，玩耍是小孩最重要的事情，孩子们可以玩上半天或者躺半天时间。可在当今社会，我们的孩子只能玩30分钟，然后做6个小时的作业！我们甚至把玩游戏写入孩子们的日程安排，对很多孩子来说玩游戏是排在家庭作业之后的"任务"。而且我们的大多数游戏都是"结构化的"，聚焦于竞争和输赢。与之产生鲜明对比的是，在狩猎采集社会中，孩子们经常参与的是形式丰富、风格随意的社交游戏，这些游戏促使他们学会合作和分享，完成非攻击性的互动。玩耍对很多动物来说至关重要。小八齿鼠们嬉戏玩耍，滚来滚去，这是它们成长和发育过程中很自然的一部分。让我们把非结构化的游戏还给孩子们。

我们的社会正在经历转折。在当前这个知识大爆炸的时代，动动手指就可以获知所有信息，社会将变得更美好、更智能、更互联。是时候做出选择了。我知道我的选择是什么，那就是参与创造合作更为紧密、更有同理心的社会文化。我乐观地认为，这种文化是可以实现的，不妨从养育孩子开始。为了让成功的养育更加普遍，我们必须创造有利的环境。这意味着联系，彼此之间的联系以及与我们所处的自然界之间的联系。所有的父母都需要其他成年人的支持。我比以往任何时候都更加确信，互相支持是必要的。无论你身处社区、村庄、乡镇还是城市，哪怕只是处于一个联系紧密的个人小圈子，都需要他人的支持。让我们一起创建属于自己的村庄。同时也不要忘记停下来，尊重并欣赏人类与动物父母的天然联系。

致谢

　　我想感谢的人有很多，没有他们，这本书不可能出版。首先是出色的版权代理人尤韦（Uwe），感谢他对我的文字给予信心和认可，感谢他一直以来的鼓励。在写作过程中，有太多个体（包括人和动物）给予我启发和灵感。还有那些童年时的伙伴们，那些一路支持我的替代家庭（surrogate family），以及我成年后的替代家庭。感谢玛丽·巴瑞拉（Mary Barerra）带我经历的探险旅途。感谢 B 太太为儿时的我提供了安全的避风港，感谢她喜爱我本来的样子。感谢类人猿中心的主任帕蒂·拉根（Patti Ragan）在我还是一个茫然的年轻人时给予鼓励和支持，并且一直欢迎我"回家"看看。衷心地感谢拉蒙娜·沃尔斯（Ramona Walls）接纳并欢迎我进入她的家庭，感谢梅利莎·马克（Melissa Mark）成为我希望拥有的好姐妹，还有克里斯托弗·詹森（Christopher Jensen）总是鼓励我勇敢展现自己。还有很多人为本书做出了贡献，审阅章节、提出意见，讨论概念和观点，倾听我不断地唠叨最新的有趣发现，他们是：克里斯托弗·詹森、拉蒙娜·沃尔斯、梅利莎·马克、丽塔·米特拉（Rita Mitra）、多米尼克·博伊金（Dominique Boykin），等等。这些生动的讨论、独特的视角和毫无保留的思想极大地提高了这本书的质量。我要特别感谢实验出版社（The Experiment）的编辑尼古拉斯·奇泽克（Nicholas Cizek），感谢他是如此懂我，并通过出色的编辑工作极大地丰富了本书传达的许多信息。当然，也感谢实验出版社的整个团队，是他们的努力工作促使本书成功问世。

参考文献

按照在书中出现的顺序排列

引言

1. Fairbanks, L. A., and M. T. McGuire, "Maternal Condition and the Quality of Maternal Care in Vervet Monkeys," *Behaviour* 132, no. 9 (1995): 733–54.

2. Trivers, Robert L., "Parent-Offspring Conflict," *American Zoologist* 14, no. 1 (1974): 249–64.

3. Atkinson, S. N., and M. A. Ramsay, "The Effects of Prolonged Fasting of the Body Composition and Reproductive Success of Female Polar Bears (*Ursus maritimus*)," *Functional Ecology* 9 (1995): 559–67.

4. Ligon, Russell A., and Geoffrey E. Hill, "Feeding Decisions of Eastern Bluebirds Are Situationally Influenced by Fledgling Plumage Color," *Behavioral Ecology* 21, no. 3 (2010): 456–64.

5. Leonard, M. L., A. G. Horn, and S. F. Eden, "Parent-Offspring Aggression in Moorhens," *Behavioral Ecology and Sociobiology* 23, no. 4 (1988): 265–70.

第一章

1. Tyler, Michael J., F. Seamark, and R. Kelly, "Inhibition of Gastric Acid Secretion in the Gastric Brooding," *Science* 220 (1983): 609–10.

2. Bouchie, Lynette, et al., "Are Cape Ground Squirrels (*Xerus inauris*) Induced or Spontaneous Ovulators?" *Journal of Mammalogy* 87, no. 1 (2006): 60–66.

野性与温情：动物父母的自我修养

3. Tomlinson, M. J., et al., "The Removal of Morphologically Abnormal Sperm Forms by Phagocytes: A Positive Role for Seminal Leukocytes?" *Human Reproduction* 7, no. 4 (1992): 517–22.

4. Whittington, Camilla M., et al., "Seahorse Brood Pouch Transcriptome Reveals Common Genes Associated with Vertebrate Pregnancy," *Molecular Biology and Evolution* 32, no. 12 (2015): 3114–31.

5. Ziegler, Toni E., et al., "Pregnancy Weight Gain: Marmoset and Tamarin Dads Show It Too," *Biology Letters* 2, no. 2 (2006): 181–83.

6. de Souza Leite, Melina, et al., "Activity Patterns of the Water Opossum *Chironectes minimus* in Atlantic Forest Rivers of South-Eastern Brazil," *Journal of Tropical Ecology* 29, no. 03 (2013): 261–64.

7. Jukic, A. M., et al., "Length of Human Pregnancy and Contributors to Its Natural Variation," *Human Reproduction* 28, no. 10 (2013): 2848–55.

8. Tanaka, S., et al., "The Reproductive Biology of the Frilled Shark, *Chlamydoselachus anguineus*, from Suruga Bay, Japan," *Japanese Journal of Ichthyology (Japan)* 37, no. 03 (1990): 273–91.

9. Ptak, Grazyna E., Jacek A. Modlinski, and Pasqualino Loi, "Embryonic Diapause in Humans: Time to Consider?" *Reproductive Biology and Endocrinology* 11, no. 1 (2013): 1.

10. Grinsted, Jørgen, and Birthe Avery. "A Sporadic Case of Delayed Implantation After In-Vitro Fertilization in the Human?" *Human Reproduction* 11, no. 3 (1996): 651–54.

11. Schuett, G. W., et al., "Unlike Most Vipers, Female Rattlesnakes (*Crotalus atrox*) Continue to Hunt and Feed Throughout Pregnancy," *Journal of Zoology* 289, no. 2 (2013): 101–10.

12. Morisaki, Naho, et al., "Declines in Birth Weight and Fetal Growth Independent of Gestational Length," *Obstetrics and Gynecology* 121, no. 1 (2013): 51.

13. Asbee, Shelly M., et al., "Preventing Excessive Weight Gain During Pregnancy Through Dietary and Lifestyle Counseling: A Randomized Controlled Trial," *Obstetrics and Gynecology* 113, no. 2, Part 1 (2009): 305–12.

14. Centers for Disease Control and Prevention, "Gestational Weight Gain—

United States, 2012 and 2013," *Morbidity and Mortality Weekly Report* 64, no. 43 (November 6, 2015): 1215–20.

15. Whitaker, Robert C., "Predicting Preschooler Obesity at Birth: The Role of Maternal Obesity in Early Pregnancy," *Pediatrics* 114, no. 1 (2004): e29–e36.

16. Colodro-Conde, et al., "Nausea and Vomiting During Pregnancy Is Highly Heritable," *Behavior Genetics* (2016): 1–11.

17. Profet, Margie, "The Evolution of Pregnancy Sickness as Protection to the Embryo Against Pleistocene Teratogens," *Evolutionary Theory* 8 (1988): 177–90.

18. Mor, Gil, and Ingrid Cardenas, "Review Article: The Immune System in Pregnancy: A Unique Complexity," *American Journal of Reproductive Immunology* 63, no. 6 (2010): 425–33.

19. Kourtis, Athena P., Jennifer S. Read, and Denise J. Jamieson, "Pregnancy and Infection," *New England Journal of Medicine* 370, no. 23 (2014): 2211–18.

20. Cousins, Don, and Michael A. Huffman, "Medicinal Properties in the Diet of Gorillas: An Ethnopharmacological Evaluation," *African Study Monographs* 23, no. 2 (2002): 65–89.

21. Czaja, John A., "Food Rejection by Female Rhesus Monkeys During the Menstrual Cycle and Early Pregnancy," *Physiology and Behavior* 14, no. 5 (1975): 579–87.

22. Young, Sera L., "Pica in Pregnancy: New Ideas About an Old Condition," *Annual Review of Nutrition* 30 (2010): 403–22.

23. Fawcett, Emily J., Jonathan M. Fawcett, and Dwight Mazmanian, "A Meta-Analysis of the Worldwide Prevalence of Pica During Pregnancy and the Postpartum Period," *International Journal of Gynecology and Obstetrics* 133, no. 3 (2016): 277–83.

24. Pebsworth, Paula A., Massimo Bardi, and Michael A. Huffman, "Geophagy in Chacma Baboons: Patterns of Soil Consumption by Age, Class, Sex, and Reproductive State," *American Journal of Primatology* 74, no. 1 (2012): 48–57.

25. Teyssier, Jérémie, et al., "Photonic Crystals Cause Active Colour Change in Chameleons," *Nature Communications* 6 (2015).

26. Anderson, Marla V., and M. D. Rutherford, "Evidence of a Nesting Psychology During Human Pregnancy," *Evolution and Human Behavior* 34, no. 6 (2013): 390–97.

27. Northrop, Lesley E., and Nancy Czekala, "Reproduction of the Red Panda," in *Red Panda: Biology and Conservation of the First Panda*, ed. Angela R. Glatston (Burlington, MA: Elsevier, 2010), 125.

28. Harcourt, Caroline, "*Galago zanzibaricus*: Birth Seasonally, Litter Size and Perinatal Behaviour of Females," *Journal of Zoology* 210, no. 3 (1986): 451–57.

29. Estes, Richard D., and Runhild K. Estes, "The Birth and Survival of Wildebeest Calves," *Zeitschrift für Tierpsychologie* 50, no. 1 (1979): 45–95.

30. Ji, R., et al., "Monophyletic Origin of Domestic Bactrian Camel (*Camelus bactrianus*) and Its Evolutionary Relationship with the Extant Wild Camel (*Camelus bactrianus ferus*)," *Animal Genetics* 40, no. 4 (2009): 377–82.

31. Lenssen-Erz, Tilman, "Adaptation or Aesthetic Alleviation: Which Kind of Evolution Do We See in Saharan Herder Rock Art of Northeast Chad?" *Cambridge Archaeological Journal* 22, no. 01 (2012): 89–114.

32. Niasari-Naslaji, Amir, "An Update on Bactrian Camel Reproduction," *Journal of Camel Practice and Research* 15 (2008): 1–6.

33. Hartwig, Walter Carl, "Effect of Life History on the Squirrel Monkey (Platyrrhini, Saimiri) Cranium," *American Journal of Physical Anthropology* 97, no. 4 (1995): 435–49.

34. Trevathan, Wenda, "Primate Pelvic Anatomy and Implications for Birth," *Philosophical Transactions of the Royal Society B: Biological Sciences* 370, no. 1663 (2015): 20140065.

35. Ibid.

36. Jones, Jennifer S., and Katherine E. Wynne-Edwards, "Paternal Hamsters Mechanically Assist the Delivery, Consume Amniotic Fluid and Placenta, Remove Fetal Membranes, and Provide Parental Care During the Birth Process," *Hormones and Behavior* 37, no. 2 (2000): 116–25.

37. Kunz, T. H., et al., "Allomaternal Care: Helper?Assisted Birth in the Rodrigues Fruit Bat, *Pteropus rodricensis* (Chiroptera: Pteropodidae)," *Journal of

Zoology 232, no. 4 (1994): 691–700.

38. Centers for Disease Control and Prevention, "Pregnancy Mortality Surveillance System," cdc.gov/reproductivehealth/maternalinfanthealth/pmss.html, accessed January 5, 2017.

第二章

1. Lorenz, Konrad, "Die angeborenen Formen möglicher Erfahrung," *Zeitschrift für Tierpsychologie* 5 (1943): 94–125; Vicedo, Marga, "The Father of Ethology and the Foster Mother of Ducks: Konrad Lorenz as Expert on Motherhood," *Isis* 100, no. 2 (2009): 263–91.

2. Nittono, Hiroshi, et al., "The Power of Kawaii: Viewing Cute Images Promotes a Careful Behavior and Narrows Attentional Focus," *PloS one* 7, no. 9 (2012): e46362; Sherman, Gary D., Jonathan Haidt, and James A. Coan, "Viewing Cute Images Increases Behavioral Carefulness," *Emotion* 9, no. 2 (2009): 282.

3. Ibid.

4. Casey, Rita J., and Jean M. Ritter, "How Infant Appearance Informs: Child Care Providers' Responses to Babies Varying in Appearance of Age and Attractiveness," *Journal of Applied Developmental Psychology* 17, no. 4 (1996): 495–518.

5. Ritter, Jean M., Rita J. Casey, and Judith H. Langlois, "Adults' Responses to Infants Varying in Appearance of Age and Attractiveness," *Child Development* 62, no. 1 (1991): 68–82.

6. Soler, Manuel, Tomás Pérez-Contreras, and Liesbeth Neve. "Great Spotted Cuckoos Frequently Lay Their Eggs While Their Magpie Host Is Incubating," *Ethology* 120, no. 10 (2014): 965–72.

7. Stoddard, Mary Caswell, and Martin Stevens, "Pattern Mimicry of Host Eggs by the Common Cuckoo, as Seen Through a Bird's Eye," *Proceedings of the Royal Society of London B: Biological Sciences* (2010): rspb20092018.

8. Soler, Manuel, et al., "Preferential Allocation of Food by Magpies *Pica pica* to Great Spotted Cuckoo Clamator Glandarius Chicks," *Behavioral Ecology*

and Sociobiology 37, no. 1 (1995): 7–13.

9. Alvergne, Alexandra, Charlotte Faurie, and Michel Raymond, "Are Parents' Perceptions of Offspring Facial Resemblance Consistent with Actual Resemblance? Effects on Parental Investment," *Evolution and Human Behavior* 31, no. 1 (2010): 7–15.

10. DeBruine, Lisa M., "Facial Resemblance Enhances Trust," *Proceedings of the Royal Society of London B: Biological Sciences* 269, no. 1498 (2002): 1307–12.

11. Miller, Don E., and John T. Emlen, "Individual Chick Recognition and Family Integrity in the Ring-Billed Gull," *Behaviour* 52, no. 1 (1974): 124–43.

12. Porter, Richard H., Jennifer M. Cernoch, and Rene D. Balogh. "Recognition of Neonates by Facial-Visual Characteristics," *Pediatrics* 74, no. 4 (1984): 501–4.

13. Cleveland, Cutler J., et al., "Economic Value of the Pest Control Service Provided by Brazilian Free-Tailed Bats in South-Central Texas," *Frontiers in Ecology and the Environment* 4, no. 5 (2006): 238–43.

14. Gelfand, Deborah L., and Gary F. McCracken. "Individual Variation in the Isolation Calls of Mexican Free-Tailed Bat Pups (*Tadarida brasiliensis mexicana*)," *Animal Behaviour* 34, no. 4 (1986): 1078–86; Balcombe, Jonathan P., "Vocal Recognition of Pups by Mother Mexican Free-Tailed Bats, *Tadarida brasiliensis mexicana*," *Animal Behaviour* 39, no. 5 (1990): 960–66.

15. Dobson, F. Stephen, and Pierre Jouventin, "How Mothers Find Their Pups in a Colony of Antarctic Fur Seals," *Behavioural Processes* 61, no. 1 (2003): 77–85; Charrier, Isabelle, Nicolas Mathevon, and Pierre Jouventin, "Fur Seal Mothers Memorize Subsequent Versions of Developing Pups' Calls: Adaptation to Long-Term Recognition or Evolutionary By-Product?" *Biological Journal of the Linnean Society* 80, no. 2 (2003): 305–12.

16. Formby, David, "Maternal Recognition of Infant's Cry," *Developmental Medicine and Child Neurology* 9, no. 3 (1967): 293–98.

17. Insley, Stephen J., Rosana Paredes, and Ian L. Jones, "Sex Differences in Razorbill *Alca torda* Parent—Offspring Vocal Recognition," *Journal of Experimental Biology* 206, no. 1 (2003): 25–31.

18. Gustafsson, Erik, et al., "Fathers Are Just as Good as Mothers at Recognizing the Cries of Their Baby," *Nature Communications* 4 (2013): 1698.

19. Fripp, Deborah, and Peter Tyack, "Postpartum Whistle Production in Bottlenose Dolphins," *Marine Mammal Science* 24, no. 3 (2008): 479–502.

20. DeCasper, A., and W. Fifer, "Of Human Bonding: Newborns Prefer Their Mothers' Voices," in *Readings on the Development of Children*, eds. M. Gauvain and M. Cole, (New York: Worth Publishers: 2004), 56.

21. Moon, Christine, Robin Panneton Cooper, and William P. Fifer, "Two-Day-Olds Prefer Their Native Language," *Infant Behavior and Development* 16, no. 4 (1993): 495–500.

22. Lundström, J. N., et al., "Maternal Status Regulates Cortical Responses to the Body Odor of Newborns," *Frontiers in Psychology* 4 (2013): 597.

23. Corona, R., and F. Lévy, "Chemical Olfactory Signals and Parenthood in Mammals," *Hormones and Behavior* 68 (2015): 77–90.

24. Lévy, F., M. Keller, and P. Poindron, "Olfactory Regulation of Maternal Behavior in Mammals," *Hormones and Behavior* 46, no. 3 (2004): 284–302.

25. Varendi, Heili, et al., "Soothing Effect of Amniotic Fluid Smell in Newborn Infants," *Early Human Development* 51, no. 1 (1998): 47–55.

26. Corona and Lévy, "Chemical Olfactory Signals and Parenthood in Mammals."

27. Bull, C. M., et al., "Recognition of Offspring by Females of the Australian Skink, *Tiliqua rugosa*," *Journal of Herpetology* 28, no. 1 (1994): 117–20.

28. Contreras, Carlos M., et al., "Amniotic Fluid Elicits Appetitive Responses in Human Newborns: Fatty Acids and Appetitive Responses," *Developmental Psychobiology* 55, no. 3 (2013): 221–31.

29. Dageville, C., et al., "Il faut protéger la rencontre de la mère et de son nouveau-né autour de la naissance," *Archives de Pédiatrie* 18, no. 9 (2011): 994–1000.

30. Kaitz, Marsha, et al., "Infant Recognition by Tactile Cues," *Infant Behavior and Development* 16, no. 3 (1993): 333–41.

31. Bader, Alan P., and Roger D. Phillips, "Fathers' Proficiency at Recognizing Their Newborns by Tactile Cues," *Infant Behavior and Development* 22, no. 3 (1999): 405–9.

32. Bystrova, K., et al., "Skin-to-Skin Contact May Reduce Negative Consequences

of 'The Stress Of Being Born': A Study on Temperature in Newborn Infants, Subjected to Different Ward Routines in St. Petersburg," *Acta Paediatrica* 92, no. 3 (2003): 320–26.

33. Erlandsson, Kerstin, et al., "Skin-to-Skin Care with the Father After Cesarean Birth and Its Effect on Newborn Crying and Prefeeding Behavior," *Birth* 34, no. 2 (2007): 105–14.

34. Haff, Tonya M., and Robert D. Magrath, "Calling at a Cost: Elevated Nestling Calling Attracts Predators to Active Nests," *Biology Letters* 7, no. 4 (2011): 493–95.

35. Newman, John D., "Neural Circuits Underlying Crying and Cry Responding in Mammals," *Behavioural Brain Research* 182, no. 2 (2007): 155–65.

36. Kushnick, Geoff, "Parental Supply and Offspring Demand Amongst Karo Batak Mothers and Children," *Journal of Biosocial Science* 41, no. 02 (2009): 183–93.

第三章

1. Jaimez, N. A., et al., "Urinary Cortisol Levels of Gray-Cheeked Mangabeys Are Higher in Disturbed Compared to Undisturbed Forest Areas in Kibale National Park, Uganda," *Animal Conservation* 15, no. 3 (2012): 242–47.

2. Mulder, Eduard JH, et al., "Prenatal Maternal Stress: Effects on Pregnancy and the (Unborn) Child," *Early Human Development* 70, no. 1 (2002): 3–14.

3. Power, Michael L., and Jay Schulkin, "Functions of Corticotropin-Releasing Hormone in Anthropoid Primates: From Brain to Placenta," *American Journal of Human Biology* 18, no. 4 (2006): 431–47.

4. Bardi, Massimo, et al., "The Role of the Endocrine System in Baboon Maternal Behavior," *Biological Psychiatry* 55, no. 7 (2004): 724–32.

5. Lonstein, Joseph S., Frédéric Lévy, and Alison S. Fleming. "Common and Divergent Psychobiological Mechanisms Underlying Maternal Behaviors in Non-Human and Human Mammals," *Hormones and Behavior* 73 (2015): 156–85.

6. Berg, S. J., and K. E. Wynne-Edwards, "Salivary Hormone Concentrations in

Mothers and Fathers Becoming Parents Are Not Correlated," *Hormones and Behavior* 42, no. 4 (2002): 424–36.

7. Miller, David A., Carol M. Vleck, and David L. Otis, "Individual Variation in Baseline and Stress-Induced Corticosterone and Prolactin Levels Predicts Parental Effort by Nesting Mourning Doves," *Hormones and Behavior* 56, no. 4 (2009): 457–64.

8. Van Roo, Brandi L., Ellen D. Ketterson, and Peter J. Sharp, "Testosterone and Prolactin in Two Songbirds That Differ in Paternal Care: The Blue-Headed Vireo and the Red-Eyed Vireo," *Hormones and Behavior* 44, no. 5 (2003): 435–41.

9. Schradin, Carsten, et al., "Prolactin and Paternal Care: Comparison of Three Species of Monogamous New World Monkeys (*Callicebus cupreus, Callithrix jacchus,* and *Callimico goeldii*)," *Journal of Comparative Psychology* 117, no. 2 (2003): 166.

10. Storey, Anne E., et al., "Hormonal Correlates of Paternal Responsiveness in New and Expectant Fathers," *Evolution and Human Behavior* 21, no. 2 (2000): 79–95.

11. Rilling, James K., "The Neural and Hormonal Bases of Human Parental Care," *Neuropsychologia* 51, no. 4 (2013): 731–47.

12. Kunz, Thomas H., and David J. Hosken, "Male Lactation: Why, Why Not and Is It Care?" *Trends in Ecology and Evolution* 24, no. 2 (2009): 80–85.

13. Feldman, Ruth, et al., "Evidence for a Neuroendocrinological Foundation of Human Affiliation: Plasma Oxytocin Levels Across Pregnancy and the Postpartum Period Predict Mother-Infant Bonding," *Psychological Science* 18, no. 11 (2007): 965–70.

14. Bakermans-Kranenburg, Marian J., and Marinus H. van IJzendoorn, "Oxytocin Receptor (*OXTR*) and Serotonin Transporter (*5-HTT*) Genes Associated with Observed Parenting," *Social Cognitive and Affective Neuroscience* 3, no. 2 (2008): 128–34.

15. Saito, Atsuko, and Katsuki Nakamura, "Oxytocin Changes Primate Paternal Tolerance to Offspring in Food Transfer," *Journal of Comparative Physiology A* 197, no. 4 (2011): 329–37.

16. Gordon, Ilanit, et al., "Prolactin, Oxytocin, and the Development of Paternal Behavior Across the First Six Months of Fatherhood," *Hormones and Behavior* 58, no. 3 (2010): 513–18; Rilling, James K., "The Neural and Hormonal Bases of Human Parental Care," *Neuropsychologia* 51, no. 4 (2013): 731–47.

17. O'Hara, Michael W., and Jennifer E. McCabe, "Postpartum Depression: Current Status and Future Directions," *Annual Review of Clinical Psychology* 9 (2013): 379–407.

18. Stoffel, Erin C., and Rebecca M. Craft, "Ovarian Hormone Withdrawal-Induced 'Depression' in Female Rats," *Physiology and Behavior* 83, no. 3 (2004): 505–13.

19. Pereira, Mariana, and Annabel Ferreira, "Affective, Cognitive, and Motivational Processes of Maternal Care," in *Perinatal Programming of Neurodevelopment*, ed. Marta C. Antonelli (New York: Springer, 2015), 199–217.

20. Winnicott, Donald W. "The Capacity to Be Alone," *The International Journal of Psycho-Analysis* 39 (1958): 416.

21. Mayes, Linda C., James E. Swain, and James F. Leckman, "Parental Attachment Systems: Neural Circuits, Genes, and Experiential Contributions to Parental Engagement," *Clinical Neuroscience Research* 4, no. 5 (2005): 301–13.

22. Steyaert, S. M. J. G., et al., "Human Shields Mediate Sexual Conflict in a Top Predator," *Proceedings of the Royal Society of London B: Biological Sciences* 283, no. 1833 (2016): 20160906.

23. Boddy, Amy M., et al., "Fetal Microchimerism and Maternal Health: A Review and Evolutionary Analysis of Cooperation and Conflict Beyond the Womb," *Bioessays* 37, no. 10 (2015): 1106–18.

24. Burkett, J. P., et al., "Oxytocin-Dependent Consolation Behavior in Rodents," *Science* 351, no. 6271 (2016): 375–78.

25. Ruscio, Michael G., et al., "Pup Exposure Elicits Hippocampal Cell Proliferation in the Prairie Vole," *Behavioural Brain Research* 187, no. 1 (2008): 9–16.

26. Anderson, Marla V., and Mel D. Rutherford, "Cognitive Reorganization During Pregnancy and the Postpartum Period: An Evolutionary Perspective," *Evolutionary Psychology* 10, no. 4 (2012): 659–87.

27. Leuner, Benedetta, Erica R. Glasper, and Elizabeth Gould, "Parenting and Plasticity," *Trends in Neurosciences* 33, no. 10 (2010): 465–73; Rolls, A. H. Schori, A. London, and M. Schwartz, "Decrease in Hippocampal Neurogenesis During Pregnancy: A Link to Immunity," *Molecular Psychiatry* 13 (2008): 468–69.

28. Kozorovitskiy, Yevegenia, et al., "Fatherhood Affects Dendritic Spines and Vasopressin V1a Receptors in the Primate Prefrontal Cortex," *Nature Neuroscience* 9 (2006): 1094–95.

29. Stanford, Craig B. "Costs and Benefits of Allomothering in Wild Capped Langurs (*Presbytis pileata*)," *Behavioral Ecology and Sociobiology* 30, no. 01 (1992): 29–34.

30. Bebbington, Kat, and Ben J. Hatchwell, "Coordinated Parental Provisioning Is Related to Feeding Rate and Reproductive Success in a Songbird," *Behavioral Ecology* 27, no. 2 (2016): 652–59.

31. Grand, Robert, "A Collective Case Study of Expectant Father Fears" (PhD dissertation, Liberty University, 2015).

32. Estes and Estes, "The Birth and Survival of Wildebeest Calves."

第四章

1. Salomon, Mor, et al., "Maternal Nutrition Affects Offspring Performance Via Maternal Care in a Subsocial Spider," *Behavioral Ecology and Sociobiology* 65, no. 6 (2011): 1191–202.

2. Toyama, Masatoshi, "Adaptive Advantages of Matriphagy in the Foliage Spider, *Chiracanthium japonicum* (Araneae: Clubionidae)," *Journal of Ethology* 19, no. 2 (2001): 69–74.

3. Kupfer, Alexander, et al., "Parental Investment by Skin Feeding in a Caecilian Amphibian," *Nature* 440, no. 7086 (2006): 926–29.

4. Jenness, Robert, "Biosynthesis and Composition of Milk," *Journal of Investigative Dermatology* 63, no. 1 (1974): 109–18.

5. *Mammals Suck . . . Milk!*, mammalssuck.blogspot.com.

6. Al-Shehri, Saad S., et al., "Breastmilk-Saliva Interactions Boost Innate

Immunity by Regulating the Oral Microbiome in Early Infancy," *PloS one* 10, no. 9 (2015): e0135047.

7. Abello, M. T., and M. Colell, "Analysis of Factors That Affect Maternal Behaviour and Breeding Success in Great Apes in Captivity," *International Zoo Yearbook* 40, no. 1 (2006): 323–40.

8. Volk, Anthony A. "Human Breastfeeding Is Not Automatic: Why That's So and What It Means for Human Evolution," *Journal of Social, Evolutionary, and Cultural Psychology* 3, no. 4 (2009): 305.

9. Brown, Amy, "Breast Is Best, But Not in My Back-Yard," *Trends in Molecular Medicine* 21, no. 2 (2015): 57–59.

10. Lydersen, C., K. M. Kovacs, and M. O. Hammill, "Energetics During Nursing and Early Postweaning Fasting in Hooded Seal (*Cystophora cristata*) Pups from the Gulf of St Lawrence, Canada," *Journal of Comparative Physiology B* 167, no. 2 (1997): 81–88.

11. van Noordwijk, et al., "Multi-Year Lactation and its Consequences in Bornean Orangutans (*Pongo pygmaeus wurmbii*)," *Behavioral Ecology and Sociobiology* 67, no. 5 (2013): 805–14.

12. Harvey, Paul H., and Timothy H. Clutton-Brock, "Life History Variation in Primates," *Evolution* 39, no. 3 (1985): 559–81.

13. "Benefits of Babywearing," askdrsears.com/topics/health-concerns/fussy-baby/ baby-wearing/benefits-babywearing.

14. Cortez, Michelle, et al., "Development of an Altricial Mammal at Sea: I. Activity Budgets of Female Sea Otters and Their Pups in Simpson Bay, Alaska," *Journal of Experimental Marine Biology and Ecology* 481 (2016): 71–80.

15. Eason, R. R., "Maternal Care as Exhibited by Wolf Spiders (Lycosids)," *Proceedings of the Arkansas Academy of Science* 43 (1964): 13–19.

16. Dionísio, Jadiane, et al., "Palmar Grasp Behavior in Full-Term Newborns in the First 72 Hours of Life," *Physiology and Behavior* 139 (2015): 21–25.

17. Meaney, Michael J., Elizabeth Lozos, and Jane Stewart, "Infant Carrying by Nulliparous Female Vervet Monkeys (*Cercopithecus aethiops*)," *Journal of Comparative Psychology* 104, no. 4 (1990): 377.

18. Gubernick, David J., and Jeffrey R. Alberts, "The Biparental Care System

of the California Mouse, *Peromyscus californicus*," *Journal of Comparative Psychology* 101, no. 2 (1987): 169.

19. Keller, Meret A., and Wendy A. Goldberg, "Co-Sleeping: Help or Hindrance for Young Children's Independence?" *Infant and Child Development* 13, no. 5 (2004): 369–88.

20. Ibid.

21. McKenna, James J., and Thomas McDade, "Why Babies Should Never Sleep Alone: A Review of the Co-Sleeping Controversy in Relation to SIDS, Bedsharing and Breast Feeding," *Paediatric Respiratory Reviews* 6, no. 2 (2005): 134–52.

22. Davies, D. P., "Cot Death in Hong Kong: A Rare Problem?" *The Lancet* 326, no. 8468 (1985): 1346–49.

23. Balarajan, R., V. Soni Raleigh, and B. Botting, "Sudden Infant Death Syndrome and Postneonatal Mortality in Immigrants in England and Wales," *BMJ* 298, no. 6675 (1989): 716–20.

24. McKenna, James J., "An Anthropological Perspective on the Sudden Infant Death Syndrome (SIDS): The Role of Parental Breathing Cues and Speech Breathing Adaptations," *Medical Anthropology* 10, no. 1 (1986): 9–53.

25. McKenna and McDade, "Why Babies Should Never Sleep Alone: A Review of the Co-Sleeping Controversy in Relation to SIDS, Bedsharing and Breast Feeding."

26. Pew Research Center, "Parental Time Use," pewresearch.org/data-trend/society-and-demographics/parental-time-use, accessed January 11, 2017.

27. Funston, P. J., M. G. L. Mills, and H. C. Biggs, "Factors Affecting the Hunting Success of Male and Female Lions in the Kruger National Park," *Journal of Zoology* 253, no. 4 (2001): 419–31.

28. Włodarczyk, Radosław, and Piotr Minias, "Division of Parental Duties Confirms a Need for Bi-Parental Care in a Precocial Bird, the Mute Swan Cygnus olor," *Animal Biology* 65, no. 2 (2015): 163–76.

29. Awata, Satoshi, and Masanori Kohda, "Parental Roles and the Amount of care in a Bi-Parental Substrate Brooding Cichlid: The Effect of Size Differences Within Pairs," *Behaviour* 141, no. 9 (2004): 1135–49.

30. Szabó, Nóra, et al., "Understanding Human Biparental Care: Does Partner

野性与温情：动物父母的自我修养

Presence Matter?" *Early Child Development and Care* 181, no. 5 (2011): 639–47.

31. Kinnaird, Margaret F., and Timothy G. O'Brien, "Breeding Ecology of the Sulawesi Red-Knobbed Hornbill *Aceros cassidix,*" *Ibis* 141, no. 1 (1999): 60–69.

32. Markman, Shai, Yoram Yom-Tov, and Jonathan Wright, "Male Parental Care in the Orange-Tufted Sunbird: Behavioural Adjustments in Provisioning and Nest Guarding Effort," *Animal Behaviour* 50, no. 3 (1995): 655–69.

33. Rotkirch, Anna, and Kristiina Janhunen, "Maternal Guilt," *Evolutionary Psychology*, 8, no. 1 (2010): 90–106.

34. Erikstad, Kjell Einar, et al., "Adjustment of Parental Effort in the Puffin: The Roles of Adult Body Condition and Chick Size," *Behavioral Ecology and Sociobiology* 40, no. 2 (1997): 95–100.

35. Rotkirch and Janhunen, "Maternal Guilt."

36. Franks, Nigel R., et al., "Speed Versus Accuracy in Collective Decision Making," *Proceedings of the Royal Society of London B: Biological Sciences* 270, no. 1532 (2003): 2457–63.

37. Bouskila, Amos, and Daniel T. Blumstein, "Rules of Thumb for Predation Hazard Assessment: Predictions from a Dynamic Model," *American Naturalist* (1992): 161–76.

第五章

1. Hoffman, Kristi L., K. Jill Kiecolt, and John N. Edwards, "Physical Violence Between Siblings: A Theoretical and Empirical Analysis," *Journal of Family Issues* 26, no. 8 (2005): 1103–30.

2. Loughry, W. J., et al., "Polyembryony in Armadillos: An Unusual Feature of the Female Nine-Banded Armadillo's Reproductive Tract May Explain Why Her Litters Consist of Four Genetically Identical Offspring," *American Scientist* 86, no. 3 (1998): 274–79.

3. Jönsson, Erik G., et al., "Further Studies on a Male Monozygotic Triplet with Schizophrenia: Cytogenetical and Neurobiological Assessments in the

Patients and Their Parents," *European Archives of Psychiatry and Clinical Neuroscience* 247, no. 5 (1997): 239–47.

4. Sekar, Aswin, et al., "Schizophrenia Risk from Complex Variation of Complement Component 4," *Nature* 530, no. 7589 (2016): 177–83.

5. Gaillard, Jean-Michel, et al., "One Size Fits All: Eurasian Lynx Females Share a Common Optimal Litter Size," *Journal of Animal Ecology* 83, no. 1 (2014): 107–15.

6. Lawson, David W., and Ruth Mace, "Parental Investment and the Optimization of Human Family Size," *Philosophical Transactions of the Royal Society B: Biological Sciences* 366, no. 1563 (2011): 333–43.

7. Fenton, Norman, "The Only Child," *The Pedagogical Seminary and Journal of Genetic Psychology* 35, no. 4 (1928): 546–56.

8. Juhn, Chinhui, Yona Rubinstein, and C. Andrew Zuppann, *The Quantity-Quality Trade-Off and the Formation of Cognitive and Non-Cognitive Skills*, National Bureau of Economic Research working paper no. 21824, December 2015.

9. Kristensen, Petter, and Tor Bjerkedal, "Explaining the Relation Between Birth Order and Intelligence," *Science* 316, no. 5832 (2007): 1717.

10. Koskela, Esa, "Offspring Growth, Survival and Reproductive Success in the Bank Vole: A Litter Size Manipulation Experiment," *Oecologia* 115, no. 3 (1998): 379–84.

11. Koivula, Minna, et al., "Cost of Reproduction in the Wild: Manipulation of Reproductive Effort in the Bank Vole," *Ecology* 84, no. 2 (2003): 398–405.

12. Sugimoto, Chikatoshi, et al., "Observations of Schooling Behaviour in the Oval Squid *Sepioteuthis lessoniana* in Coastal Waters of Okinawa Island," *Marine Biodiversity Records* 6 (2013).

13. Bieber, C., "Population Dynamics, Sexual Activity, and Reproduction Failure in the Fat Dormouse (Myoxus glis)," *Journal of Zoology* 244, no. 02 (1998): 223–29.

14. Gillespie, Duncan OS, Andrew F. Russell, and Virpi Lummaa, "When Fecundity Does Not Equal Fitness: Evidence of an Offspring Quantity Versus Quality Trade-Off in Pre-Industrial Humans," *Proceedings of the Royal Society*

of *London B: Biological Sciences* 275, no. 1635 (2008): 713–22.

15. Skirbekk, Vegard, "Fertility Trends by Social Status," *Demographic Research* 18, no. 5 (2008): 145–80.

16. Rytkönen, Seppo, and Markku Orell, "Great Tits, Parus major, Lay Too Many Eggs: Experimental Evidence in Mid-Boreal Habitats," *Oikos* 93, no. 3 (2001): 439–50.

17. Bustamante, Javier, José J. Cuervo, and Juan Moreno, "The Function of Feeding Chases in the Chinstrap Penguin, *Pygoscelis Antarctica*," *Animal Behaviour* 44, no. 4 (1992): 753–59.

18. Jayachandran, Seema, and Ilyana Kuziemko, "Why Do Mothers Breastfeed Girls Less than Boys? Evidence and Implications for Child Health in India," *The Quarterly Journal of Economics* 126, no. 3 (2011): 1485–538.

19. Weimerskirch, Henri, Christophe Barbraud, and Patrice Lys, "Sex Differences in Parental Investment and Chick Growth in Wandering Albatrosses: Fitness Consequences," *Ecology* 81, no. 2 (2000): 309–18.

20. Trivers, Robert L., and Dan E. Willard, "Natural Selection of Parental Ability to Vary the Sex Ratio of Offspring," *Science* 179, no. 4068 (1973): 90–92.

21. Sunnucks, Paul, and Andrea C. Taylor, "Sex of Pouch Young Related to Maternal Weight in *Macropus eugenii* and *M. parma* (Marsupialia: Macropodidae)," *Australian Journal of Zoology* 45, no. 6 (1997): 573–78.

22. Schwartz, Christine R., "Earnings Inequality and the Changing Association Between Spouses' Earnings," *American Journal of Sociology* 115, no. 5 (2010): 1524.

23. Hopcroft, Rosemary L., and David O. Martin, "The Primary Parental Investment in Children in the Contemporary USA Is Education," *Human Nature* 25, no. 2 (2014): 235–50.

24. Almeida, David M., Elaine Wethington, and Amy L. Chandler, "Daily Transmission of Tensions Between Marital Dyads and Parent-Child Dyads," *Journal of Marriage and the Family* (1999): 49–61.

25. Chapman, Demian D., et al., "The Behavioural and Genetic Mating System of the Sand Tiger Shark, *Carcharias taurus,* an Intrauterine Cannibal," *Biology Letters* 9, no. 3 (2013): 20130003.

26. Anderson, David J., "The Role of Parents in Sibilicidal Brood Reduction of Two Booby Species," *The Auk* (1995): 860–69.

27. Pollet, Thomas V., and Ashley D. Hoben, "An Evolutionary Perspective on Siblings: Rivals and Resources," *The Oxford Handbook of Evolutionary Family Psychology* (2011): 128–48.

28. Hodge, Sarah J., T. P. Flower, and T. H. Clutton-Brock, "Offspring Competition and Helper Associations in Cooperative Meerkats," *Animal Behaviour* 74, no. 4 (2007): 957–64.

29. Trillmich, Fritz, and Jochen BW Wolf, "Parent-Offspring and Sibling Conflict in Galápagos Fur Seals and Sea Lions," *Behavioral Ecology and Sociobiology* 62, no. 3 (2008): 363–75.

30. McGuire, Shirley, et al., "Children's Perceptions of Sibling Conflict During Middle Childhood: Issues and Sibling (Dis)similarity," *Social Development* 9, no. 2 (2000): 173–90.

31. Tucker, Corinna Jenkins, and Kerry Kazura, "Parental Responses to School-Aged Children's Sibling Conflict," *Journal of Child and Family Studies* 22, no. 5 (2013): 737–45.

32. Ibid.

33. Roulin, Alexandren, Mathias Kölliker, and Heinz Richner, "Barn Owl (*Tyto alba*) Siblings Vocally Negotiate Resources," *Proceedings of the Royal Society of London B: Biological Sciences* 267, no. 1442 (2000): 459–63.

34. Caro, Timothy M., *Cheetahs of the Serengeti Plains: Group Living in an Asocial Species* (Chicago: University of Chicago Press, 1994).

35. Caro, Timothy M., and D. A. Collins, "Male Cheetah Social Organization and Territoriality," *Ethology* 74, no. 1 (1987): 52–64.

第六章

1. Begg, Colleen Margaret, "Feeding Ecology and Social Organisation of Honey Badgers (*Mellivom capensis*) in the Southern Kalahari," PhD dissertation, University of Pretoria, 2001.

2. Ibid.

3. Slagsvold, Tore, and Karen L. Wiebe, "Learning the Ecological Niche," *Proceedings of the Royal Society of London B: Biological Sciences* 274, no. 1606 (2007): 19–23.

4. Carruth, Betty Ruth, et al., "Prevalence of Picky Eaters Among Infants and Toddlers and Their Caregivers' Decisions About Offering a New Food," *Journal of the American Dietetic Association* 104 (2004): 57–64.

5. Birch, Leann L., "Research in Review. Children's Eating: The Development of Food-Acceptance Patterns," *Young Children* 50, no. 2 (1995): 71–78.

6. Skinner, Jean D., et al., "Do Food-Related Experiences in the First 2 Years of Life Predict Dietary Variety in School-Aged Children?" *Journal of Nutrition Education and Behavior* 34, no. 6 (2002): 310–15.

7. Di Bitetti, Mario S., et al., "Sleeping Site Preferences in Tufted Capuchin Monkeys (*Cebus apella nigritus*)," *American Journal of Primatology* 50, no. 4 (2000): 257–74.

8. Berk, Laura E., Trisha D. Mann, and Amy T. Ogan, "Make-Believe Play: Wellspring for Development of Self-Regulation," in *Play = Learning: How Play Motivates and Enhances Children's Cognitive and Social-Emotional Growth*, eds. Dorothy G. Singer, Roberta Michnick Golinkoff, and Kathy Hirsh-Pasek (New York: Oxford University Press, 2006), 74–100.

9. Mariette, Mylene M., and Katherine L. Buchanan, "Prenatal Acoustic Communication Programs Offspring for High Posthatching Temperatures in a Songbird," *Science* 353, no. 6301 (2016): 812–14.

10. Hamann, Katharina, et al., "Collaboration Encourages Equal Sharing in Children But Not in Chimpanzees," *Nature* 476, no. 7360 (2011): 328–31.

11. Bartal, Inbal Ben-Ami, Jean Decety, and Peggy Mason, "Empathy and Pro-Social Behavior in Rats," *Science* 334, no. 6061 (2011): 1427–30.

12. Sato, Nobuya, et al., "Rats Demonstrate Helping Behavior Toward a Soaked Conspecific," *Animal Cognition* 18, no. 5 (2015): 1039–47.

13. Bartal, Inbal Ben-Ami, et al., "Pro-Social Behavior in Rats Is Modulated by Social Experience," *Elife* 3 (2014): e01385.

14. Kestenbaum, Roberta, Ellen A. Farber, and L. Alan Sroufe, "Individual Differences in Empathy Among Preschoolers: Relation to Attachment History,"

New Directions for Child and Adolescent Development 1989, no. 44 (1989): 51–64.

15. Volk, Anthony A., et al., "Is Adolescent Bullying an Evolutionary Adaptation?" *Aggressive Behavior* 38, no. 3 (2012): 222–38.

16. Gallup, Andrew C., Daniel T. O'Brien, and David Sloan Wilson, "Intrasexual Peer Aggression and Dating Behavior During Adolescence: An Evolutionary Perspective," *Aggressive Behavior* 37, no. 3 (2011): 258–67.

17. Haig, David, "Transfers and Transitions: Parent-Offspring Conflict, Genomic Imprinting, and the Evolution of Human Life History," *Proceedings of the National Academy of Sciences* 107, no. suppl 1 (2010): 1731–35.

18. Margraf, Nicolas, and Andrew Cockburn, "Helping Behaviour and Parental Care in Fairy-Wrens (Malurus)," *Emu* 113, no. 3 (2013): 294–301.

19. Wahlström, L. K., and O. Liberg, "Patterns of Dispersal and Seasonal Migration in Roe Deer (*Capreolus capreolus*)," *Journal of Zoology* 235, no. 3 (1995): 455–67.

20. Clemens, Audra W., and Leland J. Axelson, "The Not-So-Empty-Nest: The Return of the Fledgling Adult," *Family Relations* (1985): 259–64.

21. Vespa, Jonathan, Jamie M. Lewis, and Rose M. Kreider, "America's Families and Living Arrangements: 2012," *Current Population Reports* 20 (2013): P570.

第七章

1. Wong, Marian YL, et al., "The Threat of Punishment Enforces Peaceful Cooperation and Stabilizes Queues in a Coral-Reef Fish," *Proceedings of the Royal Society of London B: Biological Sciences* 274, no. 1613 (2007): 1093–99.

2. Lonsdorf, Elizabeth V., "What Is the Role of Mothers in the Acquisition of Termite-Fishing Behaviors in Wild Chimpanzees (*Pan troglodytes schweinfurthii*)?" *Animal Cognition* 9, no. 1 (2006): 36–46.

3. Gzesh, Steven M., and Colleen F. Surber, "Visual Perspective-Taking Skills in Children," *Child Development* (1985): 1204–13.

4. Fuster, Joaquin M., "Prefrontal Cortex," in *Comparative Neuroscience and Neurobiology*, ed. Louis N. Irwin (New York: Springer, 1988), 107–9.

5. Semple, Stuart, Melissa S. Gerald, and Dianne N. Suggs, "Bystanders Affect the Outcome of Mother-Infant Interactions in Rhesus Macaques," *Proceedings of the Royal Society of London B: Biological Sciences* 276, no. 1665 (2009): 2257–62.

6. Hart, Heledd, and Katya Rubia, "Neuroimaging of Child Abuse: A Critical Review," *Frontiers in Human Neuroscience* 6 (2012): 52.

7. Leonardi, Rebecca J., Sarah-Jane Vick, and Valérie Dufour, "Waiting for More: The Performance of Domestic Dogs (*Canis familiaris*) on Exchange Tasks," *Animal Cognition* 15, no. 1 (2012): 107–20.

8. Grosch, James, and Allen Neuringer, "Self-Control in Pigeons Under the Mischel Paradigm," *Journal of the Experimental Analysis of Behavior* 35, no. 1 (1981): 3–21.

9. Russell, Beth S., Rucha Londhe, and Preston A. Britner, "Parental Contributions to the Delay of Gratification in Preschool-Aged Children," *Journal of Child and Family Studies* 22, no. 4 (2013): 471–78.

10. Potegal, Michael, Michael R. Kosorok, and Richard J. Davidson, "Temper Tantrums in Young Children: 2. Tantrum Duration and Temporal Organization," *Journal of Developmental and Behavioral Pediatrics* 24, no. 3 (2003): 148–54.

11. Chang, Rosemarie Sokol, and Nicholas S. Thompson, "The Attention-Getting Capacity of Whines and Child-Directed Speech," *Evolutionary Psychology* 8, no. 2 (2010): 260–74.

12. Theunissen, Meinou HC, Anton GC Vogels, and Sijmen A. Reijneveld, "Punishment and Reward in Parental Discipline for Children Aged 5 to 6 Years: Prevalence and Groups at Risk," *Academic Pediatrics* 15, no. 1 (2015): 96–102.

13. Hart, Donna, and Robert W. Sussman, *Man the Hunted: Primates, Predators, and Human Evolution* (New York: Westview Press, 2005).

14. National Center for Missing and Exploited Children, "Key Facts," missingkids. org/KeyFacts, accessed January 15, 2017.

15. Estes and Estes, "The Birth and Survival of Wildebeest Calves."

16. Weinpress, Meghan, "Maternal and Alloparental Discipline in Atlantic Spotted Dolphins (*Stenella frontalis*) in the Bahamas," (master's thesis, Florida

Atlantic University, 2013).

17. Thornton, Alex, and Katherine McAuliffe, "Teaching in Wild Meerkats," *Science* 313, no. 5784 (2006): 227–29.

18. Foster, Emma A., et al., "Adaptive Prolonged Post-Reproductive Life Span in Killer Whales," *Science* 337, no. 6100 (2012): 1313.

19. Schiffrin, Holly H., et al., "Helping or Hovering? The Effects of Helicopter Parenting on College Students' Well-Being," *Journal of Child and Family Studies* 23, no. 3 (2014): 548–57.

20. Mineka, Susan, et al., "Observational Conditioning of Snake Fear in Rhesus Monkeys," *Journal of Abnormal Psychology* 93, no. 4 (1984): 355.

21. Cook, Michael, and Susan Mineka, "Observational Conditioning of Fear to Fear-Relevant Versus Fear-Irrelevant Stimuli in Rhesus Monkeys," *Journal of Abnormal Psychology* 98, no. 4 (1989): 448.

22. Etting, Stephanie F., Lynne A. Isbell, and Mark N. Grote, "Factors Increasing Snake Detection and Perceived Threat in Captive Rhesus Macaques (*Macaca mulatta*)," *American Journal of Primatology* 76, no. 2 (2014): 135–45.

23. DeLoache, Judy S., and Vanessa LoBue, "The Narrow Fellow in the Grass: Human Infants Associate Snakes and Fear," *Developmental Science* 12, no. 1 (2009): 201–7.

24. LoBue, Vanessa, et al., "Young Children's Interest in Live Animals," *British Journal of Developmental Psychology* 31, no. 1 (2013): 57–69.

25. Thrasher, Cat, and Vanessa LoBue, "Do Infants Find Snakes Aversive? Infants' Physiological Responses to 'Fear-Relevant' Stimuli," *Journal of Experimental Child Psychology* 142 (2016): 382–90.

26. Debiec, Jacek, and Regina Marie Sullivan, "Intergenerational Transmission of Emotional Trauma Through Amygdala-Dependent Mother-to-Infant Transfer of Specific Fear," *Proceedings of the National Academy of Sciences* 111, no. 33 (2014): 12222–27.

27. LeMoyne, Terri, and Tom Buchanan, "Does 'Hovering" Matter? Helicopter Parenting and Its Effect on Well-Being," *Sociological Spectrum* 31, no. 4 (2011): 399–418.

28. Schiffrin, et al., "Helping or Hovering? The Effects of Helicopter Parenting on

College Students' Well-Being."

29. US Department of Health and Human Services, Administration for Children and Families, Administration on Children, Youth and Families, Children's Bureau, *Child Maltreatment 2009* and *Child Maltreatment 2010*, available at acf.hhs.gov/programs/cb/stats_research/index.htm#can, accessed January 15, 2017.

30. US Department of Health and Human Services, Administration for Children and Families, Administration on Children, Youth and Families, Children's Bureau, *Child Maltreatment 2015*, acf.hhs.gov/sites/default/files/cb/cm2015. pdf#page=20, accessed January 28, 2017.

31. Bustnes, Jan O., Kjell E. Erikstad, and Tor H. Bjørn, "Body Condition and Brood Abandonment in Common Eiders Breeding in the High Arctic," *Waterbirds* 25, no. 1 (2002): 63–66.

32. Bustnes, Jan O., and Kjell E. Erikstad, "Parental Care in the Common Eider (*Somateria mollissima*): Factors Affecting Abandonment and Adoption of Young," *Canadian Journal of Zoology* 69, no. 6 (1991): 1538–45.

33. Begle, Angela Moreland, Jean E. Dumas, and Rochelle F. Hanson, "Predicting Child Abuse Potential: An Empirical Investigation of Two Theoretical Frameworks," *Journal of Clinical Child and Adolescent Psychology* 39, no. 2 (2010): 208–19.

34. Maestripieri, Dario, and Kelly A. Carroll, "Child Abuse and Neglect: Usefulness of the Animal Data," *Psychological Bulletin* 123, no. 3 (1998): 211.

35. Simons, Dominique A., and Sandy K. Wurtele, "Relationships Between Parents' Use of Corporal Punishment and Their Children's Endorsement of Spanking and Hitting Other Children," *Child Abuse and Neglect* 34, no. 9 (2010): 639–46.

36. Tomoda, Akemi, et al., "Reduced Prefrontal Cortical Gray Matter Volume in Young Adults Exposed to Harsh Corporal Punishment," *Neuroimage* 47 (2009): T66–T71.

37. Committee on the Rights of the Child, General Comment No. 8, "The Right of the Child to Protection from Corporal Punishment and Other Cruel or Degrading Forms of Punishment," ohchr.org/EN/HRBodies/CRC/Pages/ CRCIndex.aspx, accessed January 15, 2017.

38. Glaser, Danya, "Emotional Abuse and Neglect (Psychological Maltreatment): A Conceptual Framework," *Child Abuse and Neglect* 26, no. 6 (2002): 697–714.

第八章

1. Brown, Jason L., Victor Morales, and Kyle Summers, "A Key Ecological Trait Drove the Evolution of Biparental Care and Monogamy in an Amphibian," *The American Naturalist* 175, no. 4 (2010): 436–46.

2. Goldstein, Joseph, Anna Freud, and Albert J. Solnit, *Beyond the Best Interests of the Child* (1980): 22.

3. Walper, Sabine, Carolin Thönnissen, and Philipp Alt, "Effects of Family Structure and the Experience of Parental Separation: A Study on Adolescents' Well-Being," *Comparative Population Studies* 40, no. 3 (2015).

4. Ahern, Todd H., Elizabeth AD Hammock, and Larry J. Young, "Parental Division of Labor, Coordination, and the Effects of Family Structure on Parenting in Monogamous Prairie Voles (*Microtus ochrogaster*)," *Developmental Psychobiology* 53, no. 2 (2011): 118–31.

5. Creighton, J. Curtis, et al., "Dynamics of Biparental Care in a Burying Beetle: Experimental Handicapping Results in Partner Compensation," *Behavioral Ecology and Sociobiology* 69, no. 2 (2015): 265–71.

6. Fetherston, Isabelle A., Michelle Pellissier Scott, and James FA Traniello, "Behavioural Compensation for Mate Loss in the Burying Beetle *Nicrophorus orbicollis*," *Animal Behaviour* 47, no. 4 (1994): 777–85.

7. Harrison, F., Z. Barta, I. Cuthill, and Tamas Szekely, "How Is Sexual Conflict over Parental Care Resolved? A Meta-Analysis," *Journal of Evolutionary Biology* 22, no. 9 (2009): 1800–1812.

8. Walper, Thönnissen, and Alt, "Effects of Family Structure and the Experience of Parental Separation: A Study on Adolescents' Well-Being."

9. Laurenson, M. Karen, "Cub Growth and Maternal Care in Cheetahs," *Behavioral Ecology* 6, no. 4 (1995): 405–9.

10. Walters, Jeffrey R., Phillip D. Doerr, and J. H. Carter, "The Cooperative Breeding System of the Red-Cockaded Woodpecker," *Ethology* 78, no. 4 (1988): 275–305.

野性与温情：动物父母的自我修养

11. Conner, Richard N., et al., "Group Size and Nest Success in Red-Cockaded Woodpeckers in the West Gulf Coastal Plain: Helpers Make a Difference," *Journal of Field Ornithology* 75, no. 1 (2004): 74–78.

12. White, Angela M., and Elissa Z. Cameron, "Evidence of Helping Behavior in a Free-Ranging Population of Communally Breeding Warthogs," *Journal of Ethology* 29, no. 3 (2011): 419–25.

13. Sarkisian, N., and N. Gerstel, "Does Singlehood Isolate or Integrate? Examining the Link Between Marital Status and Ties to Kin, Friends, and Neighbors," *Journal of Social and Personal Relationships* 33, no. 3 (2016): 361–84.

14. Fernández, Gustavo J., and Juan C. Reboreda, "Male Parental Care in Greater Rheas (*Rhea americana*) in Argentina." *The Auk* 120, no. 2 (2003): 418–28.

15. Forsgren, Elisabet, Anna Karlsson, and Charlotta Kvarnemo, "Female Sand Gobies Gain Direct Benefits by Choosing Males with Eggs in Their Nests," *Behavioral Ecology and Sociobiology* 39, no. 2 (1996): 91–96.

16. Bygott, J. David, Brian CR Bertram, and Jeannette P. Hanby, "Male Lions in Large Coalitions Gain Reproductive Advantages," *Nature* 282 (1979): 839–41.

17. Veiga, José P., "Infanticide by Male and Female House Sparrows," *Animal Behaviour* 39, no. 3 (1990): 496–502.

18. Veiga, José P., "Replacement Female House Sparrows Regularly Commit Infanticide: Gaining Time or Signaling Status?" *Behavioral Ecology* 15, no. 2 (2004): 219–22.

19. Tooley, Greg A., et al., "Generalising the Cinderella Effect to Unintentional Childhood Fatalities." *Evolution and Human Behavior* 27, no. 3 (2006): 224–30.

20. Anderson, Kermyt G., Hillard Kaplan, and Jane Lancaster, "Paternal Care by Genetic Fathers and Stepfathers I: Reports from Albuquerque Men," *Evolution and Human Behavior* 20, no. 6 (1999): 405–31.

21. Hector, Anne C. Keddy, Robert M. Seyfarth, and Micheal J. Raleigh, "Male Parental Care, Female Choice and the Effect of an Audience in Vervet Monkeys," *Animal Behaviour* 38, no. 2 (1989): 262–71.

22. Meek, Susan B., and Raleigh J. Robertson, "Adoption of Young by Replacement Male Birds: An Experimental Study of Eastern Bluebirds and a Review," *Animal Behaviour* 42, no. 5 (1991): 813–20.

23. Henry, Katherine A., and Mienah Zulfacar Sharif, "Historical and Policy

Perspectives of Child Health in the United States," *Child Health: A Population Perspective* (2015): 9.

24. Dunham, Noah Thomas, and Paul Otieno Opere, "A Unique Case of Extra-Group Infant Adoption in Free-Ranging Angola Black and White Colobus Monkeys (*Colobus angolensis palliatus*)," *Primates* 57, no. 2 (2016): 187–94.

25. Brodzinsky, D., and Ellen Pinderhughes, "Parenting and Child Development in Adoptive Families," *Handbook of parenting* 1 (2013): 279–311.

26. Woolfenden, Glen Everett, and John W. Fitzpatrick, *The Florida Scrub Jay: Demography of a Cooperative-Breeding Bird*, Vol. 20. (Princeton, NJ: Princeton University Press, 1984).

27. Young, Lindsay C., and Eric A. VanderWerf, "Adaptive Value of Same-Sex Pairing in Laysan Albatross," *Proceedings of the Royal Society of London B: Biological Sciences* 281, no. 1775 (2014): 20132473.

28. Clutton-Brock, T. H., A. F. Russell, and L. L. Sharpe, "Meerkat Helpers Do Not Specialize in Particular Activities," *Animal Behaviour* 66, no. 3 (2003): 531–40.

29. Du Plessis, Morné A., "Helping Behaviour in Cooperatively-Breeding Green Woodhoopoes: Selected or Unselected Trait?" *Behaviour* 127, no. 1 (1993): 49–65.

30. Hrdy, Sarah Blaffer, *Mothers and Others: The Evolutionary Origins of Mutual Understanding* (Cambridge, MA: Harvard University Press, 2009).

31. Ibid.

附录

动物译名对照表 [*]

中文名	英文名	参考拉丁名
猎豹	cheetah	*Acinonyx jubatus*
黑背信天翁	Laysan albatross	*Phoebastria immutabilis*
夏威夷僧海豹	Hawaiian monk seal	*Monachus schauinslandi*
古氏土拨鼠	Gunnison's prairie dog	*Cynomys gunnisoni*
青腹绿猴	vervet monkey	*Chlorocebus pygerythrus*
领航鲸	pilot whale	*Globicephala*
大猩猩	gorilla	*Gorilla*
东蓝鸲	eastern bluebird	*Sialia sialis*
虎鲸	killer whale	*Orcinus orca*
白骨顶	coot	*Fulica atra*
黑水鸡	moorhen	*Gallinula chloropus*
胃育蛙	gastric-brooding frog	*Rheobatrachus*
开普地松鼠	Cape ground squirrel	*Xerus inauris*
海龙	pipefish	Syngnathinae

---

[*] 动物名称按照在正文中提到的先后顺序排列。——编注

中文名	英文名	参考拉丁名
海马	seahorse	*Hippocampus*
大腹海马	big-bellied seahorse	*Hippocampus abdominalis*
普通狨猴	common marmoset	*Callithrix jacchus*
东袋鼬	eastern quoll	*Dasyurus viverrinus*
蹼足负鼠 （水负鼠）	yapok (water opossum)	*Chironectes minimus*
东部灰袋鼠	eastern grey kangaroo	*Macropus giganteus*
非洲象	African elephant	*Loxodonta*
皱鳃鲨	frilled shark	*Chlamydoselachus anguineus*
袋熊	wombat	Vombatidae
袋獾	Tasmanian devil	*Sarcophilus harrisii*
北象海豹	Northern elephant seal	*Mirounga angustirostris*
蝰蛇	viper	Viperidae
西部菱斑响尾蛇	western diamondback rattlesnake	*Crotalus atrox*
君主斑蝶	monarch butterfly	*Danaus plexippus*
丛鸦	scrub jay	*Aphelocoma*
恒河猴	rhesus macaque	*Macaca mulatta*
豚尾狒狒	chacma baboon/ Cape baboon	*Papio ursinus*
豹纹变色龙	panther chameleon	*Furcifer pardalis*
小熊猫	red panda	*Ailurus fulgens*
桑给巴尔倭丛猴	Zanzibar bushbaby	*Galagoides zanzibaricus*

中文名	英文名	参考拉丁名
角马	wildebeest	*Connochaetes*
斑鬣狗	spotted hyena	*Crocuta crocuta*
骆驼	camel	*Camelus*
松鼠猴	squirrel monkey	*Saimiri sciureus*
绢毛猴	tamarin	*Callithrix*
伶猴	titi monkey	Callicebinae
加卡利亚仓鼠	Djungarian hamster	*Phodopus sungorus*
罗岛狐蝠	Rodrigues fruit bat	*Pteropus rodricensis*
非洲刺毛鼠	African spiny mouse	*Acomys*
短吻鳄	alligator	*Alligator*
杜鹃（布谷鸟）	cuckoo	Cuculidae
大斑凤头鹃	great spotted cuckoo	*Clamator glandarius*
喜鹊	magpie	*Pica pica*
环嘴鸥	ring-billed gull	*Larus delawarensis*
灰雁	greylag goose	*Anser anser*
墨西哥游离尾蝠	Mexican free-tailed bat	*Tadarida brasiliensis*
亚南极海狗	subantarctic fur seal	*Arctocephalus tropicalis*
刀嘴海雀	razorbill	*Alca torda*
海鹦	puffin	*Fratercula*
宽吻海豚	bottlenose dolphin	*Tursiops truncatus*
蓝舌石龙子	blue-tongued skink	*Tiliqua scincoides*
白眉丝刺莺	white-browed scrubwren	*Sericornis frontalis*
噪钟鹊	currawong	Cracticidae

中文名	英文名	参考拉丁名
海象	walrus	*Odobenus rosmarus*
灰颊冠白睑猴	gray-cheeked mangabey	*Lophocebus albigena*
哀鸽	morning dove	*Zenaida macroura*
蓝头莺雀	blue-headed vireo	*Vireo solitarius*
红眼莺雀	red-eyed vireo	*Vireo olivaceus*
棕榈果蝠	Dayak fruit bat	*Dyacopterus spadiceus*
棕熊	brown bear	*Ursus arctos*
黑熊	black bear	*Ursus americanus*
北极熊	polar bear	*Ursus maritimus*
美洲狮	mountain lion	*Puma concolor*
草原田鼠	prairie vole / field vole	*Microtus agrestis*
慈鲷鱼	Cichlid	Cichlidae
戴帽乌叶猴	capped langur	*Trachypithecus pileatus*
银喉长尾山雀	long-tailed bushtit	*Aegithalos caudatus*
鸡尾鹦鹉	cockatiel	*Nymphicus hollandicus*
黑脸厚嘴雀	black-faced grosbeak	*Caryothraustes poliogaster*
蚓螈	caecilian	Gymnophiona
针鼹鼠	echidna	Tachyglossidae
短尾矮袋鼠	quokka	*Setonix brachyurus*
红毛猩猩	orangutan	*Pongo*
冠海豹	hooded seal	*Cystophora cristata*
海獭	sea otter	*Enhydra lutris*
狼蛛	wolf spider	Lycosidae
斑点狼蛛	dotted wolf spider	*Rabidosa punctulata*

中文名	英文名	参考拉丁名
小嘴狐猴	grey mouse lemur	*Microcebus murinus*
加利福尼亚小鼠	California mouse	*Peromyscus californicus*
疣鼻天鹅	mute swan	*Cygnus olor*
貘	tapir	*Tapirus*
饰妆尖嘴丽鱼	Golden Julie	*Julidochromis ornatus*
苏拉皱盔犀鸟	knobbed hornbill	*Aceros cassidix*
侏儒狨猴	pygmy marmoset	*Cebuella pygmaea*
南非橙簇花蜜鸟	orange-tufted sunbird	*Cinnyris bouvieri*
切胸蚁	rock ant	*Temnothorax albipennis*
犰狳	armadillo	Cingulata
欧亚猞猁	Eurasian lynx	*Lynx lynx*
河堤田鼠	bank vole	*Myodes glareolus*
莱氏拟乌贼	bigfin reef squid	*Sepioteuthis lessoniana*
睡鼠	fat dormouse	*Glis glis*
大山雀	great tit	*Parus major*
帽带企鹅	chinstrap penguin	*Pygoscelis antarctica*
漂泊信天翁	wandering albatross	*Diomedea exulans*
尤金袋鼠	tamar wallaby	*Macropus eugenii*
沙虎鲨	sand tiger shark	*Carcharias taurus*
蓝脸鲣鸟	masked booby	*Sula dactylatra*
狐獴	meerkat	*Suricata suricatta*
仓鸮	barn owl	*Tyto alba*
蓝脚鲣鸟	blue-footed booby	*Sula nebouxii*
蜜獾	honey badger	*Mellivora capensis*

中文名	英文名	参考拉丁名
蓝冠山雀	blue tit	*Cyanistes caeruleus*
黑帽卷尾猴	tufted capuchin	*Sapajus apella*
斑胸草雀	zebra finch	*Taeniopygia guttata*
白颊黑雁	barnacle goose	*Branta leucopsis*
侏獴	dwarf mongoose	*Helogale parvula*
非洲獴	banded mongoose	*Mungos mungo*
壮丽细尾鹩莺	superb fairywren	*Malurus cyaneus*
西方狍	roe deer	*Capreolus capreolus*
黄副叶虾虎鱼	emerald coral goby	*Paragobiodon xanthosoma*
短尾猴	bear macaque	*Macaca arctoides*
白羽王鸽（原鸽的培育品种）	white king pigeon	/
加拿大黑雁	Canada goose	*Branta canadensis*
八齿鼠	degu	*Octodon degus*
豚鼠	guinea pig	*Cavia porcellus*
毛丝鼠	chinchilla	*Chinchilla*
海狮	sea lion	Otariinae
眼镜蛇	cobra	*Naja*
金环蛇	krait	*Bungarus caeruleus*
蟒	python	*Python*
欧绒鸭	common eider	*Somateria mollissima*
豚尾猕猴	pig-tailed macaque	*Macaca nemestrina*
日本猕猴	Japanese macaque	*Macaca fuscata*

中文名	英文名	参考拉丁名
白颈白眉猴	sooty mangabey	*Cercocebus atys*
主红雀	cardinal	Cardinalidae
旅鼠	lemming	*Lemmus lemmus*
精灵箭毒蛙	mimic poison dart frog	*Ranitomeya imitator*
葬甲	burying beetle	*Nicrophorus*
红顶啄木鸟	red-cockaded woodpecker	*Picoides borealis*
疣猪	warthog	*Phacochoerus*
美洲鸵	Rhea	*Rhea*
沙虾虎鱼	sand goby	*Pomatoschistus minutus*
家麻雀	house sparrow	*Passer domesticus*
安哥拉疣猴	Angolan black-and-white colobus	*Colobus angolensis*
帝企鹅	emperor penguin	*Aptenodytes forsteri*
绿林戴胜	green wood hoopoe	*Phoeniculus purpureus*
郁乌叶猴	dusky leaf monkey	*Trachypithecus obscurus*
汤基猕猴	Tonkean black macaque	*Macaca tonkeana*

单位换算表

1 英寸 = 2.54 厘米　　　　1 磅 = 453.59 克

1 英尺 = 30.48 厘米　　　　1 盎司 = 28.35 克

1 英里 = 1.61 千米

图书在版编目（CIP）数据

野性与温情：动物父母的自我修养 /（美）珍妮弗·L.
沃多琳著；李玉珊译 . —北京：商务印书馆，2021
（自然文库）
ISBN 978-7-100-19806-6

Ⅰ.①野…　Ⅱ.①珍…②李…　Ⅲ.①动物—普及读物
Ⅳ.①Q95-49

中国版本图书馆 CIP 数据核字（2021）第 063024 号

自然文库
野性与温情：动物父母的自我修养
〔美〕珍妮弗·L. 沃多琳　著

李玉珊　译

商 务 印 书 馆 出 版
（北京王府井大街 36 号　邮政编码 100710）
商 务 印 书 馆 发 行
北京新华印刷有限公司印刷
ISBN 978 - 7 - 100 - 19806 - 6

2021 年 6 月第 1 版　　　开本 710×1000　1/16
2021 年 6 月北京第 1 次印刷　　印张 19½
定价：88.00 元